21世纪机电类专业系列教材

机械工程材料

第2版

主　编　高红霞
副主编　吴　深　樊江磊　王　通

机械工业出版社

本书为普通高等教育机械类及近机械类专业的技术基础课教材。以材料的成分、组织、工艺、性能、应用为主线，从材料基本理论、金属材料改性技术、材料性能及应用、材料选用等方面介绍机械工程材料的基本知识。本书共13章，主要内容包括材料的性能、金属材料的结构与组织、金属的塑性变形改性、钢的热处理改性、金属的表面改性、碳素钢、合金钢、铸铁、有色金属、新型金属材料、非金属材料、机械零件的选材及热处理、特定行业机械零件的选材及热处理等，每章章末有适量的思考题。

本书可作为高等院校机械制造、机械设计、机电工程等机械类专业以及近机械类专业教材，也可作为职业学校、成人教育及有关工程技术人员的参考书。

图书在版编目（CIP）数据

机械工程材料/高红霞主编 . —2 版 . —北京：机械工业出版社，2024.3
21 世纪机电类专业系列教材
ISBN 978-7-111-75170-0

Ⅰ . ①机⋯　Ⅱ . ①高⋯　Ⅲ . ①机械制造材料 – 高等学校 – 教材
Ⅳ . ①TH14

中国国家版本馆 CIP 数据核字（2024）第 040416 号

机械工业出版社（北京市百万庄大街 22 号　邮政编码 100037）
策划编辑：王晓洁　　　　　　　责任编辑：王晓洁　关晓飞
责任校对：杜丹丹　刘雅娜　　　封面设计：马若濛
责任印制：李　昂
河北泓景印刷有限公司印刷
2024 年 4 月第 2 版第 1 次印刷
184mm × 260mm · 14.75 印张 · 398 千字
标准书号：ISBN 978-7-111-75170-0
定价：48.00 元

电话服务　　　　　　　　　　　网络服务
客服电话：010-88361066　　　机 工 官 网：www.cmpbook.com
　　　　　010-88379833　　　机 工 官 博：weibo.com/cmp1952
　　　　　010-68326294　　　金 书 网：www.golden-book.com
封底无防伪标均为盗版　　　机工教育服务网：www.cmpedu.com

前　言

随着智能制造、工业互联网技术的飞速发展，我国正在由材料大国、制造大国向材料强国、制造强国转变，以建设高水平科技自立自强的现代化强国。为加快实现这一宏伟目标，我国进一步突出了创新在现代化建设全局中的核心地位。新形势下的高等教育要加强制造业拔尖创新人才的自主培养，要加强新工科建设及工程认证，要以德树人，加强社会主义核心价值观教育，培养高素质创新型应用型工程技术人才。

根据高等教育机械类专业的课程教学基本要求，结合编者长期的教学经验和课程改革成果，本书在第1版基础上进行修订。修订过程中参考了其他同类教材及新材料新技术有关资料，在内容修订的同时，增加了各章重点内容的总结、扩展阅读和视频动画链接，扩充了新材料的应用成果，融入了思政元素。修订后本书的内容及形式得到了进一步提升，严谨科学、生动有趣，是一本数字化新形态教材。

本书针对机械行业的工程材料，主要阐述了材料的成分、组成、性能、应用之间关系；介绍了塑性变形加工、热处理、表面处理等材料改性技术；说明了钢铁材料、有色金属、非金属材料、复合材料等各种工程材料的性能及应用；在此基础上还总结了各种类型机械零件及各种特定行业机械零件的材料选用、热处理方法选用、热处理工艺及零件工艺路线的制订。

本书主要具有以下特点：

1）条理清晰、知识系统——对各章内容均按照成分、组成、性能、应用的主线编排教学内容，条理清晰，便于掌握材料研究和分析的基本方法，提高创新思维能力。

2）重点突出、内容精炼——精简了材料基本原理及热处理原理方面的深层次机理，突出选择材料、热处理的主要方法，并在每章最后对关键知识进行梳理总结，突出重点。

3）信息丰富、开阔视野——扩充了高温合金、非晶态合金、形状记忆合金等新材料及其应用实例，增加了信息量，扩大了知识新视野。

4）强化实践、注重应用——增加了较多材料选用的内容，以及材料应用方面的实例分析、加工工艺路线制订、加工技术等实际应用知识，注重应用能力的培养。

5）形式多样、生动形象——增加了较多对比性的表格便于记忆，增加了大量材料应用的照片及工艺技术的图片、链接了材料原理和应用的动画及视频等，生动形象。

本书所引用的材料成分、性能、牌号及工艺标注方法等均来自现行国家标准，引用的新材料多为近年来我国取得的突出成就，具有前瞻性。本书可作为高等院校机械制造、机械设计、机电工程等机械类专业以及模具制造、能源与动力、农业机械、过程装备、交通运输等近机类专业和高分子、电化学等材料加工相关专业的工程材料课程教学用书，也可作为成人教育及有关工程技术人员的学习和参考用书。

本书由郑州轻工业大学高红霞教授任主编，负责全书的统稿与审校，由吴深、樊江磊、王通任副主编。高红霞编写绪论、第 1 章、第 13 章 13.4～13.6 节；吴深编写第 2 章、第 12 章；樊江磊编写第 3 章、第 4 章、附录；王通编写第 5 章、第 11 章；周向葵编写第 6 章、第 7 章；李莹编写第 8 章、第 9 章 9.1～9.4 节；王艳编写第 9 章 9.5 节、第 10 章、第 13 章 13.1～13.3 节。

本书在修订过程中，采用了郑州轻工业大学其他教师及学生整理的资料及图片，参阅了相关教材、手册、材料的最新标准等，得到了其他院校教师的帮助，在此一并深表感谢！

由于编者水平有限，书中难免存在疏漏和不妥之处，恳请各位读者批评指正，以便不断完善。

编 者

二维码清单

名称	二维码	名称	二维码
我国古代金属材料应用视频		热处理的方法视频	
拉伸试验动画		钢热处理加热时珠光体变为奥氏体视频	
电镜下金属树枝状结晶过程视频		钢热处理冷却时奥氏体变为马氏体视频	
锡的同素异构转变动图		火焰表面淬火动画	
金属内部刃型位错运动动画		火花鉴别钢的含碳量视频	
金属内部再结晶过程视频		凹模板加工工艺过程视频	
热处理的作用视频			

目　　录

IX

绪 论

0.1 工程材料的地位

0.1.1 工程材料的社会地位

材料是社会生产力发展水平的标志：材料作为人类生活和生产的基本物质，是人类社会赖以生存和发展的重要条件，它可以衡量人类社会文明程度及社会发展水平。因此，历史学家按照人类使用材料的性质差异，把历史时代分为石器时代、青铜器时代、铁器时代、钢铁时代、新材料时代……目前，人类社会正处于钢铁时代向新型高性能结构材料、机敏智能功能材料等新材料时代过渡的时期。图 0-1 所示为人类社会发展不同时期的材料应用。图中所示各时代所用的材料或物品自上而下分别是：石器时代——玉器、武器、农具；青铜器时代——透光镜、四羊方尊、农具；铁器时代——鍪、红夷大炮、农具；钢铁时代——无缝钢管、钢板卷、高铁车辆；新材料时代——太阳能级多晶硅、单晶硅、光纤。

| 石器时代 | 青铜器时代 | 铁器时代 | 钢铁时代 | 新材料时代 |

图 0-1　人类社会发展不同时期的材料应用

材料的发展水平可促进社会的进步：近代科学技术的发展足迹时刻记录着材料所做出的卓越贡献。18 世纪 60 年代，蒸汽机的出现引发了以机器为动力的工业机械化。19 世纪 70 年代，电磁场理论的发展导致了电动机、发电机的大量采用，从而出现了以电为动力的工业电气化。20世纪四项重大发现，即原子能、半导体、计算机、激光器的发展及应用，带动了高度信息化的工业自动化。如果没有黑色金属、有色金属材料以及非晶、微晶、纳米材料、陶瓷、高分子材料及人工智能材料提供物质保证，这一切都难以实现。

在材料、信息、能源这三大社会支柱中，材料是三大支柱之首。由于信息、能源的发展依赖于材料的发展，材料科学在社会上占有举足轻重的地位，材料的品种、数量和质量是衡量一个国家科学技术和国民经济水平及国防实力的重要标志之一。

除传统材料外，为满足和适应高技术产业发展的需求，各种新材料不断涌现。新材料主要是以传统材料为基础，充分利用高新技术、合成方法制造出的具有特殊功能和优良性能的材料或者是前所未有的材料。新材料在高新技术发展中起着基础和先导作用，新材料本身也是高新技术的重要组成部分。新材料的快速发展，必将为人类社会的发展和进步提供强大动力。

0.1.2 工程材料在机械工业中的地位

目前机械工业正朝着高速、自动、精密方向迅速发展，对材料的数量和质量都提出了越来越高的要求。在机械产品的设计和制造过程中，所遇到的工程材料方面的问题日益增多，机械工业与材料学科之间的关系也越发密切。实践表明，合理选用材料，适当确定热处理工艺，妥善安排工艺路线在充分发挥材料本身的性能潜力、保证材料具有良好的加工工艺性能、获得理想的使用性能、提高产品零件的质量、节省材料、降低生产成本等方面有着重大的影响。实际工作中，往往由于选材不当或热处理不妥，使机械零件的使用性能达不到规定的技术要求，而导致使用中发生过早损坏，如产生变形、断裂、磨损等。因此，工程材料知识对于机械制造工作者来说是必须具备的。

0.2 工程材料的分类

工程材料是指具有一定性能，在特定条件下能够承担某种功能，被用来制取零件和元件的材料。工程材料种类繁多，据不完全统计，现有工程材料种类已达一万余种，每年仍以5%的速度增加。材料有许多不同的分类方法，比较常用是按化学成分或使用性能分类。

0.2.1 按材料的化学成分分类

1. 金属材料

金属材料可以分为黑色金属及有色金属。黑色金属主要包括钢和铸铁。有色金属种类很多，按照它们的特性不同，又分为轻金属、重金属、贵金属、稀有金属和放射性金属等多种。目前金属材料仍然是应用最广泛的工程材料。

2. 无机非金属材料

无机非金属材料包括水泥、玻璃、耐火材料和陶瓷等。它们的主要原料是硅酸盐产物，又称硅酸盐材料，因为不具备金属性质也称无机非金属材料。

3. 高分子材料

高分子材料按材料来源可分为天然高分子材料和人工合成高分子材料。按照它们的性能及用途不同，可分为塑料、橡胶、纤维、胶粘剂等。

4. 复合材料

由于多数金属材料不耐腐蚀，无机非金属材料脆性大，高分子材料不耐高温，人们把上述两种或两种以上的不同材料组合起来，取长补短，提高性能，就构成了复合材料。复合材料由基体材料和增强材料复合而成。基体材料有金属、塑料、陶瓷等，增强材料有各种纤维和颗粒。

0.2.2　按材料使用性能分类

1. 结构材料

结构材料是具有较高的强度、刚度、塑性、韧性、硬度、疲劳强度、耐磨性等力学性能，用来制造承受载荷、传递动力的零件和构件的材料。结构材料在机械制造、石油化工、交通运输、航空航天、建筑工程等行业占有举足轻重的地位，其可以是金属材料、高分子材料、陶瓷材料或复合材料。

2. 功能材料

功能材料是具有优良的光、声、电、磁、热等物理性能，用来制造具有特殊性能的元件的材料，如大规模集成电路材料、信息记录材料、光学材料、激光材料、超导材料、传感器材料、储氢材料等都属于功能材料。目前，功能材料在通信、计算机、电子、激光和空间科学等领域中扮演着极其重要的角色。

0.3　我国材料的主要成就及发展现状

我国在材料发展历史上有着辉煌的成就：我国是使用陶器最早的国家，并发明了瓷器；我国是使用青铜器较早的国家之一，而且制造青铜器的规模和工艺技术较高；我国生铁冶炼技术世界领先，早在汉代就发明了球墨铸铁，这些成就体现了中华民族令人自豪的智慧和创造力。

近年来智能制造、高端制造对新材料提出了更高要求，国家也非常重视和支持新材料的研发，目前我国新材料的总产值占世界的四分之一左右，特种不锈钢、超硬材料、玻璃纤维复合材料、光伏材料等产能位于世界前列，特别是稀土功能材料占全世界产能的80%。我国一些新材料的性能指标及关键技术也取得了突破，如大尺寸单晶硅成功拉制并用于大型集成电路，高强度碳纤维批量生产用于航空航天装备，锂电池国产材料替代进口等。但是，与美欧日韩相比，我国在国防军工、信息显示、数控装备等高端制造业方面，对于新材料研发及应用仍存在差距。我们既要有民族自信、文化自信，还要有责任感、紧迫感，自强自立，创新开拓，使我国早日从制造大国进入制造强国行列。

0.4　本书的主要内容

本书的主要内容有材料的基本理论、金属材料的改性技术、各种机械工程材料的性能及应用、机械工程材料的选用等。

我国古代金属
材料应用视频

0.4.1　材料的基本理论

简要介绍材料的力学性能，系统地介绍及分析纯金属、合金、铁碳合金的晶体结构与组织，阐述金属材料成分—组织结构—性能之间的关系。

0.4.2　金属材料的改性技术

系统介绍塑性变形强化、热处理强化的基本原理和常用方法。阐述金属材料的塑性变形强化及热处理强化工艺—组织结构—性能之间的关系。简要介绍提高金属材料表面耐磨性、耐蚀性、耐热性等特殊性能的表面改性技术的基本原理和工艺，分析常用表面改性方法的特点和应用。

0.4.3　各种机械工程材料的性能及应用

以工程材料的成分—组织结构—性能—应用为主线，系统介绍碳钢、合金钢、铸铁、铝合金、铜合金、钛合金、镁合金、轴承合金等各种常见金属材料、工程塑料、工程陶瓷、复合材料等机械工程材料的种类、牌号、组织、性能及应用。

0.4.4 机械工程材料的选用

简述零件失效分析的方法及机械零件选材的原则，介绍轴类、齿轮类、箱体类、弹簧类等各种机械零件及刀具的选材及热处理，介绍汽车制造、模具制造、能源及动力设备、石油化工机械、航空航天装备、工程机械等特殊行业机械零件的选材及热处理，并结合实例对各种类型机械零件的选材及热处理进行分析。

0.5 本书的学习任务

工程材料的性能与其成分和组织以及加工工艺之间的关系非常密切（见图 0-2），成分和加工工艺决定组织，组织决定性能。热处理实际上是通过加热改变组织而使金属材料性能发生变化的一种加工工艺。机械工程材料学习的基本任务就在于建立材料的成分、热处理工艺、组织、性能之间的关系，找出其内在的规律，以便通过控制材料的成分和加工工艺过程来控制其组织，提高其性能，或研制具有某种性能的新材料。近年来，在材料研究方

图 0-2 材料成分、组织、加工工艺、性能之间的决定关系

面，由于新的测试仪器（如电子显微镜及 X 射线、放射性同位素、超声波、声发射等测试仪）的发明及应用，使金属的研究进入了更为微观的范畴。本书对金属内部晶体结构、缺陷等细微的组织也进行阐述，以建立基本认识。

0.6 本书的学习目标

机械工程材料是机械设计、机械制造、机械电子、模具制造、化工工程、食品工程、能源与动力工程等各机械类专业及近机类专业必须学习的技术基础知识。其主要学习目标是通过学习理论知识，理解各种工程材料的成分、组织、性能之间的决定关系，掌握热处理的原理及工艺能够合理选用工程材料及热处理方法、合理制订热处理工艺方案及零件制造的工艺路线，具备材料应用方面的初步能力；通过理论知识学习，配合实验或实习等，能够在试验机上测试材料的强度、硬度、塑性、韧性等，能够用显微镜观察分析材料的显微组织，具备材料组织性能测试及分析的能力；通过对理论知识的系统学习和对材料应用实际案例的学习，了解各知识点之间的联系，培养材料方面的综合应用能力；通过了解材料的发展历史、材料的创新应用、材料工匠的先进事迹等，培养创新意识、协作意识及爱国精神、工匠精神。

重点内容

1. 工程材料地位及作用

材料是社会的三大支柱之一，材料的发展及应用可推动社会的发展及进步。工程用新材料及其工艺技术的研发，使得当前零件及构件的性能大大提高，制造业飞速发展。

2. 本书主要内容及学习目标

1）主要内容：各种工程材料成分、组织、性能之间的关系理论及应用，热处理改变材料性能的原理及工艺。

2）学习目标：培养合理选材及选择热处理方法、制订热处理工艺及零件制造的工艺路线的能力；培养材料组织性能测试分析的能力；培养创新意识、爱国精神、工匠精神。

思 考 题

1. 工程材料的重要地位与作用是什么?
2. 常用工程材料的种类有哪些?
3. 举例说明材料与人类生活的关系。
4. 本书的主要内容与学习任务是什么?
5. 讨论石器时代之前是否存在木器时代。

第 **1** 章

材料的性能

为正确使用材料，制造出高性能、低成本的机械产品，应充分了解和掌握材料的性能，包括力学性能、物理化学性能和工艺性能等。

1.1 材料的力学性能

力学性能是指材料在各种不同性质外力作用下所表现的抵抗能力，主要有强度、塑性、硬度、韧性和疲劳强度。

1.1.1 强度

材料在外力作用下抵抗塑性变形或断裂的能力称为强度，是非常重要的力学性能指标，常采用拉伸试验方法测定。

1. 拉伸试验

拉伸试验是在材料拉伸试验机上用静拉力对拉伸试样进行轴向拉伸的试验。拉伸试验机如图 1-1 所示，拉伸试样横截面一般为圆形、矩形、多边形等，尺寸按国家标准，分为长试样和短试样。如图 1-2 所示为拉伸前及拉断后的拉伸试样，d 为试样平行长度的直径，L_0 为试样的原始标距；d_u 为试样断口处的最小直径，L_u 为断后标距。

将试样装在拉伸试验机的上下夹头上，开动拉伸试验机，缓慢加载拉伸载荷，随着载荷的增加，试样逐渐伸长直至拉断。拉伸前及拉断后的拉伸试样照片如图 1-3 所示。

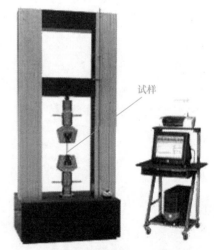

图 1-1 拉伸试验机

拉伸过程中试样所受的拉力与延伸量是不断变化的，常用到应力、延伸率的概念。应力是指拉伸过程中任意时刻试样所受的拉力除以试样的原始横截面，延伸率是指标距部分的延伸量与原始标距之比的百分率。

试验装置可记录拉伸过程中应力与延伸率的关系曲线，即应力 – 延伸率曲线图 1-4 所示为低碳钢的应力 – 延伸率曲线。

拉伸试验动画

由应力 – 延伸率曲线可知，应力为 0 时延伸率为 0，应力增大到 R_e 的过程中，试样的应变与延伸率之间成正比例关系，在应力 – 延伸率曲线上表现为一条斜直线 Ob。在此范围内卸除载荷，试样能完全恢复到原来的形状与尺寸，即试样处于弹性变形阶段。图中 R_e 是试样保持弹性变形的最大拉应力。

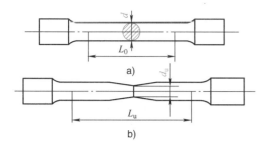

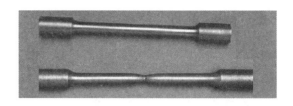

图 1-2　拉伸前及拉断后的拉伸试样　　　　　图 1-3　拉伸前及拉断后的拉伸试样照片

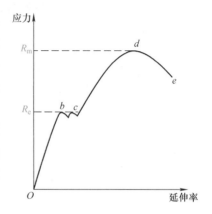

当应力增加到 R_e 时，曲线在 $b-c$ 间出现水平或锯齿形线段，表示拉力不再增加的情况下，试样也会继续延伸，这种现象称为"屈服"，水平段称为屈服阶段。此阶段试样将产生塑性变形，卸载后变形不能完全恢复，塑性延伸将被保留下来。

当应力超过 R_e 后，曲线表现为一段上升曲线，表示随着塑性变形量的增大，试样变形抗力也逐渐增大，即试样抵抗变形的能力将增强。此阶段称为冷变形强化阶段，此阶段试样平行长度段产生大量均匀塑性变形。

图 1-4　低碳钢的应力 – 延伸率曲线

当应力增至最大值 R_m 时，试样延伸量迅速增大且集中于试样的局部长度段，使局部截面积迅速减小，出现"缩颈"现象。由于缩颈处截面积的急剧缩小，单位面积承载大大增加，最后到 e 点试样被拉断。此阶段为局部塑性变形与断裂阶段。

2. 强度指标

常用的强度指标有屈服强度与抗拉强度等，可由应力 – 延伸率曲线直接得出。

（1）屈服强度

屈服强度是指材料对塑性变形的抵抗能力，是试样在拉伸试验期间达到塑性变形发生而力不增加的应力点，即 R_e，单位为 MPa。

工业上使用的一些金属材料，如高碳钢、铝合金等，在进行拉伸试验时屈服现象不明显，也不会产生缩颈现象，测定 R_e 很困难，因此规定一个相当于屈服强度的强度指标，以标距延伸率为 0.2% 时的应力值定为其屈服强度，称为规定非比例延伸强度，用 $R_{p0.2}$ 表示。

金属零件和结构在工作中一般是不允许产生塑性变形的，所以设计零件、结构时，屈服强度 R_e 是重要的设计依据。

（2）抗拉强度

抗拉强度是指材料对断裂的抵抗能力，是试样断裂前能承受的最大应力值，即 R_m，单位为 MPa。

R_m 是材料由均匀塑性变形向局部集中塑性变形过渡的临界值，也是材料在静拉伸条件下的最大承载能力。由于测试数据较准确，有关手册和资料提供的设计、选材的强度指标都是抗拉强度 R_m。

（3）刚度

刚度是指材料对弹性变形的抵抗能力，是试样产生单位弹性变形所需的应力。对应于应力 –

延伸率曲线上的弹性变形阶段应力与延伸量的比值，即直线 Ob 的斜率。刚度也称为弹性模量，用 E 表示。有些精密零件对变形要求较高，甚至连弹性变形都不允许，设计零件时需考虑材料的刚度。

1.1.2 塑性

塑性是指断裂前材料产生塑性变形的能力。塑性也是通过拉伸试验测试的，用拉伸试样断裂时的最大相对伸长量来表示金属的塑性指标，常用断后伸长率和断面收缩率表示。

1. 断后伸长率

拉伸试样在进行拉伸试验时，在拉力的作用下产生不断伸长的塑性变形。试样拉断后的伸长量与试样原始长度的百分比称为断后伸长率，用符号 A 表示。

$$A = \frac{L_u - L_0}{L_0} \times 100\% \tag{1-1}$$

式中　L_u——试样断后标距（mm）；

　　　L_0——试样原始标距（mm）。

使用长试样测定的断后伸长率用符号 $A_{11.3}$ 表示，使用短试样测定的断后伸长率用符号 A 表示。同一种材料的断后伸长率 $A_{11.3}$ 和 A 数值是不相等的，一般短试样 A 都大于长试样 $A_{11.3}$。不同材料进行比较时，必须是相同标准试样测定的数值才有意义。

2. 断面收缩率

断面收缩率是指试样拉断后横截面积的最大缩减量与原始横截面积的百分比。断面收缩率用符号 Z 表示。

$$Z = \frac{S_0 - S_u}{S_0} \times 100\% \tag{1-2}$$

式中　S_0——试样原始横截面积（mm^2）；

　　　S_u——试样拉断后断口的横截面积（mm^2）。

机械零件工作时突然超载，如果材料塑性好，就能先产生塑性变形而不会突然断裂破坏。所以，大多数机械零件除满足强度要求外，还必须有一定的塑性。但是，铸铁、陶瓷等脆性材料的塑性极低，拉伸时几乎不产生明显的塑性变形，超载时会突然断裂，使用时必须注意。

1.1.3 硬度

硬度是指材料表面抵抗硬物压入的能力，即材料表面受压时抵抗局部塑性变形的能力。硬度是应用非常广泛的力学性能指标，它可以反映出材料的强度和塑性，因此在零件图上常常标注硬度指标作为技术要求。

常用硬度测定方法有压入法、划痕法等，其中压入法的应用最为普遍。压入法是在规定的静态试验力作用下，将压头压入材料表面层，然后根据压痕的面积大小或深度测定其硬度值。用压入法测材料硬度，常用的方法有布氏硬度（HBW）、洛氏硬度（HRA、HRB、HRC）和维氏硬度（HV）试验法。

1. 布氏硬度

布氏硬度试验机如图 1-5 所示，其试验原理图如图 1-6 所示。用一定直径 D 的硬质合金球，以规定的试验力 F 压入试样表面，保持规定的时间后，去除试验力，测量试样表面的压痕平均直径 d，然后根据压痕平均直径 d 计算其硬度值。

图 1-5　布氏硬度试验机

布氏硬度值是指压痕球冠面积上所产生的平均抵抗力，用符号 HBW 表示。布氏硬度值可用下式计算

$$HBW = 0.102 \times \frac{2F}{\pi D(D - \sqrt{D^2 - d^2})} \qquad (1-3)$$

式中　F——试验力（N，单位用 kgf 时，去掉 0.102）；

　　　D——硬质合金球直径（mm）；

　　　d——压痕平均直径（mm）。

式中只有 d 是变量，因此试验时只要测量出压痕直径，就可通过计算或查布氏硬度表得出 HBW 值。布氏硬度数值一般不用计算，而是查布氏硬度表得出。

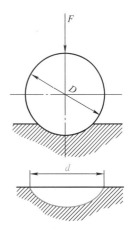

图 1-6　布氏硬度试验原理图

为适应各种硬度级别及各种厚度的金属材料的硬度测试，GB/T 231.1—2009《金属材料　布氏硬度试验第 1 部分：试验方法》规定了各种材料的试验条件，见表 1-1。进行布氏硬度试验时，硬质合金球直径 D、试验力 F 和保持时间应根据被测金属种类和厚度进行选择。

表 1-1　金属材料布氏硬度试验规范

金属种类	布氏硬度值范围 HBW	试样厚度 /mm	0.102F/D^2 /(N/mm²)	硬质合金球 直径 D/mm	试验力 F /kN（kgf）	试验力保持时间 /s
黑色金属	≥140	6~3 4~2 <2	30	10.0 5.0 2.5	29.42（3000） 7.355（750） 1.839（187.5）	12
	<140	>6 6~3	10	10.0 5.0	9.807（1000） 2.452（250）	12
有色金属	>200	6~3 4~2 <2	30	10.0 5.0 2.5	29.42（3000） 7.355（750） 1.839（187.5）	30
	35~200	9~3 6~3	10	10.0 5.0	9.807（1000） 2.452（250）	30
	<35	>6	2.5	10.0	2.452（250）	60

布氏硬度的标注方法是，硬度值标注在硬度符号的前面，在硬度符号的后面用相应的数字注明硬质合金球直径、试验力大小和试验力保持时间。例如，500HBW5/750 表示：用直径为 5mm 的硬质合金球，在 750kgf（7.355kN）试验力作用下保持 10~15s（可不标出）测得的布氏硬度值为 500。

图 1-7　洛氏硬度
试验机

由于布氏硬度测定的是较大压痕面积上的平均受力，因此不受材料内部组成物细微不均匀性的影响，测得的硬度值比较准确，数据重复性强。由于布氏硬度压痕大，对材料表面的损伤也较大，硬度高的材料，薄壁工件和表面要求高的工件，不宜用布氏硬度测试。布氏硬度测定通常适用于有色金属、低碳钢、灰铸铁和经退火、正火和调质处理的中碳钢等。

2. 洛氏硬度

洛氏硬度试验机如图 1-7 所示，试验原理图如图 1-8 所示。以锥角为 120°的金刚石圆锥体或直径为 1.5875mm 的淬火钢球作压头压入试样表面，先加初试验力 F_0（98N），使压头接触试样表面，此时有一个微小压入深度 h_0；然后再加上主试验力 F_1，压入试样表面后经规定的保持时间，去除主试验力，在保留初试验力 F_0 的情况下，根据试样压入的深度 h 来衡量金属的硬

度大小。

材料越硬，h 值越小。为适应人们习惯上数值越大硬度越高的观念，故人为地规定一个常数 K 减去压痕深度 h 作为洛氏硬度指标，并规定每一个洛氏硬度实验单位为 0.002mm。则洛氏硬度值为

$$HR = \frac{K - h}{0.002} \qquad (1\text{-}4)$$

式中　h——压痕深度（mm）；

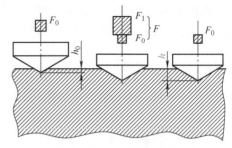
图 1-8　洛氏硬度试验原理图

　　　　K——常数，使用金刚石圆锥体压头时常数 K 为 0.2，使用淬火钢球压头时，常数 K 为 0.26。

由压痕深度可换算出硬度的数值，从洛氏硬度计表盘上可直接读出硬度值。

洛氏硬度根据试验时选用的压头类型和试验力大小的不同，分别采用不同的标尺进行标注。常采用的标尺有 A、B、C，试验条件及应用举例见表 1-2。洛氏硬度的标注方法为：硬度值写在硬度符号 HR 的前面，后面写使用的标尺，如 52HRC 表示用"C"标尺测定的洛氏硬度值为 52。

表 1-2　洛氏硬度试验条件及应用举例

硬度符号	压头类型	总试验力 $F_{总}$/kgf（N）	硬度值有效范围	应用举例
HRA	120°金刚石圆锥	60（588.4）	60～88	硬质合金，表面淬火、渗碳钢等
HRB	直径 1.5875mm 淬火钢球	100（980.7）	20～100	有色金属、退火钢、正火钢等
HRC	120°金刚石圆锥	150（1471.1）	20～70	淬火钢，调质钢等

洛氏硬度测定方便快捷，测量的硬度范围大，对试样表面损伤小，广泛应用于各种材料以及薄小工件、表面处理层的测定。但由于压痕小，受内部组织和性能不均匀的影响，测量的准确性较差。所以洛氏硬度测试数值通常采用不同位置的三点的硬度平均值。

3. 维氏硬度

图 1-9 所示为维氏硬度试验机及配套计算机处理系统。它也是根据压痕单位面积承受的压力来测量的，其原理图如图 1-10 所示。将夹角为 136°的正四棱锥体金刚石压头，以选定的试验力 F 压入试样表面，保持规定的时间后，去除试验力，在试样表面上压出一个正四棱锥形的压痕，测量压痕两对角线的平均长度，计算硬度值。维氏硬度是用正四棱锥形压痕单位表面积上承受的平均压力表示硬度值，用符号 HV 表示。维氏硬度的计算式为

$$HV \approx 0.1891 \frac{F}{d^2} \qquad (1\text{-}5)$$

式中　F——试验力（N）；

　　　　d——两压痕对角线长度的算术平均值（mm）。

试验时，有的维氏硬度机是在显微镜下由旋钮刻度人工测出压痕的对角线长度，算出两对角线长度的平均值后，查表得出维氏硬度值；有的维氏硬度机是在显微镜下机器自动显示压痕两条对角线的长度，并显示经计算转换出的硬度数值；带计算机处理系统的维氏硬度机可在屏幕上显示压痕形状，显示维氏硬度数值，并可记录保存处理图像及数据。

维氏硬度的标注方法为：硬度数值写在符号的前面，试验条件写在符号的后面。对于钢及铸铁，当试验力保持时间为 10～15s 时，可以不标出。例如 600HV30 表示用 30kgf 试验力保持 10～15s 测定的维氏硬度值为 600；640HV30/20 表示用 30kgf 试验力保持 20s 测定的维氏硬度值为 640。

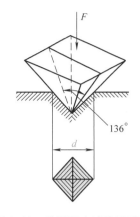

图 1-9　带计算机处理系统的维氏硬度试验机　　　　图 1-10　维氏硬度试验原理图

维氏硬度测试的精度高，测量范围大，所以适用于各种硬度范围的金属，特别是极薄零件和渗碳、渗氮工件的硬度测定。但其操作较为复杂，测量效率不高，不适于大批量工件的硬度测定。

1.1.4　韧性

对于在冲击载荷条件下工作的机器零件和工具，如活塞销、锤杆、冲模、连杆等，由于冲击载荷的速度高、作用时间短，易引起工件材料的局部变形和断裂。进行选材或设计时，必须考虑其韧性，主要指标为冲击韧度，即材料抵抗冲击载荷的能力。材料的冲击韧度是通过冲击试验测试的。

1. 冲击试验

冲击试验原理图如图 1-11 所示。试验时，将带有缺口（如 U 形缺口）的试样放在试验机的机架上，使其缺口位于两固定支座中间，并背向摆锤的冲击方向。将一定质量为 m 的摆锤升高到 h_1，使摆锤具有一定的势能 mgh_1，使其自由落下将试样冲断后，摆锤继续升高到 h_2，此时摆锤的势能为 mgh_2。

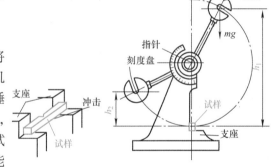

图 1-11　冲击试验原理图

摆锤冲断试样所消耗的势能即试样吸收的能量，称为冲击吸收能量，可反映材料抵抗冲击载荷的能力，即冲击韧性。

2. 冲击吸收能量 KU

在冲击试验力一次作用下，U 型缺口试样的冲击吸收能量用 KU 表示，可以从试验机的刻度盘或显示仪上直接读出。

$$KU = mgh_1 - mgh_2 \tag{1-6}$$

摆锤刀刃半径为 2mm 时表示为 KU_2。试样为 V 型缺口时可表示为 KV、KV_2。

用试样断口处截面积 S（cm^2）去除 KU（J），即得到冲击韧性 $a_K^{\ominus}$，单位为 J/cm^2。

$$a_K = \frac{KU}{S} \tag{1-7}$$

KU、a_K 对组织缺陷很敏感，能反映出材料质量、宏观缺陷和显微组织方面的微小变化。

1.1.5　疲劳强度

疲劳强度是指材料在交变应力下对断裂的抵抗能力。许多机械零件（如轴、齿轮、弹簧）

⊖　该符号未在新标准 GB/T 10623—2008《金属材料　力学性能试验术语》中出现，供参考。——编者注

在工作过程中各点的应力随时间作周期性变化，这种应力称交变应力（循环应力）。材料在交变应力作用下，经过一定循环次数后，产生裂纹或突然发生完全断裂，这种现象称为材料的疲劳。疲劳失效与静载荷下的失效不同，疲劳断裂前都不产生明显的塑性变形，断裂是突然发生的，因此具有很大的危险性。

材料在指定循环基数下不产生疲劳断裂所能承受的最大应力称为疲劳强度。在交变载荷下，金属材料承受的交变应力（σ）和断裂时应力循环次数（N）之间的关系，通常用疲劳曲线来描述，如图 1-12 所示。金属材料承受的最大交变应力 σ 越大，则断裂时应力循环次数 N 越小，反之 σ 越小，则 N 越大。当应力低于某值时，应力循环达到无数次也不会发生疲劳断裂，此应力称为材料的疲劳强度，用 σ_N 表示。工程上疲劳强度是指在一定的载荷循环次数（一般规定钢铁的循环次数为 10^7，有色金属为 10^8）下不发生断裂的最大应力。

材料的疲劳强度低于其抗拉强度，一般关系为 $\sigma_N \approx KR_m$。对中低强度钢（$R_m < 370MPa$）$K = 0.5$，对灰铸铁 $K = 0.42$。通常材料的疲劳性能是在图 1-13 所示的弯曲疲劳试验机上进行测定的。

疲劳断裂一般是从机件最薄弱的部位或缺陷所造成的应力集中处发生，因此疲劳失效对许多因素很敏感，如零件外形、循环应力特性、环境介质、温度、机件表面状态、内部组织缺陷等。因此合理设计工件结构以避免应力集中，在工件加工时降低表面粗糙度值、进行表面滚压或喷丸处理、表面热处理等，可提高工件的疲劳强度。

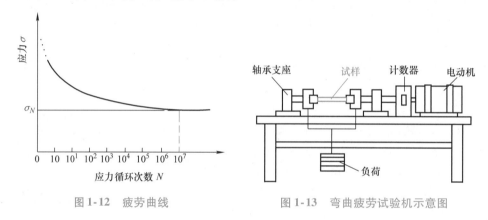

图 1-12　疲劳曲线　　　　图 1-13　弯曲疲劳试验机示意图

1.2　材料常用物理化学性能

1.2.1　材料的物理性能

1. 密度

密度是指单位体积的物质质量，用 ρ（g/cm^3）表示。一般地，金属材料具有较高的密度，陶瓷材料次之，高分子材料最低。材料的密度关系到它们制造的构件或零件的自重。金属材料中密度小于 $5g/cm^3$ 的称为轻金属，如铝、镁、钛及其合金，多用于航空航天及交通运输领域。

2. 熔点

材料由固态变为液态时的温度称为熔点。一般地，晶体材料（如金属、陶瓷）具有确定的熔点，非晶体（如高分子材料、玻璃）没有固定熔点。材料的熔点对其零件的耐热性影响较大，高熔点的陶瓷材料可制造耐高温零件，而高分子材料熔点低，耐热性差，一般不能作为耐热构件。常用金属的熔点见表 1-3。

表 1-3　常用金属的熔点

名称	熔点/℃	名称	熔点/℃	名称	熔点/℃
钨	3380	镍	1455	铅	658
钼	2622	锰	1230	锌	419
钛	1668	铜	1083	镁	627
铁	1538	金	1063	锑	631

3. 导热性

热能由高温区向低温区传递的现象称为热传导或导热。导热性用热导率 $\lambda[W/(m \cdot K)]$ 表示。一般地，金属材料的导热性较好，其中银的导热性最好，铜、铝次之；而陶瓷材料及高分子材料导热性较差。导热性好的材料可制造散热器、热交换器、活塞等。

4. 导电性

传导电流的能力称为导电性，用电阻率 ρ（$\Omega \cdot m$）表示。电阻率越小，导电性越好。金属材料具有较好的导电性（其中银的导电性最好，铜、铝次之），而陶瓷及高分子材料是电的绝缘体。电阻率小的金属（纯铜、纯铝）可作导电零件和电线电缆，电阻率大的金属或合金（钨、钼、铁、铬等）适合作电热元件。

1.2.2　材料的化学性能

1. 耐蚀性

材料在常温下抵抗氧、水蒸气及其他化学介质腐蚀破坏的能力称为耐蚀性。金属材料中钛及其合金、不锈钢的耐蚀性较好，而碳钢、铸铁的耐蚀性较差。陶瓷材料及高分子材料都具有极好的耐蚀性。耐蚀性好的材料可用于制造食品、化工、制药等设备的零件。

2. 抗氧化性

材料在加热到较高温度时抵抗氧化作用的能力称为抗氧化性。陶瓷材料具有很好的抗高温氧化性，金属材料中加入铬、硅等元素可提高其抗氧化性。抗氧化性好的材料可用于制造高温结构件，如陶瓷可用于制造高温发动机零件、抗氧化性好的耐热钢可制造内燃机排气阀、加热炉底板等工件。

1.3　材料的工艺性能

材料的工艺性能是指材料在冷、热加工过程中为保证加工顺利所具备的性能，工艺性能的好坏直接影响零件加工后的质量及加工成本，是选材和制订零件加工工艺路线时必须考虑的因素。这里主要介绍金属材料的加工性能。金属的一般加工过程如图 1-14 所示，金属材料的工艺性能主要包括铸造、锻造、焊接、热处理、切削加工等性能。

图 1-14　金属的一般加工过程

1.3.1　铸造性能

铸造性能是指金属材料铸造成形时获得优良铸件的能力。衡量铸造性能的指标主要有流动性、收缩性和偏析等。

1. 流动性

熔融金属材料的流动能力称为流动性，它主要受化学成分、铸型条件和浇注温度等的影响。流动性好的材料容易充满型腔，从而获得外形完整，尺寸精确和轮廓清晰的铸件。

2. 收缩性

铸件在凝固和冷却过程中，其体积和尺寸减小的现象称为收缩性。铸件收缩不仅影响其尺寸，还会使铸件产生缩孔、缩松、内应力、变形和开裂等缺陷。因此用于铸造的材料，其收缩性越小越好。

3. 偏析

铸件凝固之后，内部化学成分和组织不均匀的现象称为偏析。偏析严重的铸件，各部分的力学性能会有很大的差异，会降低产品的质量。

1.3.2 锻造性能

锻造性能是指金属材料是否易于进行压力加工的性能。锻造性能取决于材料的塑性和变形抗力。而材料的塑性和变形抗力受材料的成分、变形温度、变形条件等影响。塑性越好，变形抗力越小，材料的锻造性能越好。例如，纯铜在室温下就有良好的锻造性能，碳钢在加热状态下锻造性能良好，铸铁则不能锻造。

1.3.3 焊接性

焊接性是指金属材料在一定焊接工艺条件下获得优质焊接接头的能力。碳钢的焊接性主要由化学成分决定，其中碳含量的影响最大。例如低碳钢具有良好的焊接性，而高碳钢、铸铁的焊接性不好。

1.3.4 热处理性能

热处理是通过加热、保温、冷却的方法使材料在固态下的组织结构发生改变，从而获得所要求的性能的一种加工工艺。在生产上，热处理既可以用于提高材料的力学性能及某些特殊性能以进一步发挥材料的潜力，又可用于改善材料的加工工艺性能，如改善切削加工、拉拔挤压加工和焊接性等。常用的热处理方法有退火、正火、淬火、回火及表面热处理等。

1.3.5 切削加工性能

材料进行切削加工的难易程度称为切削加工性能，切削加工性能主要用切削后的表面粗糙度和刀具寿命来衡量。影响切削加工性能的因素有工件的化学成分、组织、硬度、导热性和形变强化程度等。一般认为，材料具有适当硬度（170~230HBW）和足够脆性时较易切削。所以灰铸铁比钢的切削性能好，碳钢比合金钢的切削性好。改变钢的成分和进行适当的热处理能改善切削加工性能。

重 点 内 容

1. 常用力学性能的概念及测试方法

1）强度：材料在外力作用下抵抗塑性变形或断裂的能力，用拉伸试验测试。

2）塑性：材料断裂前产生塑性变形的能力，用拉伸试验测试。

3）硬度：材料表面受压时抵抗局部塑性变形的能力，用硬度试验机测试。

4）韧性：冲击韧度是材料抵抗冲击载荷的能力（用于塑性变形），用冲击试验测试。

5）疲劳强度：材料在交变应力下对断裂的抵抗能力。

2. 力学性能之间的联系

一般来说，结构用钢的强度越高，其硬度越高，而塑性和韧性越低。

思　考　题

1. 材料的力学性能主要有强度、硬度、塑性、韧性等，试说明一般结构钢这四种力学性能之间的联系。
2. 强度指标主要有哪些？并说明它们在零件设计时有哪些指导意义。
3. 比较布氏硬度与洛氏硬度的测试原理、优缺点及应用特点。
4. 下列硬度标注方法是否正确？如果错误，应如何改正？
HBW210～240　　　450～480HBW　　　HRC15～20　　　HV30
5. 材料的塑性、韧性、脆性在概念上有什么不同？

第 2 章

金属材料的结构与组织

材料的结构是指材料内部的各组成微粒（原子、分子、离子等）之间的结合方式及其在空间的排列分布规律，即物质的结合键和晶体结构类型。材料的组织是指可直接或借助仪器观察到的材料内部各组成部分的形貌，如各组成部分的大小、形态、分布状况和相对数量等。

不同的金属材料具有不同的性能，即使是同一种金属材料，在不同的条件下性能也不同，这是因为材料的性能取决于其内部的结构与组织，而材料的结构与组织是由它的化学成分及加工工艺决定的。因此，研究金属材料的内部结构与组织的变化规律，对了解金属材料的性能、正确选用金属材料、合理确定加工方法具有非常重要的意义。

2.1 纯金属的结构与组织

根据物质内部微粒的排列特征，固态物质分为晶体与非晶体两类。晶体是指其组成微粒在空间按一定规则排列的物质，如金刚石、石墨及一般固态金属材料等，如图 2-1a 所示。金属及绝大多数固体都是晶体，晶体具有固定熔点和各向异性等特征。非晶体是指其组成微粒无规则地堆积在一起的物质，如玻璃、沥青、石蜡、松香等都是非晶体。非晶体物质没有固定熔点，而且性能无方向性。

为了便于描述和理解晶体中微粒在三维空间排列的规律性，可把晶体内部微粒近似地视为刚性质点，用一些假想的直线将各质点中心连接起来，形成一个空间格子，如图 2-1b 所示。这种抽象的用于描述微粒在晶体中排列形式的空间格架，称为晶格。晶体的晶格在空间排列有周期性重复的特点，通常把晶格中具有空间排列规则特征的最小几何单元称为晶胞。因此晶格是由晶胞不断重复堆砌而成的，晶胞表示了晶体中微粒在空间的排列规律。

为了研究晶体结构，可以用晶格参数来表示晶胞的几何形状及尺寸。晶格参数包括晶胞的棱边长度 a、b、c 和棱边夹角 α、β、γ，如图 2-1c 所示。晶胞的各棱边长度又称为晶格常数，当

a) 晶体　　　　　　　　b) 晶格　　　　　　　　c) 晶胞

图 2-1　简单立方晶格与晶胞示意图

$a=b=c$ 且 $\alpha=\beta=\gamma=90°$ 时，这种晶胞组成的晶格称为简单立方晶格。

在晶格中，由一系列原子组成的平面称为晶面，晶面是由一行行的原子列组成，晶格中各原子列的位向称为晶向。

2.1.1　理想金属晶体结构

1. 金属的晶格类型

金属在一般情况下都是晶体，金属原子呈有规律的排列。在已知的多种金属材料中，大部分金属原子排列的晶体结构都属于下面三种类型。

（1）体心立方晶格

这种晶格的晶胞是立方体，在立方体的八个顶角和晶胞中心各有一个原子，如图 2-2 所示。属于这种晶格类型的金属有 $\alpha-Fe$、Cr、W、Mo、V 等。

（2）面心立方晶格

这种晶格的晶胞也是立方体，立方体的八个顶角和六个面的中心各有一个原子，如图 2-3 所示。属于这种晶格的金属有 $\gamma-Fe$、Al、Cu、Ni 、Au、Ag 等。

图 2-2　体心立方晶格示意图　　　图 2-3　面心立方晶格示意图

（3）密排六方晶格

这种晶格的晶胞是正六方柱体，在正六方柱体的十二个顶角和上、下底面中心各有一个原子，另外在晶胞内部还有三个原子，如图 2-4 所示。属于这种晶格的金属有 Mg、Zn、Ti 等。

原子在晶格中的紧密程度对晶体性质有较大影响，晶胞中原子所占有的体积与晶胞体积的比值称为晶格的致密度。晶格的致密度越大，原子排列越紧密。经过计算，体心立方晶格的致密度为 0.68，面心立方晶格和密排六方晶格的致密度均为 0.74。

2. 理想金属的晶体结构

理想金属为单晶体结构，其晶体内部的金属原子按一

图 2-4　密排六方晶格示意图

定的晶格类型排列成晶胞，晶胞在空间重复时晶格位向（即原子排列的方向）完全一致，称为单晶体。单晶体晶格如图 2-5a 所示。单晶体只有采用特殊方法才能获得。单晶体在不同方向上具有不同的性能，这种现象称为各向异性。其原因在于不同的晶面和晶向上原子排列情况不同、原子密度及原子间结合力也不同，所以宏观性能就有了方向性。如单晶体 $\alpha-Fe$ 在体对角线方向上的弹性模量 $E=290000MPa$，而沿立方体一边方向上 $E=135000MPa$，图 2-6 所示为 $\alpha-Fe$ 铁的单晶体及不同晶向的弹性模量 E 所示。晶体的各向异性在工业上也得到了应用，如制造变压器用的硅钢片，使其易磁化的晶向平行于轧制方向，可提高磁导率。

2.1.2　实际金属晶体结构

1. 实际金属多晶体结构

实际金属为多晶体结构。即使体积很小，其内部仍包含了许多晶格位向不同、外形不规则的多面体颗粒状小晶体，称为晶粒。每个晶粒相当于一个单晶体，各晶粒中原子排列的方向基本相同。这种由许多晶粒组成的晶体称为多晶体，晶粒与晶粒之间的界面称为晶界，如图 2-5b 所示。多晶体结构的性能是各个位向不同的晶粒的平均性能，显示出各向同性。

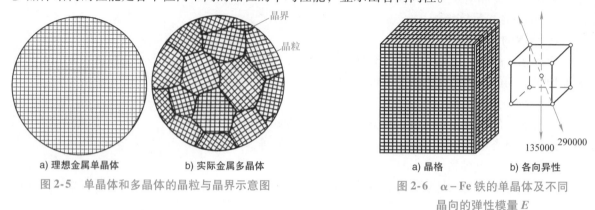

a) 理想金属单晶体　　b) 实际金属多晶体
图 2-5　单晶体和多晶体的晶粒与晶界示意图

a) 晶格　　b) 各向异性
图 2-6　α–Fe 铁的单晶体及不同
晶向的弹性模量 E

2. 实际金属的晶体缺陷

实际金属由于压力加工、原子热运动等原因，其局部区域的原子规则性排列受到破坏，不像理想金属的晶体排列得那样规则和完整。实际金属中原子排列不规律的区域称为晶体缺陷，对金属性能有显著影响。晶体缺陷按其几何特点分为下面三种：

（1）点缺陷

点缺陷是晶体中呈点状的缺陷，即在空间三个方向尺寸都很小的晶体缺陷。最常见的缺陷是晶格空位和间隙原子。晶格中某个原子脱离了平衡位置，形成了空结点，称为晶格空位；某个晶格间隙挤进了原子，称为间隙原子，如图 2-7 所示。缺陷的出现破坏了原子间的平衡状态，使晶格发生扭曲，称为晶格畸变。晶格畸变将使晶体性能发生改变，如强度、硬度提高。

（2）线缺陷

线缺陷是晶体中呈线状的缺陷，其特征是在晶体空间的两个方向上尺寸很小，而另一个方向的尺寸相对比较大。这种缺陷主要是指各种类型的位错。位错是一种很重要的晶体缺陷。所谓位错是指晶格中一列或数列原子发生了某种有规律的错排现象。位错有许多类型，刃型位错是最简单的一种位错形式，其几何模型如图 2-8 所示。在晶体的 ABC 平面以上，多出一个垂直半原子面，这个多余半原子面像切削刃一样垂直切入晶体，使晶体中刃部周围上下的原子产生了错排现象。多余半原子面底边（EF 线）称为位错线。在位错线周围引起晶格畸变，离位错线越近，畸变越严重。

晶体中的位错不是固定不变的，在相应的外部条件下，晶体中的原子发生热运动或晶体受外力作用而发生塑性变形时，位错在晶体中能够进行不同形式的运动，致使位错密度 ρ（单位体积晶体中位错的总长度，单位为 cm/cm^3）及组态发生变化。位错的存在及其密度的变化对金属很多性能会产生重大影响。图 2-9 所示定性地表达了金属强度与其中位错密度之间的关系，图中的理论强度是根据原子结合力计算出的理想晶体的强度值，如果用特殊方法制成几乎不含位错的晶须，其强度接近理论计算值。而实际测出的一般金属的强度比理论值约低两个数量级，此时金属易于进行塑性变形。但随着位错密度的增加，由于位错之间的相互作用和制约，位错运动变得困难起来，金属的强度又会逐步提高。

增加或降低位错密度都能有效地提高金属的强度，目前生产中一般是采用增加位错密度的方法来提高金属的强度。如一般退火状态下金属中位错密度 $\rho = 10^5 \sim 10^8 cm/cm^3$，大量冷塑性变形或淬火金属 $\rho = 10^{12} cm/cm^3$。

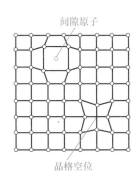
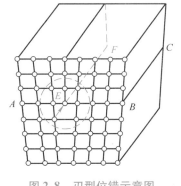
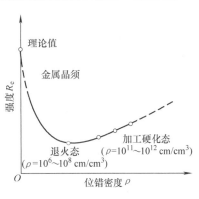

图 2-7　晶格点缺陷示意图　　图 2-8　刃型位错示意图　　图 2-9　金属强度与位错密度的关系

（3）面缺陷

面缺陷是晶体中呈面状的缺陷，特征是在一个方向上尺寸很小，而另两个方向上尺寸很大，主要指晶界和亚晶界。晶界处的原子排列与晶体内部不同，要同时受到其两侧晶粒不同位向的综合影响，所以晶界处原子排列是不规则的，是从一种取向到另一种取向的过渡状态，如图 2-10a 所示。大多数相邻晶粒的位向差都在 15° 以上，称为大角晶界。在一个晶粒内部，还可能存在许多更细小的晶块，它们之间晶格位向差很小，通常小于 2°～3°，这些小晶块称为亚晶粒（有时将细小的亚晶粒称为镶嵌块），亚晶粒之间的界面称为亚晶界。亚晶界是由一些位错排列而成的小角度晶界，如图 2-10b 所示。

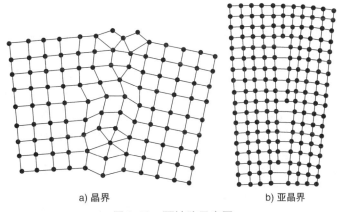

a) 晶界　　　　　　b) 亚晶界

图 2-10　面缺陷示意图

由于晶界处原子排列不规则，偏离平衡位置，晶格畸变较大，因而使晶界处能量比晶粒内部要高，引起晶界的性能与晶粒内部不同。比如晶界比晶内易受腐蚀、熔点低，强度和硬度高。晶粒越细小，晶界也越多，则金属的强度和硬度越高。

综上所述，实际金属的晶体结构不是理想完整的，而是存在着各种缺陷，并且这些缺陷随着温度、加工等条件的改变而不断地运动和变化着。晶格缺陷及其附近均有明显的晶格畸变，并使金属的性能发生显著变化，如位错密度越大，晶界、亚晶界越多，金属的强度越高。

2.1.3　纯金属的组织

金属材料由液态转变为固态的过程称为凝固，通过液态金属凝固形成固态晶体的过程称为结晶。金属结晶形成的组织，直接影响金属的性能，例如，在机械制造行业中铸件和焊件的组织和性能，在很大程度上取决于其结晶过程。因此，研究金属结晶的规律，对提高铸件、焊件质量有重要的指导意义，同时也为研究金属材料的组织转变奠定基础。

1. 纯金属的结晶条件

晶体物质都有一个平衡结晶温度（熔点），液体低于这一温度时才能结晶，固体高于这一温度时便发生熔化。在平衡结晶温度，液体与晶体同时共存，处于平衡状态。纯金属的实际结晶过程可用冷却曲线来描述。冷却曲线是温度随时间而变化的曲线，是用热分析法测绘的。如图 2-11所示，从冷却曲线可以看出，液态金属随时间冷却到某一温度时，在曲线上出现一个平台，这个平台所对应的温度就是纯金属的平衡结晶温度 T_1。因为结晶时放出结晶潜热，补偿了此时向环境散发的热量，使温度保持恒定，结晶完成后，温度继续下降。

可以看出，金属在实际结晶过程中，从液态必须冷却到平衡结晶温度（T_0）以下才开始结晶，即其实际结晶温度 T_1 总是低于平衡结晶温度 T_0，这种现象称为过冷现象。平衡结晶温度 T_0 和实际结晶温度 T_1 之差 ΔT，称为过冷度。在实际生产中，金属结晶必须在一定的过冷度下进行，过冷是金属结晶的必要条件。金属结晶时的过冷度与冷却速度有关，冷却速度越大，金属的实际结晶温度就越低，过冷度就越大。

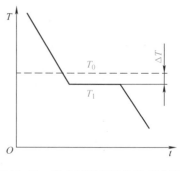

图 2-11　纯金属结晶时的冷却曲线

2. 纯金属的结晶过程及结晶组织

纯金属的结晶过程是晶核不断地形成和晶核不断地长大的过程。图 2-12 所示为金属的结晶过程。液态金属中的原子进行着热运动，排列不规则。但随着温度的下降，原子的运动逐渐减弱，原子的活动范围也缩小，相互之间逐渐接近。当温度下降到结晶温度时，液体内部的一些微小区域内原子由不规则排列向晶体结构的规则排列逐渐过渡，即随时都在不断产生许多类似晶体中原子排列的小集团，其特点是尺寸较小、极不稳定、时聚时散；温度越低，尺寸越大，存在的时间越长。这种不稳定的原子排列小集团，是结晶中产生晶核的基础。当液体被过冷到结晶温度以下时，某些尺寸较大的原子小集团变得稳定，能够自发地成长，即成为结晶的晶核。这种只依靠液体本身在一定过冷度条件下形成晶核的过程称为自发形核。在实际生产中，金属液体内常存在各种固态的杂质微粒。金属结晶时，依附这些杂质的表面形成晶核比较容易。这种依附于杂质表面形成晶核的过程称为非自发形核。非自发形核在生产中起着重要作用。

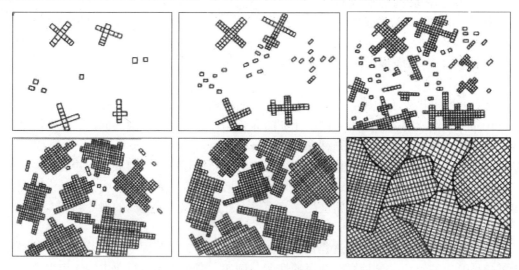

图 2-12　金属的结晶过程

金属结晶开始时，各晶核都是按各自方向吸附周围原子以树枝状结晶长大，在长大的同时又有新晶核出现、长大，当相邻晶体彼此接触时被迫停止长大，而只能向尚未凝固的液体部分伸展，直至结晶完毕。因此，一般情况下金属的结晶组织是由许多外形不规则、位向不同的小晶粒组成的多晶体，图2-13所示为工业纯铁的结晶组织照片。

对于每一个单独的晶粒而言，其结晶过程在时间上划分都是先形核后长

电镜下金属树枝状
结晶过程视频

大两个阶段，但对整体而言，形核与长大在整个结晶期间是同时进行的，直至每个晶核长大到互相接触形成晶粒为止。

3. 结晶组织晶粒大小的控制

金属结晶后，获得由许多晶粒组成的多晶体组织。晶粒的大小对金属的力学性能有较大影响。细晶粒组织的金属由于晶界面较多，晶格畸变较大，对金属的变形阻碍较大，使得金属强度、硬度高。而且细晶粒组织的金属塑性和韧性也好，这是因为晶粒越细，一定体积中的晶粒数目越多，在同样的变形条件下，变形量被分散到更多的晶

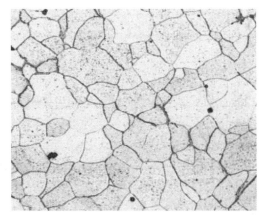

图 2-13　工业纯铁的结晶组织照片（400×）

粒内进行，各晶粒的变形比较均匀而不致产生过分的应力集中现象，因此可产生较大的变形量，表现出较高塑性和韧性。

在生产实践中，通常采用适当方法获得细小晶粒来提高材料的强度，这种强化金属材料的方法称为细晶强化。晶粒的大小主要取决于金属结晶时的形核率 N（单位时间内，单位体积中产生的晶核数）、晶体长大速度 G（单位时间内晶核生长的长度）、液态金属中的杂质等因素。生产上控制结晶过程，得到细晶粒的措施主要有下面几种：

（1）增大过冷度

过冷度与晶体形核率与长大速度的关系如图 2-14 所示。由图中左边实线部分可见，随着过冷度的增加，形核率 N 和晶体长大速度 G 均增加，但形核率的增加速率大于晶体长大速度的增加速率。图的右边部分为虚线，表示实际工业生产中一般达不到如此大的过冷度，即使达到也得不到晶体金属，而是非晶态金属。因此，在一般的液态金属的过冷度范围内，过冷度越大，形核率越高，则晶体长大速度相对较小，金属结晶后得到的晶粒越小。

在生产中提高冷却速度（如采用金属型铸造），降低浇注温度，都可以增加过冷度，细化晶粒。但冷却速度的提高是有一定限度的，特别是对大的铸件，冷却速度的增加不容易实现。而且冷却速度的增加也会引起金属中铸造应力的增加，造成金属铸件的变形及开裂缺陷。因此，生产上常采取其他细化晶粒的方法。

（2）变质处理

液态金属中的某些高熔点杂质，当其晶体结构与金属的晶体结构相似时，在结晶过程中就能起到现成晶核的作用，促进形核率大大提高，细化晶粒。因此实际生产时，在浇注前往液态金属中加入一定量的难熔金属或合金作为变质剂，可促使液态金属结晶时形成大量非自发晶核，提高形核率，获得细晶粒组织，这种细化晶粒

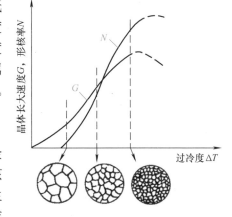

图 2-14　过冷度与晶体形核率
及长大速度的关系

的方法称为变质处理。变质处理在冶金和铸造生产中应用十分广泛，如钢中加入钒、钛等，铸铁中加入硅钙合金等都是变质处理的典型例子。

（3）附加振动

在金属结晶时，对液态金属附加机械振动、超声波振动和电磁波振动等措施，造成枝晶破碎，使晶核数量增加，也能使晶粒细化。

2.2 合金的结构与组织

合金是由两种或两种以上的金属元素，或金属和非金属元素熔合或烧结而成的具有金属性质的物质。如工业上常用的碳素钢和铸铁主要是铁和碳组成的合金；黄铜是铜和锌组成的合金；硬铝是由铝、铜、镁组成的合金等。合金的力学性能高于纯金属，在工程上应用广泛。

组成合金的最基本的独立物质称为组元。组元可以是金属元素、非金属元素和稳定的化合物。根据组元数的多少，可分为二元合金、三元合金等。当组元不变，而组元比例发生变化时，可以得到一系列不同成分的合金，称为合金系。

合金的结构是指合金中各种元素原子的排列状况。合金中各元素原子之间相互作用会形成各种具有一定成分、一定结构的相，合金中的不同相之间存在界面。金属与合金中的相在一定条件下可以变为另一种相，称为相变。

合金的组织是指用肉眼或显微镜等观察到的合金内部的组成相貌，是由相构成的，包括相的种类、大小、形状、数量、分布及结合状态等。只有一种相组成的组织称为单相组织；由两种或两种以上相组成的组织称为多相组织。

2.2.1 合金的结构

合金的结构是指合金中各种元素原子的排列状况，即各元素原子相互作用形成的相的内部结构。合金中相的种类主要有固溶体和化合物两种，下面介绍这两种相的结构。

1. 固溶体

合金由液态结晶为固态时，组成元素之间可以相互溶解形成一种固态晶体相，其晶体结构为一种组元的晶格内溶解了另一种组元的原子，称为固溶体。与固溶体晶格类型相同的组元称为溶剂，其他组元称为溶质。一般溶剂含量较多，溶质含量较少。

根据溶质原子在溶剂晶格中所占的位置，将固溶体分为置换固溶体和间隙固溶体。

（1）置换固溶体

溶质原子代替一部分溶剂原子占据溶剂晶格结点位置时所形成的晶体相称为置换固溶体，置换固溶体如图2-15a所示。

置换固溶体按溶解度的大小可分为有限固溶体和无限固溶体。溶解度的大小主要取决于组元间的晶格类型、原子半径和原子结构，且溶解度随着温度的升高而增加。只有两组元晶格类型相同、原子半径相差很小时，才可以无限互溶，形成无限固溶体，例如，铜镍合金可以形成无限固溶体，而铜锌合金则形成有限固溶体。

（2）间隙固溶体

溶质原子占据溶剂晶格各结点之间的间隙所形成的晶体相，称为间隙固溶体，间隙固溶体如图2-15b所示。

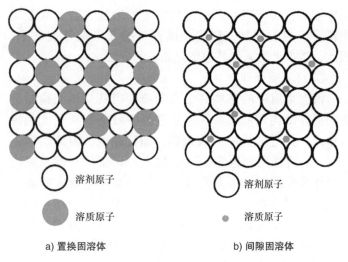

溶剂原子

溶质原子

a) 置换固溶体

溶剂原子

溶质原子

b) 间隙固溶体

图2-15 固溶体的两种类型

由于溶剂晶格的间隙有限，所以间隙固溶体只能是有限固溶体。间隙固溶体的溶解度与温度、溶质与溶剂原子半径比值及溶剂晶格类型等有关，只有在溶质原子与溶剂原子半径的比值小于 0.59 时，才能形成间隙固溶体。例如，碳、氮、硼等非金属元素溶入铁中形成的固溶体为间隙固溶体。

无论是置换固溶体，还是间隙固溶体，溶质原子的溶入都使固溶体内部产生了晶格畸变，增加位错运动的阻力，这使固溶体的强度、硬度提高。这种由于溶质原子的进入，造成固溶体强度、硬度提高的现象称为固溶强化。而且溶解度越大，造成的晶格畸变也越大，固溶强化效果越好。固溶强化是强化金属材料的重要途径之一。

固溶体一般具有较高的塑性和韧性，常作为合金的基体相。

2. 化合物

当合金中溶质的含量超过其溶解度时，将析出新相。若新相的结构与合金的另一组元相同，则新相为以另一组元为溶剂的固溶体。若新相的晶格不同于任一组元，则新相为金属化合物，其具有新的金属特性。金属化合物通常有一定的化学成分，可用分子式（例 Fe_3C、VC）表示；其晶格一般比较复杂；熔点高、硬而脆。例如，铁碳合金中的 Fe_3C 就是铁和碳组成的化合物，它具有与其构成组元晶格截然不同的特殊晶格，如图 2-16 所示。

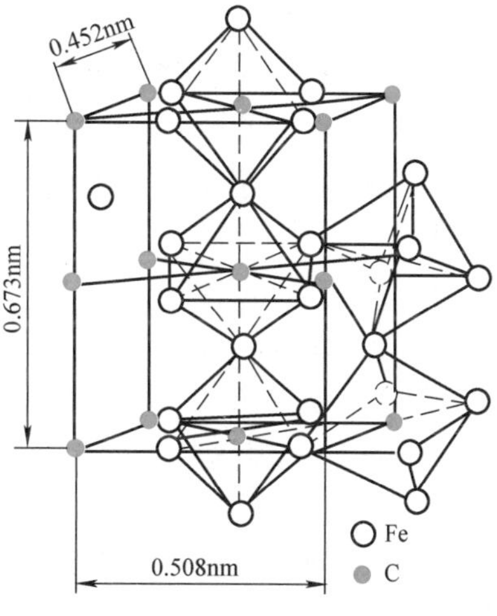

由于化合物一般硬而脆，故单相化合物的合金很少使用。当化合物细小均匀地分布在固溶体基体上时，能显著提高合金的强度、硬度和耐磨性，这种现象称为弥散强化。化合物通常作为合金中的强化相。

2.2.2　合金的组织

合金的组织主要是指合金中相的种类及其分布状况，这里主要介绍二元合金的组织。合金的组织是通过合金的结晶过程得到的。

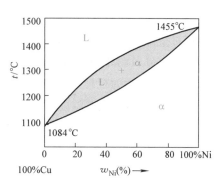

图 2-16　Fe_3C 的具体结构

1. 合金的结晶过程特点

合金结晶后可形成不同类型的固溶体、化合物。当合金中溶质含量在其溶解度范围时，其结晶过程和纯金属一样，也包括晶核形成和晶核长大两个过程，结晶时也需要一定的过冷度，最后形成由多晶粒组成的单相固溶体组织。当溶质含量超出其溶解度时，合金结晶过程会形成两种固溶体组成的组织，或固溶体和化合物组成的组织。

2. 二元合金相图概念

分析研究合金组织及其变化规律的有效工具是相图。

相图是表示合金系在平衡条件下，合金的状态（相的组成）与成分、温度之间关系的图解，又称为状态图或平衡图。相图是在十分缓慢地冷却条件下（接近平衡条件），用热分析法测定的。图 2-17 所示为 Cu – Ni 合金相图。

利用相图可以知道在平衡条件下，不同成分的合金在不同温度存在哪些相以及各相的相对数量；还可以知道，一定化学成分的合金在温度变化时可能发生的相变；可分析合金的结晶过程，判断结晶组织；在生产实践中，合金相图可以作为制订铸造、锻造及热处理工艺的重要依据。

图 2-17　Cu – Ni 合金相图

3. 二元合金的基本相图

二元合金的组织可利用其相图进行结晶过程分析而得到。不同的二元合金系，其相图不同，但都可以看作是由一些基本相图所构成的。二元合金的基本相图主要有匀晶相图、共晶相图、共析相图、包晶相图等。一定合金系的相图可以由基本相图的一种或多种构成。下面通过对二元合金基本相图的分析来确定其组织。

（1）匀晶相图

两组元在液态和固态均能无限互溶时所构成的相图，称为二元匀晶相图。具有这类相图的合金系有 Cu – Ni、Au – Ag、Fe – Ni、Fe – Cr、W – Mo 等，现以 Cu – Ni 合金为例进行分析。

1）相图特征。图 2-18a 所示为 Cu – Ni 合金相图。A、B 点分别为铜和镍的熔点。Aa_1B 为固相线，表示各种成分的 Cu – Ni 合金在冷却过程中开始结晶或在加热过程中熔化终了的温度；Ab_4B 为固相线，表示各种成分的 Cu – Ni 合金在冷却过程中结晶终了或在加热过程中开始熔化的温度。

液相线和固相线将相图分成三个区域。在液相线以上，合金处于液体状态（L），称为液相区；在固相线

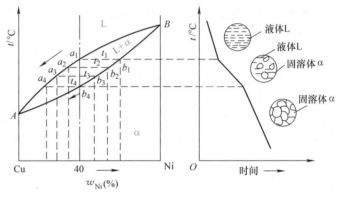

a) Cu–Ni合金相图　　　　b) $w_{Ni}=40\%$ 的合金结晶过程

图 2-18　Cu – Ni 合金相图及典型合金结晶过程

以下，合金处于固体状态（α），称为固相区；在液相区和固相区之间，合金处于液、固两相（L + α）并存区。

2）典型合金的结晶过程及组织。Cu – Ni 合金的结晶过程比较简单，并且各种成分的合金都具有相同的结晶过程。现以 $w_{Ni}=40\%$ 的合金为例，说明其结晶过程，如图 2-18b 所示。该合金缓慢冷却到 t_1 温度时，开始从液相中结晶 α 固溶体（L→α），这时液、固两相的成分分别为 a_1 和 b_1 点在横坐标上的投影，由图可以看出，此时 α 固溶体的 w_{Ni} 远高于液相本身的 w_{Ni}。随着温度的下降，结晶继续进行，结果 α 固溶体的量不断增加，剩余液体的量不断减少。当到达 t_2 温度时，液、固两相的成分分别变为 a_2、b_2 在横坐标上的投影。如此下去，温度达到 t_4 时，液、固两相成分变为 a_4、b_4 在横坐标上的投影。结晶结束后，得到 $w_{Ni}=40\%$ 的单晶 α 固溶体。由上述可知，随着温度的下降，液相成分沿着液相线由 a_1 变为 a_4，而 α 固溶体的成分沿着固相线由 b_1 变为 b_4。这种变化是在冷却速度极其缓慢、原子能充分扩散的平衡条件下进行的。

3）二元相图的杠杆定律。在合金的结晶过程中，随着结晶过程的进行，合金中各相的成分及其相对量都在不断地变化。利用杠杆定律，能够确定任何成分的合金、在任何温度下处于平衡的两相的成分及两相的相对量。

图 2-19 所示为杠杆定律在 Cu – Ni 合金系相图上的应用。要确定 $w_{Ni}=C$ 的合金在冷却到固、液两相（L + α）区内 t_1 温度时，固、液相的成分，可通过 t_1 作水平线 arb 与液相线交于 a 点，与固相线交于 b 点，a 点及 b 点在成分轴上的投影 C_L 及 C_α 分别代表在 t_1 温度时液、固两相的成分。固、液两相的相对量可通过以下公式得到。

$$w_L = \frac{C_\alpha - C}{C_\alpha - C_L} = \frac{rb}{ab} \qquad (2-1)$$

$$w_{\alpha} = \frac{C - C_{\mathrm{L}}}{C_{\alpha} - C_{\mathrm{L}}} = \frac{ar}{ab} \qquad (2\text{-}2)$$

由图 2-19 可以看出，以上所得的两相相对量之间的关系与力学中的杠杆定律完全类似，因此称为杠杆定律。杠杆定律适用于二元相图中的两相区中各相的相对质量。

（2）共晶相图

两个组元在液态无限互溶、在固态有限溶解并发生共晶反应的相图成为二元共晶相图。例如，Pb – Sn、Pb – Sb、Cu – Ag、Cd – Zn、Zn – Sn 等合金系均构成这类相图。此外，Mg – Al、Fe – C 等合金系相图也含有共晶相图。下面以 Pb – Sn 合金系为例，对共晶相图进行分析讨论。

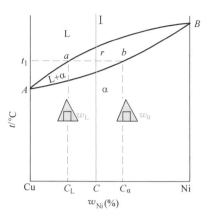

图 2-19　杠杆定律在 Cu – Ni
合金系相图上的应用

1）相图特征。图 2-20 所示为 Pb – Sn 合金相图。图中 A 点为纯 Pb 的熔点（327.5℃），B 点为纯 Sn 的熔点（213.9℃）。AEB 为液相线，AMENB 为固相线，MF 和 NG 线分别表示 Sn 溶解于 Pb、Pb 溶解于 Sn 的溶解度曲线，又称为固溶线。

该合金系有 L、α、β 三个基本相，α 相是 Sn 溶于 Pb 中的固溶体，β 相是 Pb 溶于 Sn 中的固溶体。

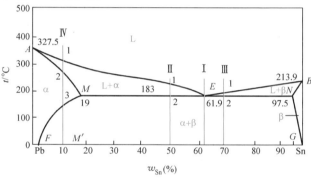

图 2-20　Pb – Sn 合金相图

当合金成分在 M 点以左时，液相 L 在固相线以下结晶为 α 固溶体；当合金成分在 N 点以右时，液相 L 在固相线以下结晶为 β 固溶体。成分在 M 点和 N 点之间的合金在结晶温度达到固相线水平部分 MEN 对应的温度（共晶温度）时都发生以下恒温反应

$$L \leftrightarrow (\alpha + \beta)$$

这种从某种成分固定的液体合金中同时结晶出两种成分和结构都不同的固相，称为共晶反应或共晶转变。共晶反应形成的两个固相的混合物称为共晶组织或共晶体。MEN 线称为共晶线，E 点称为共晶点。E 点成分的合金称为共晶合金；成分位于 M 点和 E 点之间的合金称为亚共晶合金；成分位于 N 点和 E 点之间的合金称为过共晶合金。

2）典型合金的结晶过程及组织。

① 共晶合金（图 2-20 所示中合金 I）。共晶合金 I（$w_{\mathrm{Sn}} = 61.9\%$）的冷却曲线及结晶过程如图 2-21 所示。合金在共晶温度以上为液相，缓慢冷却到共晶温度时发生共晶转变，即 $L \leftrightarrow (\alpha + \beta)$。共晶转变结束后，液相消失。

继续冷却时，共晶组织中的 α 和 β 固溶体分别沿固溶线 MF 和 NG 逐渐改变成分，并分别析出次生相 β_{II} 和 α_{II}。由于共晶组织中析出的次生相 β_{II}、α_{II} 量比较少并与 α 和 β 相合并在一起，在显微镜下难以分辨，所以室温的组织可以认为是（$\alpha + \beta$）共晶体。图 2-22 所示为共晶合金 I 的显微组织，图中黑色为 α 相，白色为 β 相。

② 亚共晶合金（图 2-20 所示中合金 II）。亚共晶合金 II（$w_{\mathrm{Sn}} = 50\%$）的冷却曲线及结晶过程如图2-23所示。当液相缓慢冷却到 1 点温度时，开始从液相中结晶出 α 固溶体（初生 α 相）。随着温度缓慢下降，α 固溶体的数量不断增加，剩余液相的数量不断减少。与此同时，固相和液

相的成分分别沿着固相线和液相线变化。当温度降低至 2 点温度（共晶温度）时，剩余的液相发生共晶转变：L↔（α+β）。这一转变直到剩余的液相全部变成共晶体为止。这时合金的固态组织是由初生 α 固溶体和共晶体（α+β）组成的。

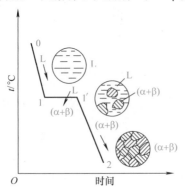

图 2-21　共晶合金 I 的冷却曲线及结晶过程

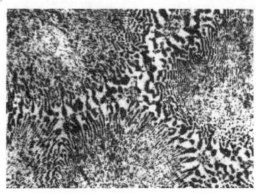

图 2-22　共晶合金 I 的显微组织

当合金继续冷却到 2 点温度以下时，α 相和 β 相的溶解度分别沿 MF 和 NG 变化，并分别从 α 相和 β 相中析出 $β_{II}$ 和 $α_{II}$ 两种次生相，由于前述的原因，共晶体中的次生相不予考虑，只考虑初生 α 固溶体中析出的 $β_{II}$ 的数量。其最终组织为 $α+β_{II}+（α+β）$。

图 2-24 所示为其显微组织，其中暗黑色树枝状是初晶 α 固溶体，黑白相间分布是（α+β）共晶体，枝晶内白色小颗粒是 $β_{II}$ 相。

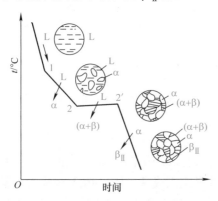

图 2-23　亚共晶合金 II 的冷却曲线及结晶过程

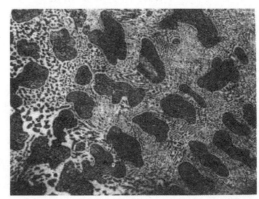

图 2-24　亚共晶合金 II 的显微组织

次生相 $β_{II}$ 和初生相 β 虽然成分和结构完全相同，但形貌特征完全不同，初生相 β 晶粒比较粗大，大多长成树枝状晶体、等轴晶粒或具有其他外形特征的晶粒。而次生相 $β_{II}$，由于形成温度低、原子扩散比较困难及晶界上易于形核等原因，大多在 α 相中或界面上成长为小颗粒或与共晶 β 相合在一起，因此 $β_{II}$ 相有时不易分辨，如果将 $β_{II}$ 相忽略，则亚共晶合金最终组织也可认为是 α+（α+β）。

③ 过共晶合金（图 2-20 所示合金 III）。合金 III（$w_{Sn}=70\%$）的冷却曲线及结晶过程如图 2-25 所示。其分析方法和步骤与上述亚共晶合金基本相同，不同的是初生相为 β 固溶体，而次生相为 $α_{II}$，合金在室温的组织为 $β+α_{II}+（α+β）$。如果将 $α_{II}$ 相忽略，则过共晶合金最终组织也可认为是 β+（α+β）。

图 2-26 所示为 $w_{Sn}=70\%$ 的过共晶 Pb-Sn 合金的显微组织，其中亮白色的卵形为 β 固溶体，黑白相间分布的为（α+β）共晶体。

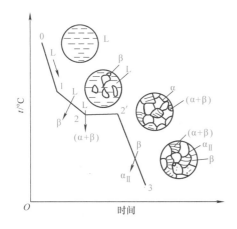

图 2-25　过共晶合金Ⅲ的冷却曲线及结晶过程

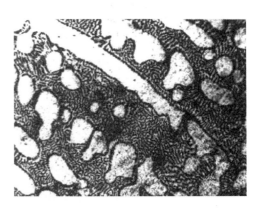

图 2-26　过共晶合金Ⅲ的显微组织

④ w_{Sn} 小于 M 点的合金结晶过程。以图 2-20 所示中合金Ⅳ为例，其冷却曲线及结晶过程如图2-27所示。合金Ⅳ在温度 3 点以上的结晶过程与匀晶相图中的合金结晶过程一样，在缓慢的冷却条件下，结晶结束后获得均匀的 α 固溶体。继续冷却 3 点温度以下时，从 α 相中析出次生相 β_{II}，最终的组织为 $\alpha + \beta_{II}$。图 2-28 所示为合金Ⅳ的结晶组织，其中黑色基体为 α 固溶体，白色小颗粒状为次生相 β_{II}。

（3）共析相图

在一定的温度下，从一定成分的固相中同时析出两种化学成分和晶格结构完全不同的固相的转变过程称为共析转变或共析反应。共析反应式为 $\gamma \leftrightarrow (\alpha + \beta)$，$(\alpha + \beta)$ 为共析体。共析反应也是在恒温下进行的，与共晶转变类似。

图 2-29 所示为具有共析反应的二元合金相图。图中 A、B 代表两组元，dce 为共析线，c 点为共析点。

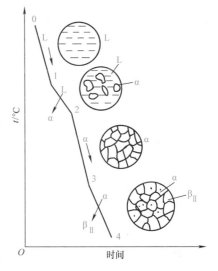

图 2-27　合金Ⅳ的冷却曲线及结晶过程

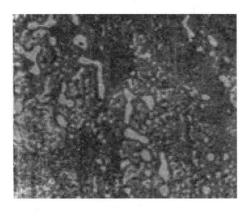

图 2-28　合金Ⅳ的结晶组织

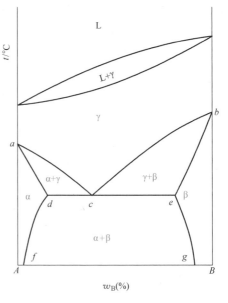

图 2-29　具有共析反应的二元合金相图

用共析相图分析合金的结晶过程与共晶合金相图的分析有相似之处，在此不再分析。

共析合金的组织为（α+β），亚共析合金的组织为α+（α+β），过共析合金组织为β+（α+β）。由于共析反应是在固态下进行的，转变温度较低，原子扩散困难，易达到较大的过冷度，因此，与共晶体相比，共析体的组织更为细密均匀。

2.3 铁碳合金的结构与组织

铁碳合金主要由铁和碳两种元素组成。机械工业上应用最多的金属材料就是钢和铸铁，它们都属于铁碳合金。要了解钢铁材料的性能，为钢铁材料的选材、制订热处理工艺打下基础，必须掌握铁碳合金的成分、组织和性能之间的关系，了解铁碳合金的结构及组织。

2.3.1 铁碳合金的结构

铁碳合金的结构是指其内部铁、碳原子的排列形式，即其内部铁、碳原子相互作用形成的各种相的结构。在固态时碳能溶解于铁的晶格中，形成间隙固溶体。当碳含量超过铁的溶解度时，多余的碳与铁形成化合物（Fe_3C）。由于铁具有同素异构现象，碳溶于不同的铁中可形成多种固溶体。

1. 纯铁的同素异构转变

同素异构现象是指同一种元素在不同条件下具有不同的晶体结构。当温度等外界条件变化时，晶格类型会发生转变，称为同素异构转变。从图2-30所示纯铁的冷却曲线可知，纯铁的熔点为1538℃，在1394℃和912℃出现平台。纯铁在1538℃结晶后具有体心立方结构，称为δ-Fe。当温度下降到1394℃时，体心立方的δ-Fe转变为面心立方结构，称为γ-Fe。在912℃时，γ-Fe又转变为体心立方结构，称为α-Fe。再继续冷却时，晶格类型不再发生变化。

2. 铁碳合金的基本相

（1）铁素体（F）

铁素体是指碳溶于α-Fe中而形成的间隙固溶体，它具有体心立方晶格。碳在α-Fe中溶解度极小，在727℃时最大溶解度为0.0218%，而在室温时几乎为零（0.008%）。铁素体的力学性能几乎与纯铁相同，其强度、硬度很低（R_m = 180 ~ 280MPa，硬度为50~80HBW），但具有良好的塑性和韧性（A = 30% ~ 500%、a_K = 160 ~ 200J/cm²）。铁素体在显微镜下的形态为多晶粒状，如图2-31所示。

（2）奥氏体（A）

奥氏体是指碳溶于γ-Fe中而形成的间隙固溶体，它具有γ-Fe的面心立方晶格。碳在γ-Fe中

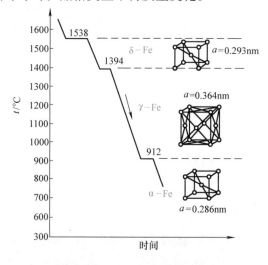

图2-30 纯铁的冷却曲线及晶体结构变化

的溶解度比α-Fe大得多，在1148℃时最大溶解的碳的质量分数为2.11%。由于碳在γ-Fe中的溶碳量较大，固溶强化效果较好，故奥氏体强度、硬度较高（R_m = 400MPa，硬度为160~200HBW），而塑性、韧性也较好（A = 40% ~ 50%）。奥氏体在显微镜下的形态也为多晶粒状。

（3）渗碳体（Fe_3C）

渗碳体是铁、碳原子相互作用形成的一种具有复杂晶体结构的化合物。Fe_3C 的 w_C = 6.69%，其硬度极高（800HBW），塑性和韧性几乎等于零，是一个硬而脆的相。渗碳体因形成

条件不同，分为三种类型：Fe_3C_I（一次渗碳体）是从高温液体中结晶出来的，呈粗大片状；Fe_3C_{II}（二次渗碳体）是从高温奥氏体（A）中析出来的，呈网状包在 A 晶界面上；Fe_3C_{III}（三次渗碳体）是从较低温的铁素体（F）中析出来的，呈细小点状。

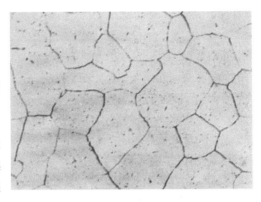

图 2-31　铁素体的显微组织

3. 铁碳合金的基本组织

铁碳合金中的铁素体、奥氏体、渗碳体基本相本身在显微镜下可见，均属于基本组织。此外，三种基本相也可以相互组合形成另外两种具有一定显微形态的基本组织——珠光体和莱氏体，如图 2-32 所示。

（1）珠光体（P）

珠光体组织是由铁素体和渗碳体两相组成的混合物，$w_C = 0.77\%$。其形态为铁素体薄层和渗碳体薄层交替重叠的层状混合物，其显微形态为指纹状，如图 2-32a 所示。珠光体强度（$R_m = 770MPa$）较高，硬度（$180 \sim 200HBW$）适中，有一定的塑性（$A \approx 20\% \sim 35\%$）和韧性（$a_K \approx 40J/cm^2$），是一种综合力学性能较好的组织。

（2）莱氏体（Ld）

莱氏体组织是由奥氏体和渗碳体两相组成的混合物，$w_C = 4.3\%$。其形态为小点状奥氏体均匀分布于渗碳体的基体上，其显微形态为蜂窝状，如图 2-32b 所示。莱氏体组织由于碳含量高，Fe_3C 相对量也较多（质量分数约占 64% 以上），故莱氏体的性能与渗碳体相似，即硬而脆。

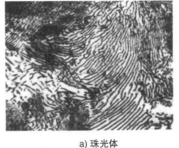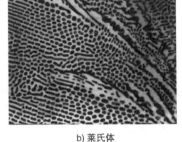

a) 珠光体　　　　　　　　　　b) 莱氏体

图 2-32　珠光体和莱氏体的组织形态

铁素体、奥氏体、渗碳体、珠光体和莱氏体是构成铁碳合金组织的基本组成部分，称为五种基本组织，其成分、组成、形态、性能等的比较见表 2-1。

表 2-1　铁碳合金中五种基本组织的比较

名称	代号	成分	相的组成	相的分布（一般形态）	力学性能特点
铁素体	F	$w_C < 0.02\%$	F	晶粒	塑性好
奥氏体	A	$w_C < 2.11\%$	A	晶粒	塑性好
渗碳体	Fe_3C	$w_C = 6.69\%$	Fe_3C	不规则（点状、片状、网状等）	硬脆
珠光体	P	$w_C = 0.77\%$	$F + Fe_3C$	指纹状（F 和 Fe_3C 呈层片状分布）	综合性能好
莱氏体	Ld	$w_C = 4.3\%$	$A + Fe_3C$	蜂窝状（A 以点状分布于 Fe_3C 基体）	硬脆

2.3.2　铁碳合金的组织

成分不同的铁碳合金，其平衡组织是由五种基本组织中的一种或几种相互搭配组成的，可以由铁碳相图进行结晶过程分析而得到。

1. 铁碳相图

铁碳相图是在十分缓慢的冷却条件下用热分析方法测定的铁碳合金的成分、温度、组成三者之间关系的图解，是研究不同成分的铁碳合金在不同温度下的组织的重要工具图。由于 $w_C > 6.69\%$ 的铁碳合金脆性很大，没有使用价值，而 Fe_3C（$w_C = 6.69\%$）为稳定的化合物，可作为一个组元，因此铁碳相图即 Fe – Fe₃C 相图，如图 2-33 所示。图中横坐标为成分坐标轴，其上各点对应于不同碳含量的各个铁碳合金，纵坐标为温度坐标轴，对应于合金所处的不同温度，各区域内所标的字母及符号代表一定条件下铁碳合金内部的组成相。

铁碳相图由特征点、特征线、相区组成。

（1）主要特征点

铁碳相图的主要特征点见表 2-2。

（2）主要特征线

ABCD 线：液相线，在此线以上所有铁碳合金处于液体状态。冷却时 $w_C > 4.3\%$ 的合金在 *CD* 线开始结晶出 Fe₃C，称为一次渗碳体，用 Fe_3C_I 表示。

AHJECF 线：固相线，在此线以下所有铁碳合金处于固体状态。

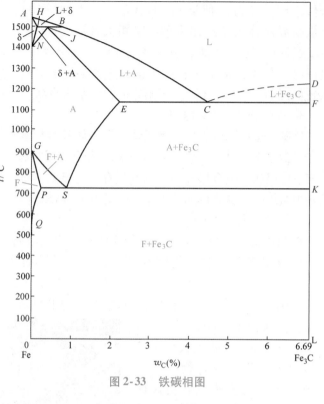

图 2-33　铁碳相图

GS 线：冷却时从奥氏体开始析出铁素体，或加热时铁素体全部溶入奥氏体的转变温度线。

ES 线：碳在奥氏体中的溶解度曲线。温度在 1148℃时奥氏体的溶碳能力最大，为 2.11%（质量分数）。随着温度的下降，溶解度沿此线下降，到 727℃时，奥氏体的溶碳量为 0.77%，大于 0.77%（质量分数）的铁碳合金冷却到此曲线时，析出二次渗碳体，用 Fe_3C_{II} 表示。

表 2-2　铁碳相图的主要特征点

特征点	温度/℃	w_C（%）	含 义
A	1538	0	纯铁的熔点
C	1148	4.3	共晶点，有共晶转变 L↔（A + Fe₃C）
D	1227	6.69	Fe₃C 熔点
E	1148	2.11	碳在 γ – Fe 中最大溶解度点
G	912	0	纯铁同素异构转变点 α – Fe↔γ – Fe
P	727	0.0218	碳在 α – Fe 中最大溶解度点
S	727	0.77	共析点，有共析转变 A↔（F + Fe₃C）

PQ 线：碳在铁素体中的溶解度曲线。温度在 727℃时铁素体的溶碳能力最大，为 0.0218%（质量分数）。随着温度的下降，溶解度随此线下降，室温时仅为 0.0008%（质量分数）。因此碳含量大于 0.0008%（质量分数）的铁碳合金从 727℃冷却时，将沿铁素体晶界析出渗碳体，称为三次渗碳体，用 Fe_3C_{III} 表示。

ECF 线：共晶线。当 $w_C = 4.3\%$ 的液相合金，温度在 1148℃时生成奥氏体与渗碳体的机械混合物，即莱氏体（Ld）。其共晶转变过程可用下式表达：L↔（A + Fe₃C）。

PSK 线：共析线。$w_C = 2.11\%$ 的奥氏体冷却至 727℃时，同时析出铁素体与渗碳体的机械混合物，即珠光体（P）。其共析转变过程可用下式表达：A↔（F + Fe₃C）。

（3）主要相区

主要单相区：L、A、F、Fe₃C 等。

主要双相区：A + L、L + Fe₃C、F + A、A + Fe₃C、F + Fe₃C 等。

2. 铁碳合金的分类（按相图上特征点的碳含量）

根据铁碳合金的碳含量的不同，可将铁碳合金分为工业纯铁、碳素钢及白口铸铁三类。

1）工业纯铁。碳含量小于 P 点，即 $w_C < 0.0218\%$。

2）碳素钢。碳含量在 P 和 E 之间，即 $0.0218\% < w_C < 2.11\%$。碳素钢又可分为以下三种：

① 亚共析钢。碳含量在 P 和 S 之间，即 $0.0218\% < w_C < 0.77\%$；②共析钢，碳含量在 S 点，即 $w_C = 0.77\%$；③过共析钢，碳含量在 S 和 E 之间，即 $0.77\% < w_C < 2.11\%$。

3）白口铸铁。碳含量在 E 和 F 之间，即 $2.11\% < w_C < 6.69\%$。白口铸铁又可分为三种：

① 亚共晶白口铸铁，碳含量在 E 和 C 之间，即 $2.11\% < w_C < 4.3\%$；②共晶白口铸铁，碳含量在 C 点，即 $w_C = 4.3\%$；③过共晶白口铸铁，碳含量在 C 和 F 之间，即 $4.3\% < w_C < 6.69\%$。

3. 铁碳合金的结晶过程分析及组织

铁碳合金由于成分不同，室温下的组织不同。其组织可利用铁碳相图进行结晶过程分析而得到。工业纯铁的组织比较简单，在一定温度下从高温液体中结晶出 $\delta - Fe$ 的固溶体，随着温度的下降转变为 $\gamma - Fe$ 的固溶体（即奥氏体 A）后，又变为固溶体（即铁素体 F），然后又从铁素体中析出少量三次渗碳体 Fe_3C_{III}，最终组织为 $F + Fe_3C_{III}$。下面分析图 2-34 所示对应的其他铁碳合金的结晶过程及最终组织。

（1）共析钢（对应于图 2-34 中的 I 线）

当液体金属从高温缓冷到 1 点温度

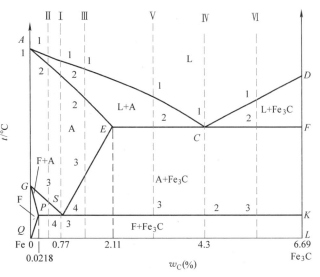

图 2-34　简化铁碳相图上对应的几种典型铁碳合金

时，开始从液体中结晶出奥氏体，随着温度的下降，奥氏体量逐渐增加，液体量逐渐减少，当温度下降到 2 点的温度时，剩余的液体全部转变为奥氏体。温度在 2～3 点区间组织一直为奥氏体。冷却至 3 点温度时，达到共析温度（727℃），奥氏体发生共析反应，转变为 F 与 Fe₃C 层片相间的机械混合物，即珠光体 P。温度再下降时基本不再发生变化，因此共析钢室温下的平衡组织为珠光体 P。图 2-35 所示为共析钢结晶过程组织转变示意图，图 2-36 所示为共析钢的显微组织。

（2）亚共析钢（对应于图 2-34 中的 II 线）

当液体缓冷至 1 点的温度时，开始从液体中结晶出奥氏体，在 1～2 点温度区间内组织为液体和奥氏体，到 2 点温度时全部变为奥氏体组织。到 3 点温度时奥氏体开始转变为铁素体，在 3～4 点间，组织为奥氏体和铁素体。当温度下降到 4 点时，达到共析温度（727℃），奥氏体发生共析反应，转变为珠光体，共析反应结束后组织为铁素体 + 珠光体。温度再下降时基本不再发生变化。因此，亚共析钢的室温组织为铁素体 + 珠光体。图 2-37 所示为亚共析钢结晶过程组织转变示意图，图 2-38 所示为亚共析钢的显微组织。

所有亚共析钢（$0.0218\% < w_C < 0.77\%$）室温下的平衡组织都是由铁素体和珠光体组成的。但组织中的珠光体量随碳含量的增加而增加，不同碳含量的亚共析钢的组织组成物及相组成物的量均可由杠杆定律计算。

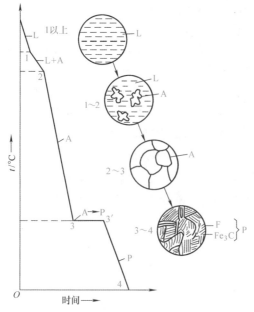

图 2-35　共析钢结晶过程组织转变示意图

图 2-36　共析钢的显微组织

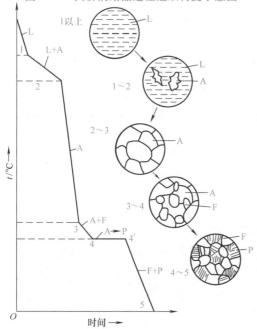

图 2-37　亚共析钢结晶过程组织转变示意图

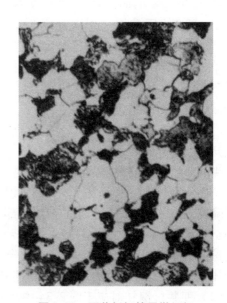

图 2-38　亚共析钢的显微组织

如 $w_C = 0.45\%$ 的亚共析钢室温组织组成物为铁素体 + 珠光体，相组成物为铁素体 + 渗碳体，它们的相对量为

组织组成物

$$w_F = \frac{0.77 - 0.45}{0.77 - 0.0218} \times 100\% = 41.6\% \tag{2-3}$$

$$w_P = 1 - 41.6\% = 58.4\% \tag{2-4}$$

相组成物

$$w_F = \frac{6.69 - 0.45}{6.69 - 0.0008} \times 100\% = 93.3\% \tag{2-5}$$

$$w_{Fe_3C} = 1 - 93.3\% = 6.7\% \tag{2-6}$$

（3）过共析钢（对应于图 2-34 中的Ⅲ线）

当液体缓冷至 1 点的温度时，开始从液体中结晶出奥氏体，在 1～2 点温度区间内组织为液体和奥氏体，到 2 点温度时全部变为奥氏体组织。到 3 点温度时奥氏体中溶碳量达到饱和，开始从奥氏体析出二次渗碳体 Fe_3C_{II}，二次渗碳体一般沿奥氏体晶界析出而呈网状分布，随着温度下降，Fe_3C_{II} 量逐渐增加。当缓冷至 4 点温度时，达到共析温度（727℃），奥氏体发生共析反应，转变为珠光体。共析反应结束后组织为珠光体 + 二次渗碳体。温度再下降时基本不再发生变化，因此过共析钢室温组织为珠光体 + 二次渗碳体。图 2-39 所示为过共析钢结晶过程组织转变示意图。图 2-40 所示为过共析钢的显微组织。

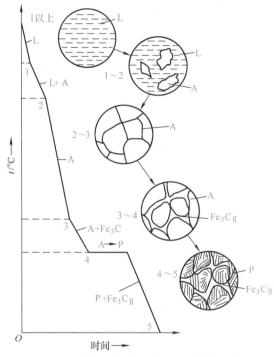

图 2-39　过共析钢结晶过程组织转变示意图

图 2-40　过共析钢的显微组织

所有过共析钢（$0.77\% < w_C < 2.11\%$）在室温下的平衡组织均为珠光体和二次渗碳体，但组织中的二次渗碳体的量随碳含量的增加而增加。

（4）共晶白口铸铁（对应于图 2-34 中的Ⅳ线）

当液体缓冷至 1 点对应的温度时，达到共晶温度（1148℃），液体发生共晶反应，结晶出奥氏体和渗碳体的机械混合物，即高温莱氏体（Ld），呈蜂窝状。共晶反应结束时组织全部为高温莱氏体（Ld）。由 1 点温度继续冷却，从奥氏体中不断析出二次渗碳体，二次渗碳体与 Ld 中的渗碳体混在一起，不易分辨。当温度下降到 2 点对应的共析温度（727℃）时，奥氏体发生共析反应生成珠光体，此时 Ld 转变为由珠光体与渗碳体组成的低温莱氏体（Ld′）。共析反应结束后，组织全部为低温莱氏体（Ld′）。温度下降至常温过程中组织基本不变，最终共晶白口铸铁常温组织为低温莱氏体（Ld′）。图 2-41 所示为共晶白口铸铁结晶过程组织转变示意图。图 2-42 所示为共晶白口铸铁的显微组织。

（5）亚共晶白口铸铁（对应于图 2-34 中的Ⅴ线）

当液态合金冷到 1 点温度时，开始结晶出奥氏体，在 1～2 点温度区间，组织为液体和奥氏体。当温度下降至 2 点对应的共晶温度（1148℃）时，剩余的液体发生共晶反应生成高温莱氏体（Ld），共晶反应结束后组织为奥氏体和高温莱氏体。继续缓冷，在至 2～3 点温度区间，从奥氏

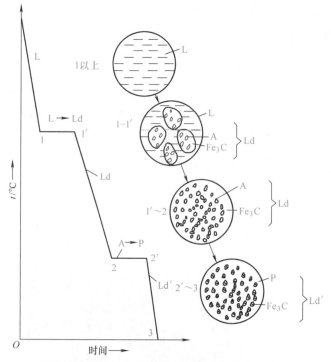

图 2-41 共晶白口铸铁结晶过程组织转变示意图

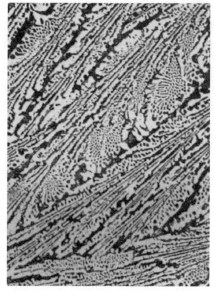

图 2-42 共晶白口铸铁的显微组织

体中析出二次渗碳体，二次渗碳体沿奥氏体晶界呈网状分布，此时组织为 A + Fe₃C_Ⅱ + Ld。当温度降至 3 点对应的共析温度（727℃）时，奥氏体发生共析转变生成珠光体，高温莱氏体 Ld 变为低温莱氏体（Ld′）。共析反应结束时组织为 P + Fe₃C_Ⅱ + Ld′。温度再下降至常温，组织基本不变，最终亚共晶白口铸铁常温组织为 P + Fe₃C_Ⅱ + Ld′。图 2-43 所示为亚共晶白口铸铁结晶过程组织转变示意图。图 2-44 所示为亚共晶白口铸铁的显微组织。

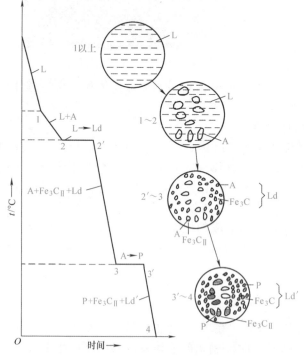

图 2-43 亚共晶白口铸铁结晶过程组织转变示意图

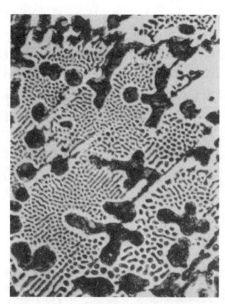

图 2-44 亚共晶白口铸铁的显微组织

所有亚共晶白口铸铁（2.11% < w_C < 4.3%）的室温组织均为 P + Fe_3C_{II} + Ld′。但组织组成物的含量不同。

（6）过共晶白口铸铁（对应于图 2-34 中的Ⅵ线）

液体缓冷至 1 点温度时，开始从液体中结晶出一次渗碳体，呈粗大的片状。当温度下降至 2 点对应的共晶温度（1148℃）时，剩余液体发生共晶反应生成高温莱氏体（Ld），共晶反应结束后组织为高温莱氏体和一次渗碳体。在 2～3 点温度间时，组织基本不变。当温度下降至 3 点对应的共析温度（727℃）时，高温莱氏体 Ld 变为低温莱氏体（Ld′）。共析反应结束时组织为低温莱氏体和一次渗碳体。温度再下降至常温，组织基本不变，最终过共晶白口铸铁常温组织为低温莱氏体和一次渗碳体。图 2-45 所示为过共晶白口铸铁结晶过程组织转变示意图。图 2-46 所示为过共晶白口铸铁的显微组织。

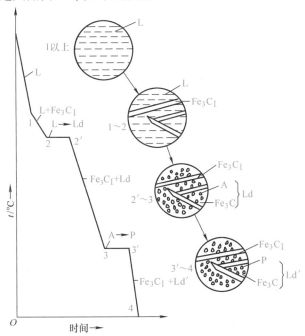

图 2-45　过共晶白口铸铁结晶过程组织转变示意图

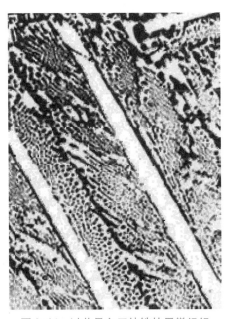

图 2-46　过共晶白口铸铁的显微组织

所有过共晶白口铸铁（4.3% < w_C < 6.69%）的室温平衡组织均为一次渗碳体和低温莱氏体，但组织组成物的含量不同。

根据以上结晶过程分析得到的不同种类铁碳合金的组织，可将组织标注在铁碳相图中，如图 2-47所示。

2.3.3　铁碳相图的应用

1. 分析铁碳合金成分对组织及性能的影响

（1）铁碳合金成分对组织的影响

由铁碳相图可知，随着碳含量的增加，铁碳合金的组织组成物发生变化，即 F→F + P→P→P + Fe_3C_{II} → P + Fe_3C_{II} + Ld′→L′d→L′d + Fe_3C_I → Fe_3C，铁碳合金的相组成物的变化为：铁素体 F 数量不断减少，渗碳体 Fe_3C 数量不断增加。

（2）铁碳合金成分对性能的影响

由于铁碳合金成分影响其组织，因而对合金力学性能产生影响。

1）硬度。硬度主要取决于组织组成物的硬度及相对数量，对组织的形态不敏感。铁碳合金随碳含量的增加，高硬度的 Fe_3C 数量增加，低硬度的 F 数量减少，故铁碳合金的硬度呈直线上升。

2）塑性和韧性。铁碳合金的塑性和韧性主要由铁素体的含量决定。随碳含量的增加，高塑韧性

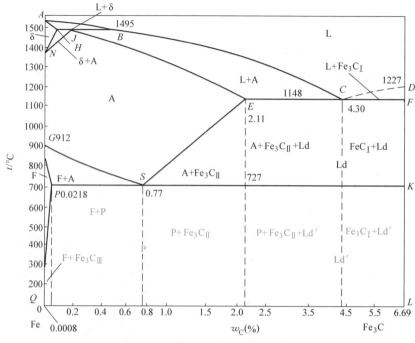

图 2-47　按组织标注的铁碳相图

的铁素体 F 数量减少，故铁碳合金的塑性和韧性不断下降，到白口铸铁时塑性和韧性几乎下降为零。

3）强度。强度对组织形态比较敏感，随碳含量的增加，亚共析钢中珠光体 P 含量增加，铁素体 F 含量减少，而 P 的强度较高，F 的强度较低，故亚共析钢的强度随碳含量增加而增大。当碳含量超过共析成分后，由于强度很小的二次渗碳体 Fe_3C_{II} 沿晶界出现，当 $w_C \approx 0.9\%$ 时，Fe_3C_{II} 沿晶界形成完整的网状，强度开始下降，到 $w_C > 2.11\%$ 时，出现莱氏体，渗碳体含量很大，合金强度很小，趋近于渗碳体的强度。

2. 铁碳相图可指导生产实践

铁碳相图对生产实践具有很重要的指导意义，主要用于钢铁材料的选用，还可用于指导铸造、锻造、焊接及热处理等热加工工艺的制订。

（1）钢铁材料的选用

铁碳相图表明了铁碳合金组织和性能随成分的变化规律，因此可以根据零件的工作条件及性能要求，来选择合适的材料。例如，若需要塑性好、韧性高的材料，可选用低碳钢；若需要强度、硬度、塑性等都好的材料，可选用中碳钢；若需要硬度高、耐磨性好的材料，可选用高碳钢；若需要耐磨性好、不受冲击的工件用材料，可选用白口铸铁。

（2）铸造工艺的制订

1）根据相图中液相线的位置，可确定各种铸钢和铸铁的浇注温度。浇注温度一般在液相线以上150℃左右，如图 2-48 所示。

2）可以为制订铸造工艺提供依据。钢的熔化温度和浇注温度与铸铁相比要高得多，其铸造性能较差，易产生收缩，因而钢的铸造工艺比较复杂。

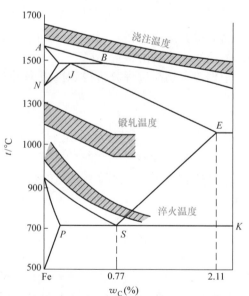

图 2-48　铁碳合金相图与热加工温度

3）可以指导铸造材料成分的选择：共晶成分的铁碳合金熔点最低，结晶温度范围最小，具有良好的铸造性能。在铸造生产中，经常选用接近共晶成分的铸铁。

（3）压力加工工艺的制订

奥氏体的强度较低，塑性较好，便于塑性变形。因此，钢材的锻造、轧制均选择在单相奥氏体区适当温度范围进行。一般始锻（轧）温度控制在固相线以下 100～200℃，如图 2-48 所示。温度过高，钢材易发生严重氧化或晶界熔化。终锻（轧）温度的选择可根据钢种和加工目的不同而异。对亚共析钢，一般控制在 GS 线以上，避免在加工时，铁素体呈带状组织而使钢材韧性降低。为了提高强度，某些低合金高强度钢选择 800℃ 为终轧温度。对过共析钢，则选择在 PSK 线以上某一温度，以便打碎网状二次渗碳体。

（4）焊接工艺的制订

焊接时由焊缝到母材各区域的温度不同，根据铁碳相图可分析受不同加热温度的各区域在随后的冷却中可能会出现的不同组织与性能。并以此确定在焊接后采用热处理方法加以改善。

（5）热处理工艺的制订

铁碳相图对制订热处理工艺有着特别重要的意义，可以确定热处理的加热温度。这将在后续章节中详细介绍。

铁碳相图中的各相变温度、临界点都是在非常缓慢的加热和冷却速度的平衡条件下得到的，铁碳相图只能表示平衡条件下的铁碳合金组织变化规律。而实际生产中，铁碳合金的结晶凝固组织是在非平衡条件下获得的非平衡组织，不能完全符合铁碳相图分析的组织。铁碳相图可反映合金结晶凝固过程中可能进行的相变，但不能看出相变过程进行的程度，即不能解决相变机理和动力学问题。铁碳合金在退火状态下的组织接近平衡组织。

重 点 内 容

1. 合金中的相及其结构

1）固溶体：结构为溶质金属的晶格类型。

2）化合物：结构一般比较复杂。

2. 相图的基本形式及合金结晶过程分析

1）匀晶相图：相图的液相线与固相线温度区间会发生匀晶转变，从液相中结晶 α 固溶体，$L \rightarrow \alpha$，合金组织为 α。

2）共晶相图：相图的共晶线温度会发生共晶转变，从液相中结晶出两个固相的混合物，$L \leftrightarrow (\alpha + \beta)$，合金组织主要类型有 α、α + β、β。

3）共析相图：相图的共析线温度会发生共析转变，从固相中析出另外两个固相的混合物，$\gamma \leftrightarrow (\alpha + \beta)$，合金组织主要类型有 α、α + β、β。

3. 铁碳合金中的主要相及其结构

1）铁素体（F）：$\alpha - Fe$ 的体心立方晶格。

2）奥氏体（A）：$\gamma - Fe$ 的面心立方晶格。

3）渗碳体（Fe_3C）：复杂的斜方晶格。

4. 铁碳相图及铁碳合金平衡组织

铁碳合金的平衡组织可通过对铁碳相图进行结晶过程分析而得到，共析钢为 P，亚共析钢为 F + P，过共析钢为 $P + Fe_3C_{\text{II}}$，共晶白口铸铁为 Ld′，亚共晶白口铸铁为 $P + Fe_3C_{\text{II}} + Ld'$，过共晶白口铸铁为 $Ld' + Fe_3C_{\text{I}}$。

扩展阅读

用材不当的惨重教训——锡纽扣的失踪

1812 年，法国军队在欧洲大陆上取得了一系列辉煌胜利。此后，拿破仑率领 60 万大军远征俄国，直抵莫斯科。几周后，寒冷的空气进入莫斯科，给拿破仑大军带来了致命的灾难，官兵衣服上的纽扣纷纷莫名其妙地变碎、脱落。在莫斯科寒冷的冬天，穿着没有纽扣的衣服就如同让官兵敞胸露怀地暴露在寒风暴雪中，以致许多人被活活冻死在异乡，还有一些人因受冻得病而死。在饥寒交迫下，拿破仑带领仅剩 1 万人的军队被迫从莫斯科撤退。

小小的纽扣怎么会变碎、脱落呢？原来是在当时，拿破仑大军的制服上采用的都是锡制纽扣。常温下，金属锡闪闪发亮，称为"白锡"，即 β 锡；当温度下降到 13.2℃以下时，它便会转化为"灰锡"，即 α 锡，是一种粉末状物质。温度越低，锡的这种同素异构转变越快，在 -40 ~ -30℃ 时转变速度最快。更为恐怖的是，若把白锡和灰锡放在一起，白锡转变为灰锡的速度会加快，这就是可怕的"锡疫"。锡纽扣的失踪是因为锡在进行同素异构转变时，内部结构变化产生了较大的内应力，使得纽扣碎裂粉化。小小的纽扣影响了战局，是由于锡的同素异构转变在当时还不为人知。试想，如果当时不用锡做纽扣，可以用什么材料呢？

锡的同素异构转变动图

思 考 题

1. 解释下列名词：晶格　晶胞　单晶体　多晶体　晶粒　晶界　相　组织　固溶强化　弥散强化
2. 常见的金属晶格类型有哪几种？简单说明其特征。
3. 金属的实际晶体中有哪些缺陷？它们对金属性能有何影响？
4. 什么是固溶体？什么是金属化合物？它们的结构特点和性能特点各是什么？
5. 合金的结构与纯金属的结构有什么不同？
6. 纯金属的结晶是怎样进行的？
7. 金属在结晶时，影响晶粒大小的主要因素是什么？
8. 晶粒大小对力学性能有何影响？
9. 金属细化晶粒的途径有哪些？
10. 默写简化的铁碳相图，说明图中主要点、线的含义，填出各相区的相和组织组成物。
11. 解释下列名词：铁素体、奥氏体、渗碳体、珠光体、莱氏体。
12. 一次渗碳体、二次渗碳体、三次渗碳体、共晶渗碳体、共析渗碳体的形态有何不同？
13. 碳的质量分数分别为 0.20%、0.45%、0.77%、1.2% 的钢，按其在铁碳相图上的位置分别属于哪一类钢？它们的平衡组织及性能（强度、硬度、塑性、韧性）有何区别？
14. 现有四块形状、尺寸相同的平衡状态的铁碳合金，其碳的质量分数分别为 0.20%、0.45%、1.2%、3.5%，根据所学知识，可用哪些办法区分它们？
15. 根据铁碳相图，解释下列现象：
(1) 绑扎物件一般用钢丝（镀锌低碳钢丝，$w_C < 0.2\%$），而起重机吊重物时都用钢丝绳（$w_C > 0.6\%$）。
(2) 在 1100℃时，$w_C = 0.4\%$ 的钢能进行锻造，而 $w_C = 4.0\%$ 的铸铁不能进行锻造。
(3) 钳工锯高碳含量的钢比锯低碳含量的钢费力且锯条易磨钝。
(4) 钢适宜压力加工成形，而铸铁适宜铸造成型。

第 **3** 章

金属的塑性变形改性

金属材料的性能取决于其内部成分及组织结构，但也可以通过一些方法去改变组织，从而改变性能。塑性变形改性是通过压力加工（如锻造、轧制、拉拔、挤压、冲压等）方法使金属在外力作用下产生塑性变形，以改变其组织和性能。了解金属在塑性变形过程中组织变化的实质及规律，不仅可改善材料性能、提高产品质量，而且对改进材料的加工工艺也具有重要指导意义。

3.1 塑性变形的形式及过程

金属材料在外力作用下的塑性变形是通过其内部晶格原子的相对运动实现的，了解原子运动的基本形式即塑性变形的基本形式，可帮助理解塑性变形的实质及变形过程。

3.1.1 塑性变形的形式

塑性变形的基本形式主要有滑移和孪生（孪晶），但主要形式是滑移。

1. 滑移

滑移是指在切应力作用下，晶体的一部分相对另一部分沿一定的晶面（滑移面）及一定的晶向（滑移方向）产生一定距离的位移。滑移的实质是晶体内部的位错在切应力作用下运动的结果，而不是晶体的两部分做整体的相对滑动。如图 3-1 所示，在切应力作用下，晶体中的一个多余半原子面从晶体一侧到另一侧运动，即一条刃型位错从左到右移动，晶体产生滑移。由于每条位错移出晶体造成一个原子间距的变形量，因此晶体的总变形量是这个方向上原子间距的整数倍。

金属内部刃型
位错运动动画

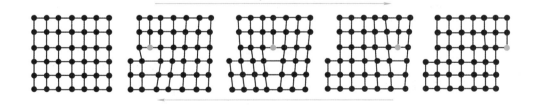

图 3-1　位错运动造成的滑移

位错运动时，实际上并不需要整个滑移面上的全部原子同时移动。因为位错每次只产生一个原子间距的位移，只需位错中心上面的两列原子向右做微量的位移，位错中心下面的一列原子向左做微量的位移即可，如图 3-2 所示。所以通过位错运动产生的滑移比整体刚性移动所需的切应力小得多。

晶体滑移后，滑移面两侧的原子排列与滑移前一样，但在显微镜下观察，可发现晶体表面出现一条条台阶状变形痕迹,即滑移带。滑移带实际是由若干条滑移线构成的,如图3-3所示。

2. 孪生

在切应力作用下,有时会以孪生的形式产生塑性变形。孪生是指晶体的一部分相对于另一部分沿一定晶面(孪生面)和晶向(孪生晶向)产生一定角度的切变,如图3-4所示。发生孪生变形的部分称为孪晶带。由于孪生变形比滑移变形一次移动的原子数量多,故其临界切应力大,因此,只有不易产生滑移的金属如 Cd、Mg、Be 等才产生孪生变形。

3.1.2 塑性变形的过程

1. 单晶体的塑性变形

大多数金属是由许多不同位向的晶粒组成的多晶体,但为了方便理解多晶体的塑性变形,先来研究单晶体的塑性变形。

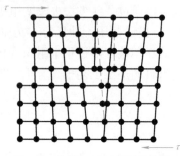

图 3-2 位错运动时原子的位移

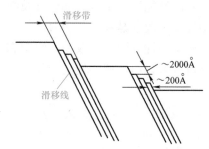

图 3-3 滑移带和滑移线示意图

当单晶体试样(见图3-5a)拉伸时,拉力 F 在一定晶面上分解为两个分力:平行于该晶面的切应力 τ 和垂直于该晶面的正应力 σ。正应力的作用是使晶体的晶格产生弹性拉长(见图3-5b),当正应力大到超过晶面间原子的吸引力时,晶体发生断裂(见图3-5c),而不产生塑性变形。

切应力的作用如前所述,可使晶体中的位错沿滑移面运动,使晶体产生滑移,造成晶体的塑性变形。

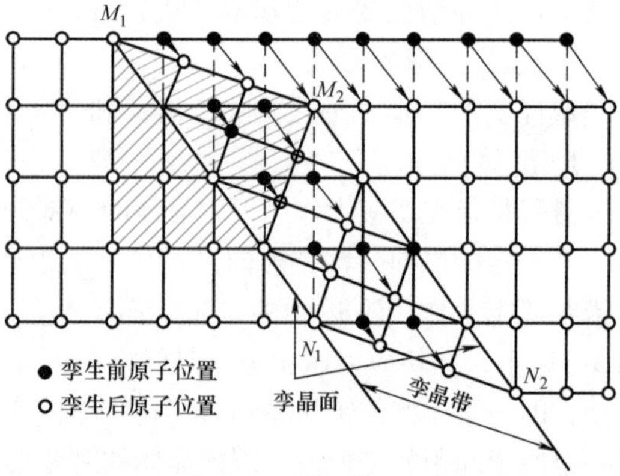

2. 多晶体的塑性变形

多晶体由很多晶粒组成,每个晶粒的塑性变

图 3-4 孪生变形示意图

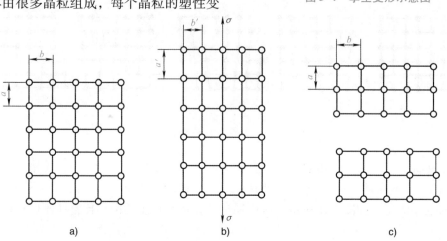

图 3-5 晶体在正应力作用下的弹性变形及断裂

形方式与单晶体相似（即仍以滑移等方式进行），但由于晶界的存在及每个晶粒位向的不同，多晶体的塑性变形过程要比单晶体复杂得多。

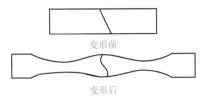

图 3-6　两个晶粒的试样的拉伸变形

（1）晶界和晶粒位向的影响

以最简单的多晶体（两个晶粒组成）拉伸试验来说明。如图 3-6 所示，试样拉伸变形后出现明显的所谓"竹节"现象，即晶粒中部出现明显的缩颈，而晶界附近则难以变形。这是因为晶界附近原子排列紊乱，晶格畸变较大，使得滑移时该处位错运动的阻力较大，难以发生变形，因此晶界处塑性变形抗力较大。另外，多晶体中不同晶粒晶格位向的不同也会增大其滑移抗力，因为任一晶粒的滑移都必然会受到其周围不同晶格位向晶粒的约束和阻碍，各晶粒必须相互协调才能发生变形，因此多晶体金属的变形抗力总是高于单晶体。

由此可见，金属的塑性变形抗力，不仅与其原子间的结合力有关，而且还与金属的晶粒度有关，即晶粒越细，金属的强度和硬度越高。这是因为金属的晶粒越细，其晶界总面积就越大，每个晶粒周围不同位向的晶粒数就越多，对塑性变形的抗力就越大。而且晶粒越细，其塑性和韧性也越高，因为晶粒越细，金属单位体积中的晶粒数便越多，变形时同样的变形量可分散在更多的晶粒中，产生较均匀的变形，而不至于造成局部的应力集中而开裂，因而断裂前可产生较大的变形量，具有较高的冲击变形抗力。因此工业上经常通过变质处理、热处理、压力加工等方法细化晶粒，提高金属材料的强度。

（2）多晶体的塑性变形过程

在多晶体金属中，由于每个晶粒的晶格位向不同，其滑移面和滑移方向的分布不同，因此在外力作用下，每个晶粒中不同滑移面和滑移方向上所受的分切应力便不同。由于分切应力在与外力呈45°方向上最大，而与外力平行或垂直方向上最小；因此，多晶体中凡滑移面和滑移方向处于或接近于与外力呈45°夹角的晶粒首先发生塑性变形，通常称这种位向为"软位向"，而对滑移面和滑移方向处于或接近于与外力平行或垂直的晶粒，则称它们处于"硬位向"，最难发生变形。

因此多晶体的塑性变形最早是一批处于软位向的晶粒发生滑移，而其周围的晶粒只能发生弹性变形，随着滑移的进行，晶粒的位向会发生转动，首批软位向的晶粒逐步转为硬位向停止继续滑移，而周围的另一批硬位向晶粒逐步转为软位向开始滑移变形。所以多晶体的塑性变形总是一批一批晶粒逐步地发生，从少量的晶粒开始逐步扩大到大量的晶粒，从不均匀的变形逐步发展到比较均匀的变形，变形过程要比单晶体复杂得多。图 3-7 为多晶体中不同位向的晶粒分批滑移的示意图，分批滑移的次序为 A、B、C。

图 3-7　多晶体金属中晶粒滑移次序示意图

3.2　冷塑性变形后金属的组织性能

金属在较低温度（再结晶温度之下）下的变形称为冷塑性变形。变形后金属的组织、结构、性能均产生变化。

3.2.1　冷塑性变形后金属的组织结构

1. 组织

金属产生冷塑性变形后，随着金属外形的变化，其内部晶粒的形状也会发生相应的变化。如随金属外形的拉长或压扁，晶粒也会拉长或压扁，如图 3-8 所示。当形变量较大时，晶粒会被拉长为细长条状或纤维状甚至破碎，晶界变得模糊不清，这种组织称为"纤维组织"。

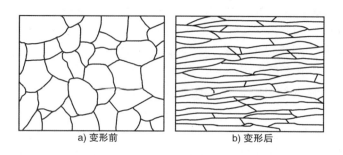

a) 变形前　　　　　　　　　b) 变形后

图 3-8　金属冷塑性变形前后组织的变化示意图

2. 结构

金属产生冷塑性变形时，内部结构也产生变化。塑性变形是由位错运动造成的，位错运动会受到晶界及周围其他位错的阻碍，造成位错的堆积或缠结，使得位错密度增大。当形变量不大时，位错往往堆积在变形晶粒的晶界附近，当变形量达到一定程度时，位错在晶粒内部的缠结造成晶粒破碎为亚晶块，如图 3-9 所示。因此塑性变形会造成金属内部位错密度的增加及亚晶界的增加，晶格畸变增大。

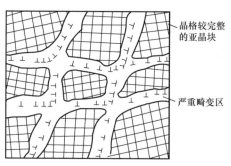

晶格较完整的亚晶块

严重畸变区

图 3-9　金属塑性变形后形成的亚晶块

金属塑性变形到很大程度（变形量超过 70%）时，由于晶粒发生转动，使各晶粒的位向趋向于大体一致，形成特殊的择优取向，这种有序化的结构称为"形变织构"。大变形量拉拔时，各晶粒的一定晶向平行于拉拔方向，称为丝织构，大变形量轧制时各晶粒的一定晶面和晶向平行于轧制方向，称为板织构，如图 3-10 所示。

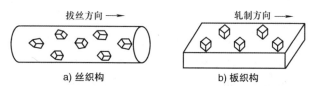

拔丝方向　　　　　　　　轧制方向

a) 丝织构　　　　　　　b) 板织构

图 3-10　形变织构示意图

3.2.2　冷塑性变形后金属的性能

1. 加工硬化

金属产生塑性变形后，随着变形量的增大，强度和硬度显著提高，塑性和韧性显著下降。这种现象称为加工硬化，也叫形变强化，如图 3-11 所示为低碳钢的塑性变形对其强度和塑性的影响。这是由于塑性变形会造成金属内部位错堆积和缠结、位错密度增加，造成位错运动阻力增加，塑性变形抗力提高；另外由于亚晶界的增加，晶格畸变增大也使得强度提高。在生产中可通过冷轧、冷拔方式提高钢板或钢丝的强度。

2. 各向异性

纤维组织及织构的形成，使金属的性能产生各向异性。各向异性在大多数情况下都是不利的，如用带有织构的板材冲制筒形零件时，由于不同方向上的塑性差别很大，零件的边缘会出现"制耳"，如图 3-12 所示。

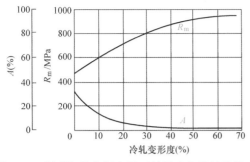

图 3-11　低碳钢的塑性变形对其强度和塑性的影响

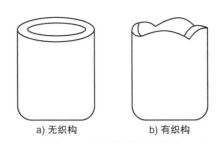

图 3-12　冲压件的制耳现象

　　但塑性变形造成的各向异性也存在有利的一面,如沿纤维方向的强度和韧性明显高于纤维的垂直方向。因此制作板材弯曲件时,最好让弯曲变形最大的方向沿板材的轧制方向。制作变压器铁心的硅钢片,由于沿织构方向最易磁化,因此使其织构方向平行于磁场,可使变压器铁心的磁导率显著增大,大大减少磁损,提高变压器的效率。

3.3　冷塑性变形金属加热时的组织性能

　　冷塑性变形后,金属产生加工硬化现象,虽然强度和硬度提高,但塑性和韧性下降,不利于进一步塑性变形。因此金属在塑性变形之后或在其加工变形的过程中,为提高变形金属的塑性和韧性,方便继续进行塑性变形加工,可对其加热,使其组织性能再次发生变化。随着加热温度的提高,变形金属将相继发生回复、再结晶、晶粒长大的变化过程,如图 3-13 所示。

3.3.1　回复的组织性能

　　塑性变形后的金属,在加热温度较低时,由于原子扩散能力不是很大,只是晶粒内部的位错、空位、间隙原子等缺陷通过移动、复合而大大减少,而晶粒仍保持变形后拉长破碎的形态。材料的强度和硬度略有降低,塑性有所提高,但残留应力大大降低。工业上常利用回复过程对变形金属进行去应力退火,以降低残留应力,保留加工硬化效果。

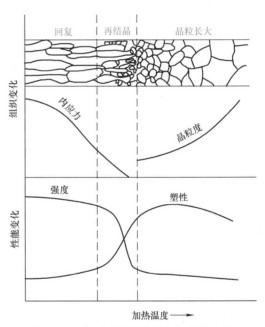

图 3-13　变形金属加热时组织性能变化

3.3.2　再结晶的组织性能

　　塑性变形后的金属,在加热温度高于一定温度(再结晶温度 $T_{再}$)时,由于原子扩散能力增大,其晶粒的外形开始发生变化,由拉长破碎的晶粒通过重新生核、长大,变为新的、均匀、细小的等轴晶粒,这个过程称为"再结晶"。新的等轴晶粒的晶格类型与变形前后金属的晶格类型相同。

　　纯金属的再结晶温度 $T_{再} \approx 0.4 T_{熔点}$,$T_{熔点}$ 为金属熔点的热力学温度。合金的再结晶温度除与其熔点有关外,还受其他因素影响。例如,塑性变形量越大,金属的晶体缺陷越多,组织越不稳定,再结晶温度就越低;合金元素可阻碍原子扩散,显著提高再结晶温度。为了缩短再结晶退火时间,实际采用的再结晶

金属内部再结晶
过程视频

43

退火温度比再结晶温度要高100~200℃。

再结晶后金属的强度和硬度明显降低，而塑性和韧性大大提高，加工硬化现象被消除，内应力全部消失。生产中经常采用再结晶退火，使金属在变形后或变形过程中，降低其硬度，提高其塑性，便于进一步加工。但必须正确确定加热温度，否则一旦加热温度过高，会造成晶粒长大，使金属性能变差。

3.3.3 晶粒长大的组织性能

再结晶完成后，若继续升高加热温度或延长保温时间，金属的晶粒会长大。因为晶粒长大可减少晶界面积，使表面能降低。晶粒长大实际上是晶界位移的过程（见图3-14），即一个晶粒的晶界向另一个晶粒迁移，把另一个晶粒的晶格位向逐渐改变为与这个晶粒相同的晶格位向。于是另一个晶粒逐步被这一晶粒"吞并"，合并为一个大晶粒，使晶粒长大。

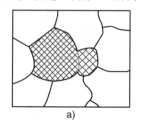 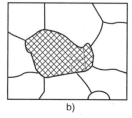 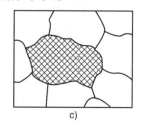

a)   b)   c)

图3-14 晶粒长大示意图

如果变形不均匀，再结晶后晶粒大小就不均匀，大小晶粒间的能量差异较悬殊，很容易产生大晶粒吞并小晶粒，使晶粒快速长大，这种晶粒的不均匀急剧长大现象称为"二次再结晶"。

晶粒长大使金属的强度、硬度、塑性、韧性等力学性能显著降低，因此应避免晶粒长大。

3.4 热塑性变形后金属的组织性能

由于冷塑性变形使金属产生加工硬化，变形抗力增加，因此生产上对较难变形的金属或变形量大的金属常采用热塑性变形，如热轧、热拉拔、热挤压、锻造等。在再结晶温度以上的变形称为热塑性变形（或热加工），再结晶温度以下的变形称为冷塑性变形（或冷加工）。如铁的再结晶温度为451℃，故在400℃的加工变形仍属于冷加工，而铅的再结晶温度为-33℃，故在室温（20℃左右）的加工变形就属于热加工。热加工也会使金属的组织性能产生变化。

3.4.1 热塑性变形后金属的组织

热塑性变形使金属铸态组织中的气孔、缩孔、缩松等闭合，使组织更加致密，使金属内部成分及夹杂物的分布更加均匀，能打碎金属内部粗大的晶粒并通过再结晶形成细小的等轴晶粒。

3.4.2 热塑性变形后金属的性能

1）力学性能提高。由于热加工后金属组织变得更细、更密、更匀，金属的力学性能显著提高。因此工业上凡受力较大、受冲击载荷较大的工件，如轴、齿轮、连杆等类零件大多要进行热加工成形。

2）各向异性。热加工变形后，特别是变形量大的情况下，金属内部的晶粒及夹杂物会沿变形方向变细拉长，形成所谓的热加工纤维组织（或称流线），使金属的力学性能出现各向异性，即沿流线方向的强度、塑性、韧性大于流线的垂直方向。因此，热加工变形的工件应尽量使流线分布合理，如图3-15a所示的曲

a) 流线分布合理   b) 流线分布不合理

图3-15 曲轴中的流线分布

轴锻件，其流线沿曲轴轮廓分布，曲轴工作时的最大应力与流线平行，曲轴不易断裂。而图 3-15b 所示的曲轴为锻造圆钢切削加工而成，其流线分布不合理，易沿轴肩发生断裂。

重点内容

1. 金属塑性变形的实质

金属塑性变形的实质是内部的位错运动，主要形式是滑移。

2. 冷塑性变形后金属的组织性能

冷塑性变形后金属的组织为拉长、破碎的晶粒，性能为强度、硬度提高，塑性、韧性下降，即加工硬化。

3. 热塑性变形后金属的组织性能

热塑性变形后金属的组织为细小的晶粒，致密性提高，强度、硬度、塑性和韧性均提高。

思 考 题

1. 解释名词：滑移、加工硬化、回复、再结晶、热加工、冷加工、锻造流线。
2. 塑性变形的形式是什么？其实质是什么？
3. 为什么实际金属的强度比理论强度低得多？
4. 为什么细晶粒金属的强度、硬度、塑性、韧性都较高？
5. 冷塑性变形造成的纤维组织与织构有什么不同？
6. 举例说明回复和再结晶在工业生产中的应用。
7. 用冷拉钢丝制成的弹簧为什么要低温回火？
8. 冷塑性变形和热塑性变形后金属的组织性能有什么不同？
9. 冷塑性变形与热塑性变形的纤维组织的区别是什么？

第 **4** 章

钢的热处理改性

钢的热处理是指将钢在固态下进行适当的加热、保温和冷却，以改变其内部组织，从而获得所需性能的一种工艺方法。与铸造、锻造、焊接等其他工艺相比，热处理不改变工件的形状和尺寸，只改变其内部组织和性能。

4.1 热处理的作用及分类

4.1.1 热处理的作用

热处理的作用视频

热处理是强化钢材的重要工艺，可提高工件的强度、硬度等力学性能，充分发挥钢材的潜力，延长工件的使用寿命；可减小工件的质量，节约材料，降低成本；也可改善工件的可加工性，降低加工成本。

热处理在机械制造业中的地位十分重要，应用非常广泛。在机床制造行业中有 60% ~ 70% 的工件需要热处理。在汽车拖拉机行业中，有 70% ~ 80% 的零件需要热处理，在滚动轴承和各种工具、模具与量具制造中，几乎 100% 的工件需要热处理。随着科学和现代工业技术的发展，对钢铁材料的性能要求越来越高，热处理在改善和强化金属材料、提高产品质量、节省材料、提高经济效益方面将发挥更大的作用。

4.1.2 热处理的分类

根据热处理的目的和在加工过程中的工序位置不同，热处理可分为预先热处理和最终热处理两大类。预先热处理一般安排在毛坯加工之后，切削加工之前，以消除毛坯中的组织缺陷，减小内应力，调整硬度改善可加工性。最终热处理一般安排在粗加工或半精加工之后，精加工之前，以改变工件的组织，提高力学性能，以满足工件的使用性能要求。

根据加热和冷却方法的不同，常用热处理方法大致分类如下：

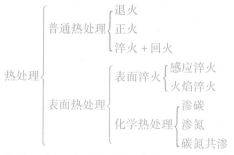

热处理的方法视频

钢的热处理方法较多，但一般由加热、保温和冷却三个阶段组成。因此，要了解各种热处理方法对钢的组织与性能的影响，必须研究钢在加热和冷却过程中的组织转变规律。

4.2　钢在加热时的组织转变

4.2.1　加热温度

钢必须加热到一定温度才会发生相变,加热的温度及相变的规律可用铁碳相图进行研究。图 4-1 所示为铁碳相图的左下部分,由图可知碳素钢被缓慢加热至 A_1、A_3、A_{cm} 临界温度以上时要发生组织转变,但实际热处理生产中,加热和冷却不是很缓慢,发生组织转变的温度与相图所示的 A_1、A_3、A_{cm} 有一定偏离。实际加热时,各临界转变温度用 Ac_1、Ac_3、Ac_{cm} 表示;冷却时,各临界转变温度为 Ar_1、Ar_3、Ar_{cm},如图 4-1 所示。热处理时的加热温度主要由钢的临界转变温度 Ac_1、Ac_3、Ac_{cm} 确定,不同的钢进行不同的热处理工艺时,所使用的临界温度不同。如亚共析钢退火时,加热温度要高于其 Ac_3,过共析钢退火加热温度高于其 Ac_1,过共析钢正火加热温度高于其 Ac_{cm}。碳素钢热处理时的临界转变温度(近似值)见表 4-1。

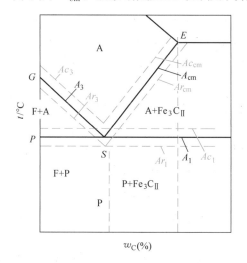

图 4-1　钢加热和冷却时铁碳相图上
　　　各相变温度的实际位置

表 4-1　碳素钢热处理时的临界转变温度（近似值）

牌号	临界温度（近似值）/℃			
	Ac_1	Ac_3 或 Ac_{cm}	Ar_1	Ar_3
20	735	854	682	835
30	732	813	677	796
40	724	790	680	760
45	724	780	682	751
50	725	760	690	721
55	727	774	690	755
T7	725	765	700	—
T8	730	750	700	—
T10	730	800	700	—
T12	730	820	700	—
T13	730	830	700	—

4.2.2　转变过程

任何成分的碳素钢加热到一定温度时,其组织都要发生珠光体 P（F + Fe₃C）向奥氏体 A 的转变,称为"奥氏体化"。奥氏体形成过程是通过晶格改组和铁、碳原子的扩散进行的,分为四个阶段,如图 4-2 所示。

钢热处理加热时珠光
体变为奥氏体视频

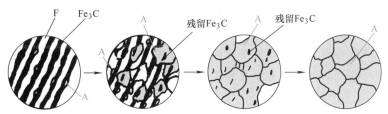

a) 奥氏体晶核形成　　b) 奥氏体晶核长大　　c) 残留渗碳体溶解　　d) 奥氏体均匀化

图 4-2　共析钢奥氏体形成过程示意图

1. 奥氏体晶核形成（见图 4-2a）

奥氏体晶核优先在铁素体和渗碳体的相界面上形成。这是由于相界面上原子排列比较紊乱，位错密度较高，空位较多，成分不均匀，而且奥氏体碳含量处于铁素体和渗碳体之间，于是在浓度和结构两方面为奥氏体晶核形成提供了有利条件。

2. 奥氏体晶核长大（见图 4-2b）

奥氏体晶核形成后，通过铁、碳原子的扩散，使相邻的铁素体体心立方晶格不断转变为面心立方晶格的奥氏体，与其相邻的渗碳体则不断溶入奥氏体中，使奥氏体晶核逐渐向铁素体和渗碳体两个方面长大，直至铁素体全部转变为奥氏体。

3. 残留渗碳体溶解（见图 4-2c）

由于渗碳体的晶体结构和碳含量都与奥氏体有很大差别，因此，当铁素体全部消失后，仍有部分渗碳体尚未溶解，随着保温时间的延长，残留渗碳体不断溶入奥氏体，直至全部消失。

4. 奥氏体均匀化（见图 4-2d）

残留渗碳体完全溶解后，奥氏体中碳的浓度不均匀，原先渗碳体处碳浓度高于原先铁素体处，只有延长保温时间，通过碳原子的扩散，才能使奥氏体成分逐渐趋于均匀。

共析碳素钢在室温下的组织为珠光体，加热到其 Ac_1 温度以上，珠光体通过上述四个过程转变为奥氏体。

亚共析钢和过共析钢的奥氏体形成过程与共析钢基本相同，但其完全奥氏体化的过程有所不同。亚共析钢室温平衡组织为铁素体(F) + 珠光体（P），加热到 Ac_1 以上时，组织中珠光体转变为奥氏体，继续加热，在 $Ac_1 \sim Ac_3$ 点的升温过程中，铁素体逐渐转变为奥氏体，直至加热温度超过 Ac_3 点时，亚共析钢组织全部转变为奥氏体。过共析钢室温平衡组织为珠光体(P) + 二次渗碳体（Fe_3C_{II}），加热到 Ac_1 以上时，组织中的珠光体转变为奥氏体；继续加热，在 $Ac_1 \sim Ac_{cm}$ 温度范围内继续加热升温，二次渗碳体逐步溶入奥氏体中，当温度超过 Ac_{cm} 点时，二次渗碳体完全溶解于奥氏体中，组织全部为奥氏体。

影响奥氏体化过程转变速度的因素主要有钢的成分、原始组织、加热温度和加热速度等。钢中碳含量增加，铁素体和渗碳体相界面总量增多，有利于奥氏体的形成；在钢中加入合金元素虽不改变奥氏体形成的基本过程，但却显著影响奥氏体的形成速度；在钢的成分相同时，组织中珠光体晶粒越细小，奥氏体形成速度越快，层片状比粒状珠光体相界面大，加热时奥氏体形核容易；在连续加热时，随加热速度加快，奥氏体形成温度升高，形成奥氏体的温度范围扩大，所需时间缩短。

4.2.3 加热转变组织及其控制措施

钢中奥氏体晶粒的大小直接影响到冷却后的组织和性能，奥氏体晶粒越细小，则其转变产物的晶粒也越细小，其力学性能也就越好；反之，转变产物的晶粒粗大，其力学性能也就越差。因此，控制热处理加热时奥氏体晶粒的大小对提高钢的力学性能很有意义。

1. 起始晶粒度

将钢加热到临界温度以上时，由珠光体刚刚转变成的奥氏体晶粒是细小的，此时称为起始晶粒度。此后，随着加热温度的升高或延长保温时间，奥氏体晶粒将会长大。

2. 实际晶粒度

实际热处理生产中都要加热和保温，结果使奥氏体晶粒有不同程度的长大。钢在某一具体加热条件下实际获得的奥氏体晶粒大小，称为奥氏体的实际晶粒度。实际晶粒一般总比起始晶粒大。生产中一般采用标准晶粒度等级图（见图 4-3），由比较的方法来测定钢的奥氏体晶粒大小。

晶粒度分为 8 级，1~4 级为粗晶粒度，5~8 级为细晶粒度。

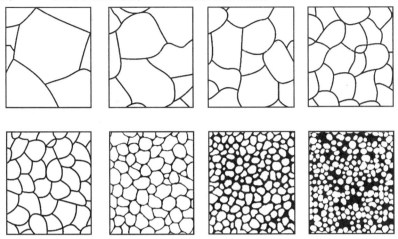

图 4-3　标准晶粒度等级图

3. 本质晶粒度

不同的钢在加热时奥氏体晶粒长大的倾向是不同的，用本质晶粒度表示。奥氏体晶粒容易长大的钢称为"本质粗晶粒钢"；反之，奥氏体晶粒不容易长大的钢称为"本质细晶粒钢"，如图 4-4 所示。

本质晶粒度取决于钢的成分和冶炼条件，一般用铝脱氧的钢为本质细晶粒钢，而只用硅锰脱氧的钢为本质粗晶粒钢。镇静钢一般为本质细晶粒钢，而沸腾钢一般为本质粗晶粒钢。本质晶粒度在热处理中有重要意义，如渗碳是在高温长时间下进行的热处理，若采用本质细晶粒钢，渗碳后可直接淬火，得到细小组织；若用本质粗晶粒钢，将使奥氏体粗化，产生过热缺陷。

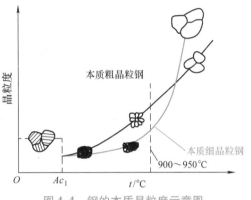

图 4-4　钢的本质晶粒度示意图

4. 晶粒度控制措施

奥氏体晶粒度的影响因素很多，如加热温度、保温时间、加热速度、钢的成分、钢的原始组织等。要严格控制加热温度和保温时间，当加热温度确定后，加热速度越快，奥氏体晶粒越细小。因此采用高温快速短时间的加热工艺是生产中常用的热处理加热方法。另外，要合理选材，采用加入一定量合金元素的钢，因为合金元素能不同程度地阻止奥氏体晶粒长大；采用原始组织较细的钢，奥氏体晶粒越细小；采用本质细晶粒钢。

4.3　钢在冷却时的组织转变

钢加热保温后的组织主要为奥氏体，为使钢热处理后具有所要求的组织与性能，必须将奥氏体以一定的冷却方式进行冷却，奥氏体冷却至临界温度 A_1 以下称为"过冷奥氏体"。奥氏体的冷却有两种方式：等温冷却与连续冷却。等温冷却是钢奥氏体化后，快速冷却到相变温度 A_1 以下某一温度，并等温停留一段时间，使过冷奥氏体发生转变，然后再冷却到室温；连续冷却是钢奥氏体化后，以不同冷却速度连续冷却到室温，在冷却的过程中过冷奥氏体发生转变。过冷奥氏体冷却时，因转变温度或冷却速度不同，转变产物不同。

4.3.1 转变产物及性能

奥氏体过冷到 A_1 以下不同的温度时会发生不同的转变。按转变温度的高低和组织形态不同，过冷奥氏体的转变分为三种：珠光体转变、贝氏体转变、马氏体转变。下面以共析钢的过冷奥氏体转变为例说明三种转变过程、转变产物及性能。

1. 珠光体转变

奥氏体的珠光体转变发生在高温区间（ $A_1 \sim 550℃$ ），由过冷奥氏体转变为层片状的珠光体。且温度越低，珠光体组织越细，称为索氏体（S）或托氏体（T）。

珠光体转变是扩散型相变，要进行铁、碳原子的扩散和晶格改组。其转变过程也是通过形核和核长大来完成的，如图4-5所示。由于晶界处存在着能量、结构、成分上的不同，优先在奥氏体晶界形成渗碳体小片状晶核，渗碳体碳含量较高，它的形成造成其周围奥氏体中碳含量降低，促进铁素体形成，而铁素体的形成又促使其周围富碳，促进渗碳体形成。如此反复进行，会形成许多铁素体与渗碳体片层相间的珠光体。同时晶界上其他部分也在这样不断地形成珠光体，最后奥氏体全部转变为珠光体。

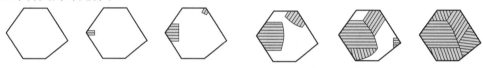

图4-5 奥氏体的珠光体转变过程

在 $A_1 \sim 650℃$ 范围内，因转变温度较高，过冷度较小，故得到铁素体与渗碳体相间的、片层间距较大的珠光体；在 $650 \sim 600℃$ 范围内，因过冷度增大，转变速度加快，得到片层间距较小的细珠光体，即索氏体（S）；在 $600 \sim 550℃$ 范围内，因过冷度更大，转变速度更快，得到片层间距更小的极细珠光体，即托氏体（T）。

珠光体、索氏体、托氏体并无本质区别，均为铁素体与渗碳体片层相间的机械混合物，只是形态上层间距不同，如图4-6所示。珠光体、索氏体、托氏体的片间距依次变小，其硬度依次增大，分别为 $5 \sim 25HRC$、$25 \sim 35HRC$、$35 \sim 40HRC$。

a) 珠光体400×　　　　　　b) 索氏体2000×　　　　　　c) 托氏体12000×

图4-6 共析钢的珠光体转变组织

2. 贝氏体转变

奥氏体的贝氏体转变发生在中温区间（ $550℃ \sim Ms$ ），过冷奥氏体转变为贝氏体（B），且在 $550 \sim 350℃$ 时为上贝氏体（ $B_上$ ），在 $350℃ \sim Ms$ 时为下贝氏体（ $B_下$ ）。贝氏体是含碳过饱和的铁素体和碳化物的混合物，贝氏体转变时只发生碳原子的扩散，铁原子不扩散，因此贝氏体转变是半扩散性转变。

上贝氏体为羽毛状，它由成束平行的过饱和的铁素体和片间断续分布的细条状渗碳体组成，如图4-7a所示。在光学显微镜下铁素体呈黑色，渗碳体呈亮白色，整体上像羽毛状，如图4-7b

所示。上贝氏体组织中，渗碳体分布在铁素体条间，使条间易发生脆性断裂，因此上贝氏体较脆，基本无实用价值。

a) B$_上$特征示意图　　b) B$_上$照片

图 4-7　上贝氏体组织示意图

下贝氏体为竹叶状，它由含碳过饱和的针片状铁素体和针片内弥散分布的 $\varepsilon - Fe_{2\sim3}C$ 细片组成，如图 4-8a 所示。在光学显微镜下呈黑色针片状，如图 4-8b 所示。下贝氏体组织中针片状铁素体细小而且无方向性，碳的过饱和度大，ε 碳化物弥散沉淀在针片状铁素体内，因此下贝氏体的强度、硬度、塑性、韧性均较好（如共析钢下贝氏体的硬度为 45~55HRC）。

3. 马氏体转变

奥氏体快速过冷到一定温度（Ms）以下，则转变为马氏体（M）。

钢热处理冷却时奥氏体变为马氏体视频

由于过冷度很大，转变温度低，铁、碳原子均不能扩散，只有依靠铁原子做短距离移动来完成 $\gamma - Fe$ 的晶格向 $\alpha - Fe$ 的晶格切变改组。另外，马氏体形成速度极快，使原来固溶于奥氏体中的碳来不及析出，被全部保留在 $\alpha - Fe$ 晶格中，即过冷奥氏体直接转变为碳在 $\alpha - Fe$ 中的过饱和固溶体，即马氏体。马氏体中的碳含量与原来奥氏体中的碳含量相同。由于马氏体中碳的过饱和，形成的是马氏体的体心正方晶格，如图 4-9 所示。

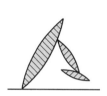

a) B$_下$特征示意图　　b) B$_下$照片

图 4-8　下贝氏体组织示意图

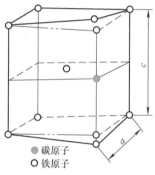

● 碳原子
○ 铁原子

图 4-9　马氏体的体心正方晶格

马氏体组织形态主要有针片状和板条状两种。其组织形态主要取决于奥氏体的碳含量，当 $w_C > 1.0\%$ 时，形成针片状高碳马氏体，其立体形态呈双凸透镜状，在显微镜下看到的是截面形态，故呈片状或针状，如图 4-10 所示。当 $w_C < 0.20\%$ 时，形成板条状低碳马氏体，其立体形态呈细长条状，成群相互平行地定向排列，故在显微镜下看是一束束细长板条状组织，如

M片

a) 组织示意图　　　b) 组织照片

图 4-10　针片状马氏体显微组织

图 4-11 所示。若 $0.20\% < w_C < 1.0\%$，形成针片状和板条状的混合组织。

马氏体的强度、硬度主要取决于马氏体的碳含量，如图 4-12 所示。马氏体强度、硬度随马氏体碳含量的增加而升高，尤其是碳含量较低时增加比较明显，当马氏体中 $w_C > 0.6\%$ 以后就趋于平缓。

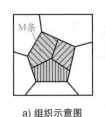

a) 组织示意图　　b) 组织照片

图 4-11　板条状马氏体显微组织

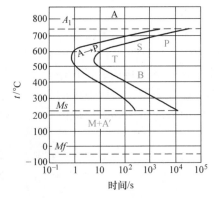

图 4-12　马氏体的强度、硬度与碳含量的关系

马氏体的塑性和韧性也与马氏体碳含量有关。针片状高碳马氏体的塑性和韧性很差，而板条状低碳马氏体有良好的塑性和韧性，强韧性好，且韧脆转变温度低。可见，针片状马氏体的性能特点是硬度高而脆性大；而板条状马氏体不仅具有较高的强度和硬度，还具有良好的塑性和韧性。

4.3.2　等温冷却转变

奥氏体冷却至临界温度 A_1 以下处于不稳定状态，经过一个孕育期后会发生转变。将加热奥氏体化后的钢快速冷却到 A_1 以下不同的温度，分别测出各温度下，过冷奥氏体转变的开始时间、终止时间，将这些时间点标在温度－时间坐标图上，并把各转变开始点和转变终了点分别用光滑曲线连起来，便得到钢的过冷奥氏体等温转变曲线图。由于其曲线形状与字母"C"相似，故又称为C曲线。图4-13所示为共析钢的等温转变曲线图，图中左边一条曲线为过冷奥氏体等温转变开始线，右边一条曲线为过冷奥氏体等温转变终止线。A_1 线以上是奥氏体稳定区；A_1 线以

图 4-13　共析钢的等温转变曲线图

下，转变开始线以左是过冷奥氏体存在区；A_1 线以下，转变终止线以右是转变产物区；转变开始线和转变终止线之间是过冷奥氏体和转变产物共存区。

在一定温度下，转变开始线以左的那段时间为孕育期，孕育期越长，过冷奥氏体越稳定，反之，越不稳定。共析钢等温转变图中曲线拐弯处（或称鼻尖）约为550℃，孕育期最短，过冷奥氏体最不稳定，转变速度最快。Ms 称为上马氏体点（或 Ms 点），是指钢经奥氏体化后快速冷却时，过冷奥氏体产生马氏体转变的开始温度；Mf 称为下马氏体点（或 Mf 点），是指钢快速冷却时过冷奥氏体产生马氏体转变的终止温度。从 Ms 点到 Mf 点，马氏体量不断增多，到 Mf 点时全部转变为马氏体。符号 A′ 表示残留奥氏体，是指钢快速冷却马氏体转变至室温时残存的奥氏体。

A_1 点至 C 曲线鼻尖区间的高温转变是珠光体型转变，转变产物是珠光体 P、索氏体 S、托氏体 T；C 曲线鼻尖至 Ms 点区间的中温转变是贝氏体型转变，转变产物是贝氏体 B，较高温时，为 $B_上$，较低温度时为 $B_下$；Ms 点以下的低温转变是马氏体型转变，转变产物是马氏体。

4.3.3　连续冷却转变

钢在实际热处理时，其奥氏体的冷却方式主要有炉冷（退火）、空冷（正火）、水或油或盐浴等液体介质冷（淬火），属于连续冷却方式，转变产物应根据其连续冷却转变图来判断。但由于连续冷却转变图的测定比较困难，而且有些使用较广泛的钢种的连续冷却转变图至今尚未被测出，所以目前生产中常应用等温转变图定性地、近似地来分析奥氏体在连续冷却中的转变。

将钢热处理时的连续冷却速度曲线画在等温转变曲线图上，根据其与图上 C 曲线相交的位

置，可估计出连续冷却转变的产物。图 4-14 所示为共析钢等温转变曲线图及各种连续冷却速度曲线，图中 v_1 相当于随炉冷退火，其相交于 C 曲线上部，故转变产物为珠光体；v_2 相当于空冷正火，其相交于 C 曲线上部较低的温度，转变产物为索氏体；v_3 相当于油冷淬火，其与 C 曲线上部较低温度处的转变开始线相交，未与转变终了线相交，部分过冷奥氏体转变为托氏体，其余的被过冷到 Ms 点以下转变为马氏体，最后得到托氏体与马氏体和残留奥氏体的混合组织；v_4 相当于水冷淬火，其与 Ms 线相交，得到马氏体和残留奥氏体组织；v_k 与 C 曲线的鼻尖相切，是共析钢淬火得到马氏体的临界冷却速度。

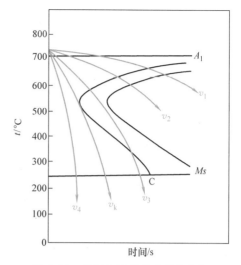

图 4-14　共析钢等温转变曲线图及
各种连续冷却速度曲线

4.4　钢的退火与正火

退火与正火主要用于消除铸造、锻造、焊接等加工过程中产生的应力和某些缺陷，为随后的切削加工或最终热处理作组织上的准备。退火与正火一般安排在铸造、锻造、焊接之后，粗加工之前，属于钢的预备热处理；对于某些性能要求不高的零件，退火与正火也可作为最终热处理。

4.4.1　退火与正火的作用

1）降低或调整钢件硬度，提高塑性，以利于随后的切削加工或塑性变形加工（冲压、拉拔等）。铸造、锻造、焊接等热加工工件，由于冷却速度较快，一般硬度较高，不易切削加工，退火或正火后可降低硬度。

2）消除残余应力，以稳定钢件尺寸并防止其变形和开裂。退火或正火可消除铸造、锻造、焊接等工件的残余应力，稳定工件尺寸并减少淬火时的变形和开裂倾向。

3）细化晶粒，均匀成分，改善组织，提高钢的力学性能。铸造、锻造、焊接等工件中往往存在晶粒粗大或带状组织等缺陷，退火或正火可使晶粒细化。另外，退火或正火还可消除偏析，使成分均匀。晶粒细化及成分的均匀化可提高钢的力学性能并为最终热处理（淬火、回火等）作组织上的准备。

4.4.2　退火工艺

退火是将工件加热到适当温度，保持一定时间，然后随炉缓慢冷却以获得稳定的组织的一种热处理工艺方法。退火的方法较多，根据钢的成分与退火工艺目的的不同，常用的退火方法有完全退火、球化退火和去应力退火等。

1. 完全退火

完全退火是将亚共析钢工件加热到 Ac_3 以上 20～50℃，保温一定时间，随炉缓慢冷却到 600℃ 左右时，再出炉在空气中冷却的工艺方法。钢的退火及正火加热温度如图 4-15 所示。完全退火后的组织与其平衡组织相似，为铁素体和珠光体。可降低钢的硬度，提高加工性能；细化组织，改善力学性能；

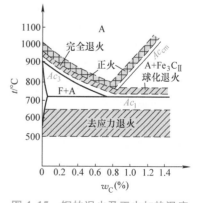

图 4-15　钢的退火及正火加热温度

消除内应力，防止变形和开裂。完全退火主要用于亚共析钢的铸件、锻件、焊件等。

2. 球化退火

球化退火是将过共析钢加热到 Ac_1 以上 20 ~ 30℃，充分保温后随炉缓冷到 600℃ 以下再出炉空冷的工艺方法。加热温度如图 4-15 所示。球化退火后钢中的片状渗碳体和网状二次渗碳体变为粒状，组织为粒状渗碳体弥散分布在铁素体基体上，称为粒状珠光体，如图 4-16 所示。球化退火后钢的硬度降低，改善了切削加工性。另外，球化退火后组织均匀，可为后续的热处理做好组织准备。若钢中存在有严重的网状二次渗碳体，应在球化退火前进行一次正火。球化退火主要适用于共析钢、过共析钢。

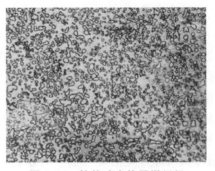

图 4-16 粒状珠光体显微组织

3. 去应力退火

去应力退火是将工件加热到 500 ~ 600℃，保温后随炉缓冷至 200℃ 以下出炉空冷。加热温度如图 4-15 所示。由于加热温度低于 Ac_1，故钢在去应力退火过程中不发生组织变化。可消除工件由于塑性变形加工、切削加工或焊接造成的应力以及铸件内存在的残余应力。

去应力退火主要用于消除铸件、锻件、焊件、切削加工件的残余应力，稳定尺寸，减小变形，对于形状复杂和壁厚不均匀的零件尤为重要。

4.4.3 正火工艺

正火是指将亚共析钢加热到 Ac_3 以上 30 ~ 50℃，过共析钢加热到 Ac_{cm} 以上 30 ~ 50℃，使钢完全奥氏体化，保温一定时间后在空气中冷却的热处理工艺。加热温度如图 4-15 所示。亚共析钢正火后的组织接近平衡组织，为铁素体和珠光体，但珠光体的数量较多且珠光体片间距较小。过共析钢正火后的组织为珠光体和少量网状二次渗碳体。与退火相比，正火冷却速度稍快，所得到的组织比较细小，强度、硬度、韧性等比退火高一些，45 钢退火及正火后力学性能的比较见表 4-2。另外，正火生产周期短、生产率高、成本低，生产中一般优先采用正火工艺。

表 4-2 45 钢退火及正火后力学性能的比较

状态	R_m/MPa	A（%）	a_K/（J/cm²）	HBW
退火	650 ~ 700	15 ~ 20	40 ~ 60	180
正火	700 ~ 800	15 ~ 20	50 ~ 60	220

正火的应用主要有以下几个方面。

1）提高低碳钢和低碳合金钢的硬度，改善切削加工性。低碳钢和低碳合金钢退火后铁素体所占比例较大，硬度偏低，切削加工时都有"粘刀"现象，而且表面粗糙度值都较大。通过正火能适当提高硬度，改善切削加工性。因此，低碳钢、低合金钢都选择正火作为预备热处理；而 $w_C > 0.5\%$ 的中高碳钢、合金钢都选择退火作为预备热处理。

2）消除过共析钢中的网状渗碳体，并细化珠光体组织，为球化退火做组织准备。对于过共析钢，正火加热到 Ac_{cm} 以上，可使网状渗碳体充分溶解到奥氏体中，空气冷却时渗碳体来不及析出，因而消除了网状渗碳体组织，同时细化了珠光体组织，有利于以后的球化处理。

3）对使用性能要求不高的结构零件可细化组织提高力学性能，作为最终热处理。对一些大型或形状较复杂的零件，淬火时容易开裂，可用正火代替调质处理，作为这类零件的最终热处理。

4.5 钢的淬火与回火

淬火是将工件加热到 Ac_3 或 Ac_1 以上某一温度，保温一定时间后快速冷却，获得马氏体或贝氏体组织的热处理工艺。是强化钢最重要的热处理方法。因此重要的结构件，特别是承受较大载荷和剧烈摩擦的零件，以及各种工具等都要进行淬火。

淬火马氏体在不同回火温度下可获得不同组织，从而使钢具有不同的力学性能，以满足各类工具或零件的使用要求。在淬火之后必须配以适当的回火工艺。

4.5.1　淬火的作用

淬火的主要作用是得到马氏体（或贝氏体）组织，提高钢的硬度、强度和耐磨性等。

4.5.2　淬火工艺

1. 淬火加热温度

碳素钢淬火加热温度范围如图 4-17 所示。亚共析钢淬火加热温度一般为 Ac_3 + （30 ~ 50℃），以得到全部细小的奥氏体晶粒，淬火后组织为均匀细小的马氏体和残留奥氏体。若加热温度在 Ac_1 ~ Ac_3 之间，淬火后组织中将有一部分铁素体存在，使钢的淬火硬度降低；若加热温度超过 Ac_3 过高时，奥氏体晶粒粗化，淬火后得到粗大的马氏体组织，钢的性能变差，淬火应力增大，导致工件变形和开裂。共析钢和过共析钢的淬火加热温度为 Ac_1 + （20 ~ 30℃），淬火后共析钢得到细小马氏体和残留奥氏体组织，过共析钢为细小马氏

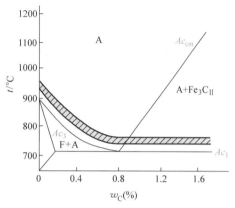

图 4-17　碳素钢淬火加热温度范围

体和少量粒状渗碳体和残留奥氏体组织，粒状渗碳体的存在可提高钢的硬度和耐磨性。若加热温度在 Ac_{cm} 以上，由于渗碳体全部溶入奥氏体中，提高了奥氏体的碳含量，淬火后残留奥氏体量增多，钢的硬度和耐磨性将会降低；另外，因奥氏体晶粒粗化，淬火后得到粗大马氏体，使钢的脆性增大。

2. 淬火冷却介质

淬火冷却介质是指工件淬火时所用的介质。淬火冷却速度必须大于临界冷却速度 v_k，才能得到马氏体组织，但快冷会带来较大的内应力，往往引起工件的变形或开裂。选用合适的冷却介质，可得到合理的冷却速度，既保证得到马氏体，又不使冷却速度太大而导致工件变形或开裂。常用的冷却介质有水、油、盐水等。

水的冷却能力较强而且价格便宜应用较多，但只能用于形状简单、截面尺寸较小的碳素钢工件。油（矿物油或植物油）的冷却能力较弱，主要用于过冷奥氏体稳定的合金钢或尺寸较小的碳素钢工件，应用也较广泛。盐水是在水中加入 5% ~ 15% 的食盐得到的盐溶液，冷却能力比水强，淬火后硬度较高，主要用于形状简单、硬度要求较高、变形要求不严的碳素钢零件，如螺钉、销、垫圈等。

3. 淬火工艺方法

（1）单液淬火（水淬或油淬）

单液淬火是指将工件加热奥氏体化后浸入某一种冷却介质中冷却的淬火工艺，冷却速度线如图 4-18 中①所示。这种方法操作简便，易实现机械化和自动化，但易产生变形和开裂。形状简单的碳素钢件一般采用水中淬火，而合金钢件和尺寸较小的碳素钢件一般在油中淬火。

（2）双液淬火

双液淬火是指将工件加热奥氏体化后先浸入冷却能力强的介质，在组织即将发生马氏体转变时立即转入冷却能力弱的介质中冷却的淬火工艺，冷却速度线如图 4-18 中

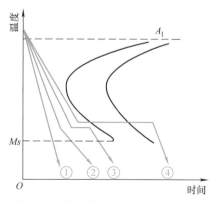

图 4-18　常用淬火方法的冷速示意图

②所示。例如,碳素钢先水冷后油冷、合金钢先油冷后空冷等。这种方法由于在水中的停留时间不易控制,操作不便。主要用于形状复杂的高碳钢件和尺寸较大的合金钢件淬火。

（3）分级淬火

分级淬火是指将工件加热奥氏体化后浸入温度稍高或稍低于 Ms 点的盐浴或碱浴中保持较短时间,在工件整体达到介质温度后取出空冷以获得马氏体的淬火工艺,冷却速度线如图4-18中③所示。这种方法易于操作,能够减小工件中的热应力,并缓和相变产生的组织应力,可有效地防止工件的变形和开裂。这种方法主要用于尺寸较小、形状较复杂工件的淬火。如钻头、丝锥等小型刀具和小型模具等。

（4）等温淬火

等温淬火是指将工件加热奥氏体化后在温度稍高于 Ms 点的盐浴或碱浴中快冷到贝氏体转变温度区间,等温保持一定时间,使奥氏体转变为贝氏体的淬火工艺,如图4-18中④所示。等温淬火后的工件淬火应力较小,工件不易变形和开裂,具有较高的强度和韧性,但生产周期长,效率低。主要用于处理形状复杂和尺寸要求精确,强度、韧性要求较高的各种中、高碳钢和合金钢制造的小型复杂工件,如各种模具、刀具、螺栓、弹簧等。

（5）局部淬火

有些工件只要求局部具有高硬度,这时可进行局部加热淬火,以避免工件其他部位产生变形和开裂。图4-19所示为卡规的局部淬火法。

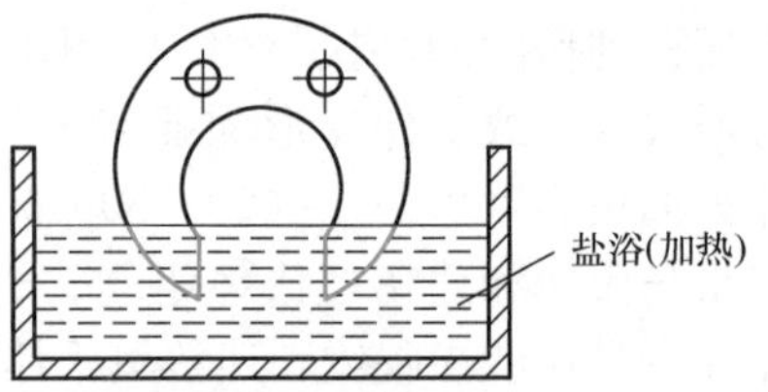

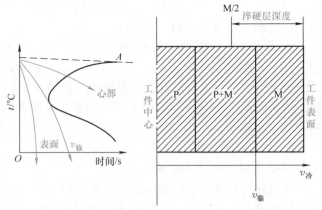

图4-19 卡规的局部淬火法

（6）冷处理

一般钢种的 Mf 点在 $-60℃$ 左右,因此淬火后到室温钢中有不稳定的残留奥氏体组织,会影响其在使用中的尺寸稳定性。对于量具、精密轴承、精密丝杠、精密刀具等工件,在淬火之后应进行一次冷处理,即把淬冷至室温的钢继续冷却到 $-80 \sim -70℃$,保持一段时间,使残留奥氏体转变为马氏体,可提高钢的硬度,并稳定工件尺寸。获得低温的办法是采用干冰（固态 CO_2）和酒精的混合剂或冷冻机冷却。

4. 淬透性与淬硬性

（1）淬透性

淬透性是指在规定条件下钢试样的淬硬层深度,是指钢淬火时获得马氏体的能力。

淬透性可用在规定条件下的有效淬硬层深度来表示。有效淬硬层深度是指从淬硬的工件表面（组织全部为马氏体）至规定硬度值处（硬度一般为550HV,组织为一半马氏体）的垂直距离,图4-20所示为淬硬层深度示意图。

图4-20 淬硬层深度示意图

淬透性也可用临界直径来表示（钢制圆柱试样在某种介质中快冷后,中心得到全部或50%马氏体组织的最大直径）。

淬透性是钢本身固有的属性,由其内部成分决定,主要取决于钢中合金元素的种类和含量,大多数合金元素都能显著提高钢的淬透性。

在选用材料和制订热处理工艺时,经常要考虑淬透性。若工件整个截面未被淬透,则工件表面和心部的组织及性能就不均匀,心部未淬透部分的性能就达不到要求。因此对大截面重要零件，以及轴向承受拉应力或压应力或交变应力、冲击载荷的连杆、螺柱、锻模、锤杆等，应选用淬透性高的钢。对承受交变弯曲应力、扭应力、冲击载荷和局部磨损的轴类零件，其表面受力很大，心部受力较小，不要求全部淬透，可选用淬透性较低的钢。焊接件一般选用淬透性低的钢，否则易在焊缝和热影响区出现淬火组织，导致变形和开裂。承受交变应力和振动的弹簧，为防止心部淬不透，导致工作时产生塑性变形，应选用淬透性高的钢。

（2）淬硬性

淬硬性是指钢在理想条件下淬火所能达到的最高硬度，即淬火后得到的马氏体的硬度。

淬硬性主要取决于钢的碳含量。碳含量越多，淬火加热时固溶于奥氏体中的碳含量越多，所得马氏体的碳含量越高，钢的淬硬性越高。

钢的淬硬性、淬透性是两个不同的概念。淬硬性高的钢，不一定淬透性就高，如低碳合金钢的淬透性相当好，但它的淬硬性却不高；再如高碳工具钢的淬透性较差，但它的淬硬性很高。零件的淬硬层深度与淬透性也是不同的概念，淬透性是钢本身的特性，与其成分有关，而淬硬层深度是不确定的，它除了取决于钢的淬透性外，还与零件形状及尺寸、冷却介质等外界因素有关。例如，同一钢种在相同的奥氏体化条件下，水淬要比油淬的淬硬层深，小件要比大件的淬硬层深。

淬硬性对选材及制订热处理工艺也具有指导作用。对要求高硬度、高耐磨性的工模具可选用淬硬性高的高碳钢、高碳合金钢；对要求高综合力学性能的轴类、齿轮类等零件选用淬硬性中等的中碳钢、中碳合金钢；对要求高塑性的焊接件等选用淬硬性低的低碳钢、低碳合金钢。

4.5.3　回火的作用

回火是将工件淬火后，重新加热到 Ac_1 以下某一温度，保温一定时间，然后冷却到室温的热处理工艺。回火一般采用在空气中缓慢冷却。淬火后钢的组织主要由马氏体和少量残留奥氏体组成（高碳钢中还有未溶碳化物），其内部存在很大的内应力，脆性大，韧性低，一般不能直接使用，必须进行回火。

回火可减少和消除淬火时产生的淬火应力、降低脆性、稳定组织与尺寸，以减小工件变形及开裂；回火可获得强度和韧性之间的不同配合，达到工件所要求的不同使用性能。

4.5.4　回火工艺

淬火后的钢在不同温度下回火的组织和性能不同，根据回火温度范围将回火分为三种：低温回火、中温回火和高温回火。

1. 低温回火

低温回火温度在 150～250℃，由于温度较低，马氏体中仅析出了一部分过饱和的碳原子，变成由过饱和度较低的 α 相与极细的 ε 碳化物所组成的混合组织，称为回火马氏体。回火马氏体的形态与淬火马氏体区别不大，但回火马氏体因为易腐蚀，组织为暗黑色。图 4-21 所示为 T12 钢的回火马氏体组织。

回火马氏体保持了淬火组织的高硬度和耐磨性，降低了淬火应力，减小了钢的脆性。低温回火主要用于高碳钢、合金工具钢制造的刃具、量具、模具、滚动轴承等高硬度要求的工件，回火硬度为 58～64HRC。

2. 中温回火

中温回火温度在 350～500℃，此时碳原子的扩散能力增强，铁原子也恢复了扩散能力，马氏体分解和残留奥氏体分解析出的碳逐渐向稳定的渗碳体转变，到 400℃时全部转变为极其细小的球状颗粒渗碳体。马氏体中碳的质量分数不断降低，马氏体的晶格畸变消失，淬火应力大大降低，马氏体转变为铁素体，但仍保持针状。于是，得到由针状铁素体和极其细小的球状渗碳体组成的组织，称为回火托氏体，图 4-22 所示为 45 钢的回火托氏体组织。

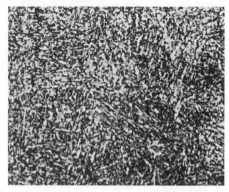

图 4-21　T12 钢的回火马氏体组织　　　　　图 4-22　45 钢的回火托氏体组织

回火托氏体硬度有所下降，塑性、韧性得到提高，具有较高的弹性。中温回火主要用于中、高碳钢制作的卷簧、板簧等弹簧类工件，也用于一些热作模具（如热锻模、压铸模等），回火硬度为 35～45HRC。

3. 高温回火

高温回火温度为 500～650℃，由于回火温度高，碳原子和铁原子均具有较强的扩散能力，析出的高度弥散分布的渗碳体逐渐聚集长大，α 相逐渐发生再结晶，使铁素体失去原来的板条状或片状，转变成多边形晶粒，淬火应力完全消除。这种在多边形铁素体基体上分布着球粒状渗碳体的组织，称为回火索氏体，图 4-23 所示为 45 钢的回火索氏体组织。

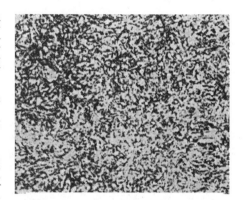

图 4-23　45 钢的回火索氏体组织

回火索氏体硬度明显下降，强度较高，有良好的塑性和韧性，即具有良好的综合力学性能。工件经淬火后再进行高温回火的热处理工艺称为调质处理。高温回火主要用于中碳钢制作的各种重要结构件，如轴、连杆、螺栓、齿轮等，回火硬度为 25～35HRC。中碳钢调质后的各种力学性能均高于正火，具体见表 4-3。

表 4-3　45 钢（$\phi20～\phi40mm$）正火和调质后的力学性能

热处理方法	力　学　性　能				组　织
	R_m/ MPa	A（%）	KV/J	HBW	
正　火	700～800	15～20	40～64	163～220	珠光体＋铁素体
调　质	750～850	20～25	64～96	210～250	回火索氏体

4.6　钢的表面热处理

许多在动载荷及摩擦条件下工作的零件，如齿轮、凸轮轴等，它们的表面或轴颈部分应具有高的硬度和耐磨性，而心部则应具有高的强度和韧性。要满足这种要求，单从选材上考虑是很困难的。若采用高碳钢，则心部韧性不足；若采用低碳钢，则表面硬度低而不耐磨。为此，工业上常常对零件进行表面热处理。

表面热处理是通过改变工件表层组织以改变表面性能的热处理工艺，主要有表面淬火和渗碳、渗氮等化学热处理。表面淬火是不改变工件表层化学成分，只改变表层组织和性能的热处理工艺；化学热处理是既改变工件表层化学成分又改变表层组织和性能的热处理工艺。

4.6.1　表面淬火

表面淬火是通过快速加热，使钢表面奥氏体化并立即快冷获得马氏体，以提高钢的表面硬度的一种特殊淬火工艺。目的是使工件获得表硬心韧的性能，主要用于要求表面有高的强度、硬度和耐磨性，而心部具有足够的强度、塑性和韧性的零件，如齿轮、曲轴、凸轮轴等。根据加热方式的不同，表面淬火主要有：感应淬火、火焰淬火等。

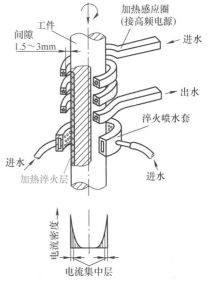

图 4-24　感应淬火示意图

1. 感应淬火

感应淬火是利用感应电流通过工件所产生的热量，使工件局部或整体表层加热，然后快速冷却的淬火工艺。

（1）感应淬火的基本原理

图 4-24 为感应淬火示意图。将工件放入铜管制成的感应器中，当一定频率的交流电通入感应器时，其内部及周围产生交变磁场，使工件中产生同频率的感应电流，此电流在工件内自成回路，故称为"涡流"。由于"集肤效应"的存在，"涡流"在工件截面上分布不均匀，表面密度大，心部密度小，使工件表面层迅速被加热到淬火温度，而心部温度仍接近于室温，在随即喷水快冷后，工件表面层得到马氏体组织。

（2）感应淬火的特点

① 与普通淬火相比，感应淬火的生产率高。感应淬火的加热速度极快（一般仅需几秒到几十秒）。②工件性能高，加热温度高（高频感应淬火为 Ac_3 以上 $100 \sim 200℃$），时间短，奥氏体晶粒均匀细小，淬火后表面层得到细小马氏体，硬度比普通淬火高 $2 \sim 3$HRC，且脆性较低，而心部仍保持原来的退火、正火或调质组织，塑性、韧性较好，工件表层的残留应力使疲劳强度提高，工件表层不易氧化和脱碳，变形小。③淬硬层深度易控制，易实现机械化和自动化。④感应加热设备昂贵，维修、调整比较困难，形状复杂的工件不易制造感应器，且不适于单件生产。

（3）感应淬火的分类与应用

感应加热的交流电频率越高，表层感应电流越大，表层越薄。按交流电频率，感应淬火有以下三种：

1）高频感应淬火。电流频率为 $100 \sim 500$kHz，淬硬层深度为 $0.5 \sim 2$mm。适用于淬硬层较薄的中、小模数齿轮和中、小尺寸的轴类零件等。

2）中频感应淬火。电流频率为 $500 \sim 10000$Hz，淬硬层深度为 $2 \sim 10$mm。适用于大、中模数齿轮和较大直径轴类零件等。

3）工频感应淬火。电流频率为 50Hz，淬硬层深度为 $10 \sim 20$mm。适用于大直径轧辊、火车车轮等零件的表面淬火和穿透加热。

感应淬火主要用于中碳钢和中碳合金钢制造的中小型工件的成批生产，也可用于高碳工具钢、低合金工具钢和铸铁等工件。中碳钢淬火剂用水；合金钢可用聚乙烯醇水溶性淬火剂，若用油淬火，以埋入油中淬火较为安全，喷油很易着火。

为保证零件心部有良好的强韧性，并使淬火表面获得均匀的高硬度和耐磨性，通常表面淬火前进行正火或调质处理。为降低淬火应力和脆性，感应淬火后需要进行低温回火，生产中有时采用自回火法，即当工件淬火冷至 $200℃$ 左右时，停止喷水，利用工件中的余热达到回火的目的。

2. 火焰淬火

火焰淬火是利用氧－乙炔火焰（最高温度达3000℃）或其他可燃气火焰，使工件表层快速加热，随后喷水快速冷却的表面淬火方法，火焰淬火示意图如图4-25所示。

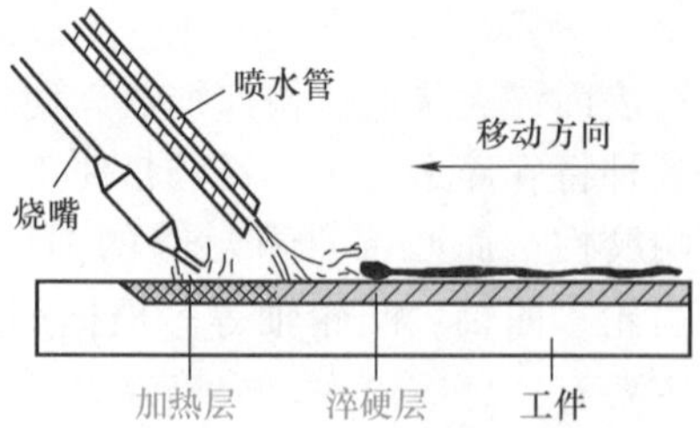

火焰淬火的淬硬层深度一般为2~6mm，若淬硬层过深，往往使工件表面严重过热，产生变形与裂纹。

火焰淬火操作简便，设备简单，成本低，灵活性大。但生产率低，加热温度不易控制，工件表面易过热，质量不稳定。适用于中碳钢及中碳合金钢，单件小批生产的大型工件和需要局部淬火的工具或零件，如大型齿轮、车轮、大轴轴颈、轨道等。

图4-25　火焰淬火示意图

火焰表面淬火动画

4.6.2　渗碳

渗碳是将低碳钢（$w_C \approx 0.1\% \sim 0.25\%$）工件在渗碳介质中加热、保温，使碳原子渗入工件表层，以提高表层的碳含量，并形成一定碳浓度梯度的化学热处理工艺。

1. 渗碳的作用

渗碳后进行淬火＋低温回火可提高工件表层硬度和耐磨性，并保持心部良好的韧性，达到表硬心韧的目的。

2. 渗碳的工艺方法

渗碳最常用的是气体渗碳，是将工件置于含碳气体中进行的渗碳，目前用得较多的是滴注式渗碳，图4-26所示为气体渗碳电炉外形，图4-27所示为气体渗碳电炉内部结构示意图。将工件置于密封的渗碳炉中加热至900~950℃，并向炉内滴入煤油、苯、甲醇、丙酮等有机液体渗碳剂，这些物质在高温下发生分解反应，产生活性碳原子［C］，即

$$2CO \rightarrow CO_2 + [C]$$
$$CH_4 \rightarrow 2H_2 + [C]$$
$$CO + H_2 \rightarrow H_2O + [C]$$

活性碳原子［C］被工件表面吸收而溶于高温奥氏体中，并向内部扩散形成具有一定碳浓度梯度的、一定深度的渗碳层。气体渗碳速度平均为0.2~0.5mm/h。

图4-26　气体渗碳电炉外形

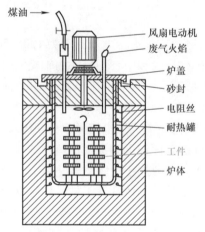

图4-27　气体渗碳电炉内部结构示意图

气体渗碳生产率相对较高，渗碳过程容易控制，渗碳层质量好，劳动条件较好，易实现机械化和自动化。但设备成本高，不适宜单件、小批生产，在大批量生产中应用广泛。

3. 渗碳钢组织及性能

低碳钢渗碳后，表面可达到 1%（质量分数）左右的高碳含量，从表面向工件内部，碳浓度逐渐降低，直至钢的原始碳含量。低碳钢渗碳缓冷（渗碳退火）后的组织如图 4-28 所示，表层为过共析组织（珠光体 + 网状二次渗碳体），与其相邻内层为共析组织（珠光体），再往里为亚共析组织的过渡层（珠光体 + 铁素体），心部为原低碳钢亚共析组织（铁素体 + 少量珠光体）。

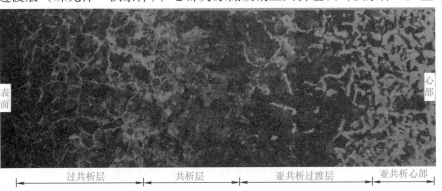

图 4-28　低碳钢渗碳退火后的组织

渗碳层表面的 $w_C = 0.85\% \sim 1.05\%$ 为最佳。碳含量过低时，耐磨性差，疲劳抗力小。碳含量过高时，组织中易出现网状或块状渗碳体，渗碳层变脆，易剥落，同时残留奥氏体含量过大，对耐磨性和疲劳强度也不利。渗碳层厚度应根据零件工作条件和具体尺寸来确定，一般为 $0.5 \sim 2.5\text{mm}$。渗碳层太薄时，易产生表面疲劳剥落；太厚时承受冲击载荷的能力降低。工作中磨损轻、接触应力小时，渗碳层可以薄些。

工件经渗碳后必须进行淬火和低温回火，最后的表层组织是回火马氏体、少量细粒状渗碳体和残留奥氏体，硬度为 58 ~ 64HRC，耐磨性好。心部组织取决于淬透性和工件截面尺寸，一般低碳钢心部组织为铁素体和珠光体，硬度为 110 ~ 160HBW，低碳合金钢（如 20CrMnTi 钢）心部组织通常为回火低碳马氏体和铁素体，硬度为 35 ~ 45HRC，有较高的强度、韧性和一定的塑性。

4. 渗碳的应用

渗碳后淬火 + 低温回火主要用于低碳钢、低碳合金钢等制作承受较大冲击载荷和在严重磨损条件下工作的零件，如汽车齿轮、套筒等。

4.6.3　渗氮

渗氮也称氮化，是在一定温度下于一定介质中使氮原子渗入工件表面的化学热处理工艺。常用的渗氮方法是气体渗氮。

1. 渗氮的作用

渗氮可提高工件表面硬度、耐磨性、耐蚀性、耐热性和疲劳强度等。

2. 渗氮的工艺方法

气体渗氮是在气体中进行的渗氮。将工件放入通有氨气（NH_3）的井式渗氮炉中，加热到 $500 \sim 570℃$，使氨气分解出活性氮原子 [N]，反应式为

$$2NH_3 \rightarrow 3H_2 + 2[N]$$

活性氮原子被工件表面吸收，并向内部逐渐扩散形成渗氮层。

一般渗氮层深度为 $0.4 \sim 0.6\text{mm}$，渗氮时间约 20 ~ 50h，生产周期较长。

常用的渗氮钢是含有与氮亲和力大的铬、钼、铝等合金元素的钢，如 38CrMoAlA、35CrAlA、38CrMo 等，渗氮前需进行调质处理，以改善机加工性能，提高综合力学性能。对工件上不需渗氮的部位应事先进行镀铜或镀锡防渗保护，也可以留出加工余量，渗氮后去除。

3. 渗氮的组织及性能

与渗碳相比，渗氮层中因形成高度弥散、硬度很高的稳定氮化物，工件表面具有很高的硬度（约为 1100～1200HV）和高的耐磨性，而且硬度在 600℃ 左右时无明显下降，热硬性高；渗氮层存在较大的残留压应力，疲劳强度高；渗氮层表面由致密耐腐蚀的氮化物组成，表层耐蚀性高；渗氮温度较低，工件变形小；渗后不需进行淬火，只需精磨或抛光即可。但渗氮层较脆，不能承受冲击；生产周期长（0.3～0.5mm 的渗层，需 30～50h）；需专用渗氮钢，故成本高。

4. 渗氮的应用

渗氮主要用于耐磨性和精度要求很高的精密零件，或承受交变载荷的重要零件以及要求耐热、耐蚀、耐磨的零件，如镗床主轴、高速精密齿轮、高速柴油机曲轴、气缸套筒、阀门和压铸模等。

4.7 钢的热处理新工艺

4.7.1 真空热处理

真空热处理是指将工件在一定真空度的真空炉中加热到所需要的温度，然后在不同介质中以不同冷却速度进行冷却的热处理方法。

真空炉加热升温速度快，而工件传热需要时间，加热时一般采用阶段升温，预热 1～2 次或者控制升温，同时还要适当延长保温时间，保温时间一般为空气炉的 1.5 倍。真空热处理的真空度根据待处理材料选择，要保证热处理后表面光亮，又要注意防止表面元素贫化，对结构钢、不锈钢真空度取 10^{-1}～10Pa，对钛合金取 10^{-2}～10^{-1}Pa。有真空退火、真空淬火、真空回火、真空化学热处理和特种真空热处理等。

真空热处理时工件基本不氧化、不脱碳，可保持零件表面光亮，净化表面；零件脱脂、脱气、无污染，可改善钢的韧性，提高工件使用寿命；真空炉加热均匀，可减少表面和心部的温差，减少应力和变形。真空热处理主要用于优质工模具或重要的结构件。

1. 真空退火

利用真空无氧化的加热效果进行光亮退火，主要用于冷拉钢丝的中间退火（两次拉拔工序间的再结晶退火）、不锈钢的退火及有色金属的退火。

2. 真空淬火

采用真空加热，然后在空气中冷却淬火的真空气淬工艺可大大提高工件的性能，特别是真空高压气淬，可以使工件的表面和心部都达到较高的性能，图 4-29 所示为真空高压气淬炉结构示意图。真空淬火大量用于各种渗碳钢、合金工具钢、不锈钢的淬火，以及各种可时效强化的合金的固溶处理。

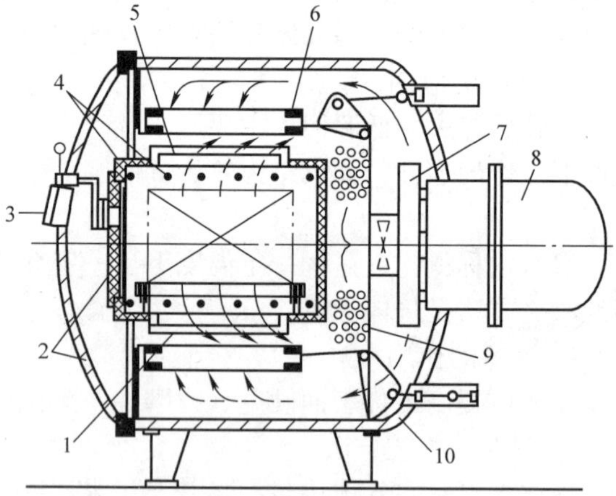

图 4-29 真空高压气淬炉结构示意图

1—下底盘 2—装卸料门 3—观察窗 4—电热元件 5—顶盖 6—气体分配器 7—涡轮鼓风机 8—电动机 9—换热器 10—炉壳

3. 真空渗碳

真空渗碳是近年来在高温渗碳和真空淬火基础上发展起来的一种新工艺，可实现高温渗碳（1000℃），显著缩短渗碳时间，且渗层均匀，碳浓度变化平缓，表面光洁。

4.7.2 形变热处理

形变热处理是将塑性变形与热处理相结合的一种新工艺方法，它能同时获得形变强化和热处理相变强化的综合效果，既可以提高强度，又可以改善塑性和韧性，适用于各种高强度工件及不经机械加工可直接使用的高强度管、板、丝、带、棒等小型型材。形变热处理按形变与相变的先后顺序可分为相变前形变的形变热处理、相变中形变的形变热处理、相变后形变的形变热处理；按形变温度高低可分为高温形变热处理（温度在 A_3 以上，）和低温形变热处理（温度在 A_1 以下）。形变热处理工艺示意图如图 4-30 所示，图中显示了合金钢的等温转变图及形变温度的高低、冷却形式。

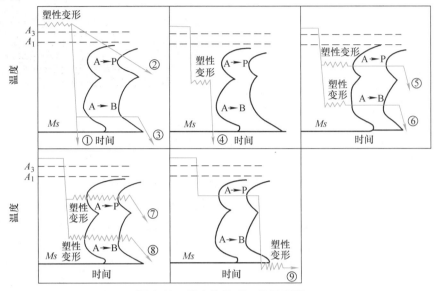

图 4-30 形变热处理工艺示意图

1. 相变前形变的形变热处理

这类形变热处理的冷却曲线与合金等温转变图相交的位置关系如图 4-30 中的曲线①~⑥，形变可以在高温，也可以低温，可以快冷得到马氏体，也可以等温得到珠光体或贝氏体。曲线④是用得较多的形变淬火工艺，将钢加热至奥氏体化后在 400~600℃变形 80%~90%，进行淬火 + 低温回火。相变前的变形细化了奥氏体晶粒，提高了位错密度；相变得到了回火马氏体，从而提高钢的强度、塑性和韧性，该工艺适于对强度要求很高的飞机起落架、板弹簧、模具、火箭壳体等。

2. 相变中形变的形变热处理

这类形变热处理如图 4-30 中的曲线⑦和⑧，曲线⑦的珠光体相变过程中发生了形变，使珠光体中的渗碳体倾向于以颗粒状析出，铁素体中位错密度提高且组织细化，大大提高冲击韧性，适于低中碳的低合金钢。曲线⑧的等温形变热处理工艺得到贝氏体，使强度、塑性和韧性都得到提高，可代替普通等温淬火工艺，用于小轴、小齿轮、弹簧、垫圈、链节等。

3. 相变后形变的形变热处理

图 4-30 中的曲线⑨是将钢丝坯料加热奥氏体化后，通过铅浴使其等温转变为细片状珠光体，随后进行冷拔。大量冷变形使珠光体中的渗碳体和铁素体层片取向与拔丝方向一致，构成了类似复合材料的强化组织，而且珠光体片间距变小，铁素体中位错密度大大提高，从而获得极高的屈服强度。该工艺适于高强度钢丝的铅淬冷拔。

4.7.3 高能束表面淬火

高能束表面热处理主要有激光淬火、等离子淬火、电子束淬火等。

1. 激光淬火

激光淬火是利用高能量（功率密度为 $10^3 \sim 10^5\,\mathrm{W/cm^2}$）的激光束，使工件照射处在很短时间（$10^{-9} \sim 10^{-7}\,\mathrm{s}$）内加热到正常淬火加热温度以上，而工件其他部位仍保持常温状态。当激光束照射点转移后,通过工件本身的热传导而快速 ($10^3 \sim 10^6 ℃/s$) 冷却,使工件表面得到马氏体组织。图4-31所示为大型发电机转子轴颈的激光淬火。

图4-31 大型发电机转子轴颈的激光淬火

与高频感应淬火相比,激光表面淬火的硬化层组织为更细小的马氏体,表面的硬度、耐磨性、疲劳强度高,变形小。为充分发挥激光高能密度热处理的特点,激光硬化层的深度一般为1mm以下。另外激光表面淬火可对拐角、沟槽、不通孔底部、深孔内壁等一般热处理难以处理的部位进行表面淬火。

激光表面淬火主要已用于碳钢、合金钢、铸铁等制作的活塞、气缸套、轧辊等工件。

2. 等离子淬火

直流等离子弧是一种经过压缩了的高温、高能量密度电弧。利用等离子弧的高温射流束,可以快速对金属表面进行加热,达到奥氏体化温度后随着等离子弧的移动,通过工件自身的快速导热而自冷,得到表面马氏体,实现表面淬火硬化。与激光淬火技术相比,具有硬化层厚、质量好、处理速度快、设备简单、成本低等优点,可用于机械设备中一些承受较大摩擦、需要表面耐磨的零件(如轴类、齿轮、模具、工具、气缸套、机床导轨等)的硬化处理,可提高其使用性能,延长使用寿命。

3. 电子束淬火

电子束淬火是将零件放置在高能密度的电子枪下,保持一定的真空度,用电子束流轰击零件表面,在与金属原子碰撞时,电子释放能量,被撞击表面在极短时间($10^{-3} \sim 10^{-1}s$)内被加热到钢的相变温度以上,靠自身激烈冷却进行淬火。

电子束淬火加热速度和冷却速度都很快,在相变过程中,奥氏体化时间很短,故能获得超细晶粒组织。零件热变形极小,不需要再精加工,可以直接装配使用。电子束淬火在真空中进行,无氧化、无脱碳,不影响零件表面粗糙度,表面呈白色。由于电子束的射程长,零件局部淬火部分的形状不受限制,即使是深孔底部和狭小的沟槽内部也能进行淬火。但电子束淬火装置比较复杂,要配以真空泵系统、电子束发生机构、计算机控制电子束定位系统等,设备成本高,且不能用于重负荷零件和大型零件。

4.7.4 智能化热处理

随着计算机及数控技术的不断进步,智能化的热处理技术在生产中的应用越来越广泛,智能化热处理包括热处理的炉温控制、炉内气氛控制、数字模拟热处理工艺等。

1. 炉温控制

如单片机炉温控制系统具有以下功能:人工设定不同的温度参数,实现可变速率、可变时间的升温、保温、降温控制;显示实时炉温、时间;实现超温声光报警、超限切除控制加热电源;用LED实时显示加热过程曲线规律等。

2. 炉内气氛控制

采用数字控制气体渗氮,可实现渗氮工艺全过程的温度、氮势与渗氮时间的自动控制、测量和定期打印,并具有氨气、冷却水压力、温度和氮势超限报警自动断电功能。数字控制气体渗氮工艺可以改善渗氮层的组织和性能;可保持高的渗氮速度,缩短工艺周期,具有明显节电效果,大大降低生产成本;与常规渗氮设备相比,微机控制渗氮设备功能齐全,控制精度高,操作简便，可使渗氮工艺很快达到动态稳定。

3. 数字模拟热处理工艺

采用数字模拟技术可以对渗碳的工艺过程进行模拟。根据待处理零件的信号（钢的化学成分、设计要求的表面硬度、有效硬化层深度等），数控系统选择一个初始的渗碳工艺进行模拟计算，根据计算的浓度分布曲线与期望的优化浓度分布曲线的偏差修正工艺参数（如果深度偏大则缩短渗碳时间，反之则延长渗碳时间；如果浓度分布曲线呈凸起状则提前降碳势，反之则推迟降碳势等），经反复迭代自动寻找到符合待处理零件技术要求的最优化工艺。

4.8　热处理工序的位置及零件的加工工艺路线

4.8.1　热处理工序的位置

热处理工序一般安排在铸、锻、焊等热加工或切削加工的各个工序之间。预先热处理主要有退火、正火等，一般安排在毛坯加工之后、切削加工之前，或粗加工之后、半精加工之前。最终热处理主要有调质、淬火＋低温回火、表面淬火＋低温回火、等温淬火、渗碳、渗氮等，由于处理后硬度高，故一般安排在粗加工之后或半精加工后、磨削加工前。生产中灰铸铁件、铸钢件和某些无特殊要求的锻钢件、焊接件，退火、正火也可作为最终热处理。

4.8.2　各种碳素钢零件的加工工艺路线

各种成分碳钢零件工作性能要求不同，选用的材料不同，故所采用的热处理方式及热处理在零件制造过程中的位置也不同，即零件制造的工艺路线不同。

1. 低碳钢件的加工工艺路线

1）受力较小的工件（如各种机架、容器等，一般为铸件、焊件或冲压件）：毛坯加工→退火（或正火）→切削加工。

2）要求表硬心韧的工件（如受冲击较大的轴、轮等，一般为各种圆钢制造）的工艺路线：下料→锻造→正火→粗加工→半精加工（留防渗余量或镀铜）→渗碳→（切除防渗余量）→淬火、低温回火→磨削。

2. 中碳钢件的加工工艺路线

1）对于综合力学性能要求高的工件（如连杆、螺栓等，一般为各种圆钢、方钢制造），其工艺路线为：下料→锻造→退火（或正火）→粗加工→调质→半精加工→精加工。

2）对于整体综合力学性能及表面耐磨性能要求高的工件（如轴、轮等，一般由各种圆钢制造），其工艺路线有以下 2 种：

① 工艺路线一：下料→锻造→退火（或正火）→粗加工、半精加工（留磨量）→淬火、低温回火→磨削。

② 工艺路线二：下料→锻造→退火（或正火）→粗加工→调质→半精加工（留磨量）→表面淬火、低温回火→磨削。

3. 高碳钢件的加工工艺路线

对表面硬度和耐磨性要求高的工件（如各种工具、轴承等，一般由各种圆钢、方钢制造），其工艺路线有以下 2 种：

① 工艺路线一：下料→锻造→正火→球化退火→粗加工、半精加工（留磨量）→淬火、低温回火→磨削。

② 工艺路线二：下料→锻造→正火→球化退火→粗加工、半精加工（留磨量）→表面淬火、低温回火→磨削。

4.9 钢热处理缺陷的防止及热处理零件的结构工艺性

4.9.1 热处理缺陷的防止

钢热处理缺陷包括两类：加热缺陷（氧化、脱碳、晶粒粗大等）与冷却缺陷（变形、开裂等）。

1. 加热缺陷的防止

热处理加热过程中的主要缺陷是氧化、脱碳和晶粒粗大等，其原因主要是加热温度过高、时间过长，或防护措施不当，使空气中的氧气进入炉内与钢表面的铁或碳发生了反应。控制措施主要是严格控制加热温度和保温时间。此外，为防止晶粒粗大，可采用高温快速短时间的加热工艺；为防止氧化、脱碳，可采用盐浴加热炉、保护气氛加热炉、真空加热炉等。

2. 冷却缺陷的防止

热处理冷却过程中经常发生且危害较大的缺陷是变形和裂纹，其主要原因是工件各处加热和冷却时温度不均匀、热应力过大造成的，冷却相变时的组织应力也有一定影响。对一些精密零件（如精密齿轮、刀具、模具、量具等）必须控制其热处理，防止变形及裂纹。防止措施主要有：

1）合理选材。对精密复杂工件应选择强度高的钢（如合金钢）。

2）零件结构设计要合理。厚薄不要太悬殊，形状要对称；对于变形较大的工件，要掌握变形规律，预留加工余量；对于大型、精密复杂工件可采用组合结构。

3）精密复杂工件要进行预备热处理。淬火前进行退火或正火热处理消除工件的内应力并细化组织。

4）合理选择加热温度、控制加热速度。对于精密复杂工件可采取缓慢加热、预热和其他均衡加热的方法来减少热处理变形；尽量采用真空加热淬火。

5）采用合理冷却方式。在保证工件硬度的前提下，尽量采用预冷、分级冷却淬火或等温淬火工艺。

6）淬火后处理。对精密复杂件，淬火后采用深冷处理，降低残留奥氏体含量，保证工件尺寸稳定性。

热处理缺陷及防止办法见表4-4。

表4-4 热处理缺陷及防止办法

缺陷名称		原因	危害	防止办法
加热缺陷	欠热	加热温度偏低	淬火后硬度不足	适当提高加热温度，可通过退火或正火矫正
	过热	加热温度偏高	淬火后得到粗大马氏体，脆性大	适当降低加热温度，可通过退火或正火矫正
	过烧	加热温度过高	晶界氧化或熔化造成报废	
	氧化	钢表面生成氧化铁	使工件尺寸减小、表面粗糙	采用盐浴加热、保护气氛加热、真空加热等
	脱碳	钢表面碳氧化减少	淬火后表面硬度不足	
冷却缺陷	淬火变形	淬火时热应力与相变应力大	影响工件精度甚至报废	可选用淬透性好的钢以降低冷速；采用双液淬火或分级淬火、等温淬火；合理进行零件结构设计
	淬火裂纹	淬火时热应力与相变应力太大	造成报废	

另外，正确的热处理操作工艺，如堵孔、绑孔、机械固定等，正确的工件冷却方向和在冷却介质中的运动方向等，合理的回火热处理工艺，也是减少精密复杂工件变形和开裂的有效措施。

4.9.2 热处理零件的结构工艺性

在设计零件（特别是淬火件）结构时，为防止淬火时零件的变形、开裂，应考虑以下要求：

1. 避免尖角、棱角，减少台阶

应设计成圆角或倒角（见图 4-32），防止因应力集中而开裂。

图 4-32　避免尖角和棱角

2. 避免截面厚度不均匀

可采取开工艺孔、合理安排孔洞和槽的位置、变不通孔为通孔等措施，如图 4-33 所示，使壁厚尽量均匀，防止内应力不均匀而导致变形开裂。

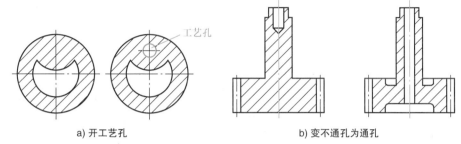

a) 开工艺孔　　　　　　　　　　b) 变不通孔为通孔

图 4-33　避免截面厚度不均匀

3. 采用对称结构

对称结构可使应力分布均匀，减轻变形或开裂倾向。图 4-34 所示为镗杆截面，要求渗氮后变形极小，在两侧开槽可避免一侧开槽产生弯曲变形缺陷。

4. 采用组合结构

对形状复杂或各部分性能要求不同的零件，采用组合结构可避免整体变形。

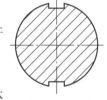

图 4-34　镗杆截面

重 点 内 容

1. 钢在加热时的组织转变

钢加热时的组织转变主要为珠光体的转变，即 P→A（奥氏体化），亚共析钢加热时还有铁素体的转变 F→A，过共析钢加热温度较高时还有渗碳体的转变，Fe_3C→A。

2. 钢在冷却时的组织转变

钢加热到一定温度发生奥氏体化以后，在冷却过程中会发生三种类型的转变。

1）珠光体转变：即 A→P，A_1 以下一定温度等温或冷速较慢时。

2）贝氏体转变：即 A→B，Ms 以上一定温度等温时。

3）马氏体转变：即 A→M，快速冷却到 Ms 以下时。

3. 钢的热处理工艺方法及组织

退火、正火、淬火是将钢加热到一定温度使其发生奥氏体化以后，分别以炉冷、空冷、水冷（或油冷）等方式冷却的热处理工艺方法。回火是对淬火后的钢加热到 Ac_1 以下某一温度，保温一定时间后空冷的工艺，回火分为低温回火、中温回火、高温回火。钢的热处理工艺及组织、应用见表 4-5。

表4-5 钢的热处理工艺及组织、应用

工艺	作用	加热温度	冷却	组织	应用
退火	软化	Ac_3 以上 20～50℃（亚共析钢）	炉冷	F + P	受力较小的铸件、锻件、焊件
		Ac_1 以上 20～30℃（过共析钢）		F + Fe$_3$C$_球$	高硬度件铸、锻、焊之后的球化退火软化
正火	细化	Ac_3 以上 30～50℃（亚共析钢）	空冷	F + P	受力较大的铸件、锻件、焊件
		Ac_{cm} 以上 30～50℃（过共析钢）		P + Fe$_3$C$_细$	高硬度工件铸、锻、焊之后、球化退火前的细化
淬火	硬化	Ac_3 以上 30～50℃（亚共析钢）	水冷或油冷	M + A	高强度工件、高弹性件粗切削加工后
		Ac_1 以上 20～30℃（过共析钢）		M + Fe$_3$C$_粒$ + A	高硬度工件粗切削加工后
回火	韧化	低温	空冷	M$_回$ + Fe$_3$C$_粒$	高硬度工件淬火或表面淬火后
				M$_回$	高强度工件或高弹性件强化并表面淬火后
		中温		T$_回$	高弹性工件淬火后
		高温		S$_回$	高强度工件淬火后

4. 钢的热处理工艺的工序位置

不同的热处理工艺因组织、性能、作用不同，在工件制造过程中的工序、位置不同。工件的加工工艺路线主要为毛坯加工—粗切削加工—精切削加工，热处理通常安排在各加工工序之间。退火、正火的主要作用分别是软化、细化，一般安排在毛坯加工之后；淬火是硬化，回火是淬火后的韧化，淬火 + 回火一般安排在粗切削加工之后。

思 考 题

1. 解释下列概念：过冷奥氏体、残留奥氏体、退火、正火、淬火、回火、调质、淬硬性、淬透性、马氏体、表面淬火、渗碳。

2. 何谓热处理？常用的热处理方法有哪些？简述热处理在机械制造中的作用。

3. 如何确定热处理加热温度？温度过高、过低会有什么后果？

4. 什么是淬火临界冷却速度？它对钢的淬火有何重要意义？

5. 试述退火的种类及应用范围。

6. 退火与正火的主要区别是什么？生产中如何选用退火与正火？

7. 为改善下列工件的加工性能，应分别进行什么预备热处理？各得到什么组织？

① 铸钢轴承底座。

② T12 钢钢带制造手工锯条。

③ 具有网状渗碳体的 T12 钢钢坯制作模具。

8. 如何选择亚共析钢和过共析钢淬火加热温度？

9. 常用的淬火方法有哪些？试述它们的主要特点和应用范围。

10. 图 4-35 所示为 T8 钢（共析钢）等温转变曲线图及四种冷却曲线，说明用图中四种冷却方式所对应的热处理名称、所得的组织、相对性能特点。

11. 为什么工件经淬火后会产生变形，甚至开裂？减小淬火变形和防止开裂有哪些措施？

12. 淬硬性和淬透性有什么不同？决定淬硬性和淬透性的因素是什么？

13. 淬火钢的回火方法有哪些？并说明各种回火方法的组织、性能及应用范围。

14. 将45钢和T12钢分别加热至700℃、770℃、840℃淬火，试问这些淬火温度是否正确？为什么45钢在770℃淬火后的硬度远低于T12钢的硬度（淬火温度相同）？

15. 如何确定下列零件正火的加热温度？正火后的显微组织分别是什么？

(1) 20钢齿轮；(2) 45钢小轴；(3) T12钢锉刀。

16. 甲、乙两厂同时生产一批45钢零件，硬度要求220～250HBW。甲厂采用调质处理，乙厂采用正火处理，均可达到硬度要求。试分析甲、乙两厂产品的组织和性能差别。

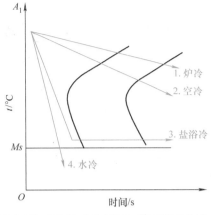

图4-35 T8钢（共析钢）等温转变曲线图及四种冷却曲线

17. 现有三个形状、尺寸完全相同的低碳钢齿轮，分别经过普通整体淬火、渗碳淬火及高频感应淬火，试用最简单的办法把它们区分出来。

18. 45钢要求硬度为220～250HBW，但经调质处理后发现硬度偏高，能否依靠减慢回火时的冷却速度降低其硬度？若热处理后硬度偏低，能否靠降低回火时的温度，使其硬度提高？说明其原因。

19. 原定由T12钢制作丝锥，硬度要求为60～64HRC。因生产中混入45钢，并按T12钢进行淬火处理，问这些45钢制成的丝锥能否达到要求？若按45钢进行淬火处理，问热处理后能否达到要求？为什么？

20. 45钢、40Cr钢、20CrMnTi钢均可用来制造轴类零件，三种材料制轴的主要热处理形式、组织、性能、应用范围有何不同？

21. 试分析以下说法是否正确，为什么？

(1) 过冷奥氏体的冷却速度越快，钢冷却后硬度越高。

(2) 钢经淬火后是处于硬脆状态。

(3) 钢中合金元素越多，则淬火后硬度就越高。

(4) 同一种钢材在相同的加热条件下，水淬比油淬的淬透性好，小件比大件的淬透性好。

22. 什么是表面淬火？为什么能淬硬表面层，而心部组织不变？它和淬火时没有淬透有什么不同？

23. 零件渗碳后为什么必须淬火和回火？淬火、回火后表层与心部性能如何？为什么？

24. 某拖拉机上的连杆是用40钢制成，其工艺路线如下：锻造→正火→切削加工→调质→精加工。最后要求硬度为217～241HBW。试说明各热处理的目的及其组织变化情况，并确定其加热温度和冷却方式。

第 **5** 章

金属的表面改性

　　金属的表面改性是在不改变基体成分及性能的基础上，通过物理、化学、机械等手段使材料表面得到耐磨、耐蚀、耐热等特殊性能，提高产品性能、质量及寿命。金属的表面改性包括表面涂覆（电镀、化学镀、热喷涂、堆焊、气相沉积、涂料涂装等）、表面合金化（扩散渗、喷焊、堆焊、离子注入、激光熔覆等）、表面组织转变（表面淬火、表面形变强化等）等。随着社会的发展，人们对材料表面的性能要求越来越高，金属的表面改性方法不断增加，表面改性技术不断进步。本章主要介绍常用的金属表面改性方法及技术。

5.1　电镀及化学镀

5.1.1　电镀

　　电镀是指在含有欲镀金属的盐类溶液中，在直流电作用下，以被镀基体金属为阴极，通过电解作用，使镀液中欲镀金属的阳离子在基体金属表面沉积出来，形成镀层的一种表面工程技术。镀层材料可以是金属、合金或半导体等，基体材料可以是金属材料、高分子材料、陶瓷材料。镀层性能不同于基体金属，镀层性能的多样性，使电镀涂层广泛应用于耐蚀、耐磨、装饰及其他功能性镀层（如磁性膜、光学膜）。

　　1. 电镀原理

　　电镀装置示意图如图5-1所示。被镀的零件为阴极，与直流电源的负极相连，金属阳极与直流电源的正极连接，阳极与阴极均浸入镀液中。通电时，镀液中的金属离子如 M^{n+} 在阴极表面得到 n 个电子，发生还原反应，被还原成金属 M，并覆盖在阴极（镀件）表面上，而在阳极界面上发生氧化反应，金属溶解，释放 n 个电子而生成金属离子 M^{n+}。随着阴极的还原反应和阳极的氧化反应的不断进行，在阴极表面沉积上一层金属 M。

　　2. 电镀方法

　　在工业化生产中，最常用的电镀方法有挂镀、滚镀、刷镀和连续电镀等。

　　（1）挂镀

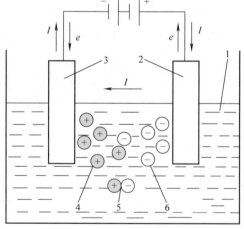

图 5-1　电镀装置示意图

1—电解液　2—阳极　3—阴极　4—正离子
5—未电离的分子　6—负离子

　　挂镀是电镀生产中最常用的一种方式，适用于外形尺寸较大的零件，它是将零件悬挂于用导电性能良好的材料制成的挂具上，然后浸没于欲镀金属的电镀溶液中作为阴极；在两边适当的距离放置阳极，通电后使金属离子在零件表面沉积的一种电镀方法。

（2）滚镀

滚镀是电镀生产中的另一种常用方法，适用于尺寸较小、批量较大的零件。它是将欲镀零件置于多角形的滚筒中，依靠零件自身的重量来接通滚筒内的阴极，在滚筒转动的过程中实现金属电沉积的。与挂镀相比，滚镀最大的优点是：节省劳动力，提高生产效率，设备维修费用少且占地面积小，镀层的均匀性好。但是，滚镀的使用范围受到限制，镀件不宜太大和太轻；单件电流密度小，电流效率低；槽电压高，槽液温升快，镀液带出量大。

（3）刷镀

刷镀是在被镀零件表面局部快速电沉积金属镀层的技术，一般用于局部修复；刷镀实际上是依靠一个与阳极接触的垫或刷提供电镀需要的电解液的一种电镀形式。因此刷镀也称选择电镀、笔镀、涂镀、擦镀、无槽镀等。

图 5-2 为电刷镀工艺原理示意图，将表面处理好的工件与专用的直流电源的负极相连，作为刷镀的阴极；镀笔与电源的正极连接，作为刷镀的阳极。刷镀时，使棉花包套中浸满电镀液的镀笔以一定的相对运动速度在被镀零件表面上移动，并保持适当的压力。这样，在镀笔与被镀零件接触的那些部分，镀液中的金属离子在电场力的作用下扩散到零件表面，在表面获得电子被还原成金属原子，这些金属原子沉积结晶就形成了镀层。随着刷镀时间的延长，镀层逐渐增厚，直至达到需要的厚度。

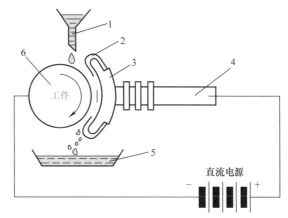

图 5-2　电刷镀工艺原理示意图
1—镀液滴漏　2—包套　3—镀笔头
4—镀笔　5—集液槽　6—工件

一般电刷镀使用的电流密度及其沉积速度是电镀的几倍到几十倍；由于无须常规镀槽，工艺灵活、机动性强，适合于局部电镀，如现场作业或野外作业，大型工件不解体或部分解体镀覆；镀液大多采用有机络盐体系，稳定性好，可循环使用，废液量少。但电刷镀不适于大批生产作业，工艺过程在很大程度上依赖于手工操作，劳动强度较大。

（4）连续电镀

主要用于薄板、金属丝、金属带的电镀，在工业上有着极其重要的地位。镀锡钢板、镀锌薄板和钢带、电子元器件引线、镀锌铁丝等的生产都采用了连续电镀技术。连续电镀有垂直浸入式、水平运动式和盘绕式三种方式。

3. 电镀的镀层种类

（1）镀锌

镀锌层对钢铁基体既有机械保护作用，又有电化学保护作用，所以它的耐蚀性相当优良。镀锌层经钝化处理后，因钝化液不同可得到不同色彩的钝化膜或白色钝化膜。镀锌多采用彩色钝化，白色钝化膜外观洁白，多用于日用五金、建筑五金等制品。镀锌层的厚度视镀件的要求而异，通常在 $6 \sim 12 \mu m$，较厚而无孔隙的镀锌层耐蚀性优良，用于恶劣环境条件时镀层厚度可超过 $20 \mu m$。镀锌具有成本低、耐蚀性好、美观和耐储存等优点，所以在轻工、仪表、机电、农机和国防等工业中得到广泛应用。但由于镀锌层硬度低，又对人体有害，故不宜在食品工业中使用。在钢铁零件上镀锌，主要是作为防护性镀层，用量要占全部电镀零件的 $1/3 \sim 1/2$，是所有电镀品种中产量最大的一个镀种。

（2）镀铜

铜具有良好的延展性、导热性和导电性，柔软而易于抛光。当镀铜层有孔隙、缺陷或损伤时，在腐蚀介质地作用下，基体金属成为阳极受到腐蚀，比未镀铜时腐蚀得更快。所以，一般不单独用铜作防护装饰性镀层，常作为其他镀层的中间层，以提高表面镀层与基体金属的结合力。在电力工业中，在铁丝上用高速镀厚铜来代替纯铜导线，以减少铜的耗用量。在无线电行业中，印制电路板上通孔镀铜也获得了良好效果。镀铜层也用来修复零件。

（3）镀铬

镀铬层有很高的硬度和优良的耐磨性，较低的摩擦因数。镀铬层有较好的耐热性，在空气中加热到 500℃ 时，其外观和硬度仍无明显的变化。镀铬层的反光能力强，仅次于银镀层。铬层厚度在 $0.25\mu m$ 时是微孔性的，厚度超过 $0.5\mu m$ 时镀铬层出现网状微裂纹，铬层厚度超过 $20\mu m$ 时对基体才有机械保护作用。镀铬按用途可分为装饰性镀铬和耐磨性镀铬。①装饰性镀铬层较薄，可防止基体金属生锈和美化产品外观。防护装饰性镀铬通常作为多层电镀的最外层，如铜锡合金—铬、镍—铬和铜—镍—铬等。在经过抛光的制品表面镀上装饰铬后，可获得银蓝色镜面光泽，在大气中经久不变颜色。该镀铬层广泛应用于仪器、仪表、日用五金、家用电器、飞机、汽车、火车等外露部件，这类镀层的厚度一般在 $0.25\sim2\mu m$ 范围内，经过抛光的装饰性镀铬层有很高的反射能力，可用于反光镜。②耐磨性镀铬层较厚，可提高机械零件的硬度、耐磨、耐蚀和耐高温等性能。

镀硬铬属于耐磨性镀铬，镀硬铬层具有很高的硬度和耐磨性能，可提高制品的耐磨性，延长使用寿命，如工具、模具、量具、切削刀具及易磨损零件，如机床主轴、汽车拖拉机曲轴等。这类镀层的厚度一般在 $5\sim80\mu m$ 范围内。镀硬铬还可用于修复磨损零件的尺寸。若严格控制镀铬工艺过程，将零件准确地镀覆到图样规定的尺寸，镀后不进行加工或进行少量加工，则称为尺寸镀铬。乳白铬镀层韧性好，硬度稍低，镀层中裂纹和孔隙较少，主要用在各种量具上。在乳白铬镀层上加镀光亮耐磨铬镀层，既能提高镀件耐蚀性又能达到耐磨目的，称为防护—耐磨双层铬镀层。这种双层铬镀层在飞机、船舶零件及枪炮内壁上得到广泛应用。

（4）镀镍

镍镀层常作为底层或中间层或采用多层镍来降低镀层的孔隙率，以提高镀层耐蚀性。镀镍的应用面很广，可分为防护装饰性和功能性两方面：

① 防护装饰性镀层。镍可以镀覆在低碳钢、锌铸件，某些铝合金、铜合金表面上，保护基体材料不受腐蚀，并通过抛光暗镍镀层或直接镀光亮镍的方法获得光亮的镍镀层，达到装饰的目的。镍在大气中易变暗，所以光亮镍镀层上往往再镀一薄层铬，使其耐蚀性更好、外观更美。也有在光亮镍镀层上镀一层金镀层或镀一层仿金镀层，并覆以透明的有机覆盖层，从而获得金色装饰层。自行车、缝纫机、钟表、家用电器仪表、汽车、摩托车及照相机等零件均用镍镀层作为防护装饰性镀层。

② 功能性镍镀层。主要用于修复电镀，在被磨损的、被腐蚀的或加工过度的零件上镀比实际需要更厚的镀层，然后经过机械加工使其达到规定的尺寸。厚的镍镀层具有良好的耐磨性，可作为耐磨镀层。尤其是复合电镀，以镍作为主体金属，以金刚石、碳化硅等耐磨粒子作为分散颗粒，可沉积出夹有耐磨微粒的复合镀层，其硬度比普通的镍镀层高，耐磨性更好。若以石墨或氟化石墨作为分散颗粒，则获得的镍—石墨或镍—氟化石墨复合镀层，具有很好的自润滑性，可用做润滑镀层。

（5）镀铜锡合金

根据合金镀层中的含锡量来分主要有低锡青铜和高锡青铜。

1）低锡青铜：w_{Sn}在8%～15%之间，镀层呈黄色，其孔隙率随锡含量的升高而降低，耐蚀性则提高。它的抛光性好，硬度较低，耐蚀性较好，但在空气中易氧化变色。镀铬后有很好的耐蚀性，是优良的防护装饰性底层或中间层，已广泛应用于日用五金、轻工、机械、仪表等行业中。

2）高锡青铜：w_{Sn}在40%～55%范围内，镀层呈银白色，又称白青铜。硬度介于镍铬之间，抛光后有良好的反光性，在大气中不易氧化变色，在弱酸、碱液中很稳定，还具有良好的钎焊和导电性，可用作代银或代铬镀层，常用于日用五金、仪器仪表、餐具、反光器械等。该镀层较脆，有细小裂纹和孔隙，不适于在恶劣条件下使用，产品不能经受变形。含锡量中等的中锡青铜，硬度中等，不宜做表面镀层，可做防护装饰性镀层的底层。

（6）镀铜锌合金

w_{Cu}＝70%～80%的铜锌合金（黄铜）呈金黄色，具有优良的装饰效果，它还可以进行化学着色而转化为其他色彩的镀层，广泛应用于灯具、日用五金、工艺品等方面。钢丝镀黄铜后能明显提高钢丝与橡胶的粘结力，因而国内外的钢丝轮胎均采用黄铜镀层作为钢丝与橡胶热压时的中间层。

（7）镀镍铁合金

镍铁合金通常比镍白，硬度、平整性和韧性比亮镍好，有利于零件镀后形变加工，并且成本较低等。镍铁合金镀层为阴极性镀层，其防锈性能与亮镍相当。镀镍铁合金已广泛用于自行车、摩托车、缝纫机、家具、家用电器、日用五金、文教用品、塑料电镀件、玩具、建筑配件、皮箱零件、汽车配件等方面，绝大多数的镀镍产品都可用镀镍铁合金代替。

（8）镀镍钴合金

镍钴合金可作为装饰合金和磁性合金，装饰用镍钴镀层通常用w_{Co}＝15%的合金层，具有白色金属光泽、良好的化学稳定性和耐磨性，适用于手表零件的装饰镀层且不影响走时精度。钴含量越高，镀层磁性越大，作为磁性合金，其钴的质量分数均超过30%。镍钴合金已被广泛用作电子计算机的磁鼓和磁盘的表面磁性镀层，其基体大都采用铝合金以达到体积小、质量轻和储存密度大的要求。

（9）复合电镀

在镀液中加入所需的高硬度固体微粒，并通过机械搅拌、超声波振动搅拌或气体搅拌等方式使微粒悬浮于镀液，在电镀过程中，镀层金属与固体微粒可共同沉积在基体材料表面，得到复合材料镀层，这种方法称为复合电镀，相当于在材料表面形成了颗粒增强的金属基复合材料。根据复合镀层内各相的类型与相对量不同，这种镀层可具有更高的硬度、耐磨性、耐蚀性、耐热性及自润滑性等。与一般金属基复合材料的制备技术相比，具有无须高温加热、简便、成本低等优点，可直接在零件表面得到所需表面层。如 Ni－SiC 复合镀层用于汽车发动机气缸内表面可提高耐磨性，Ni—PTFE（聚四氟乙烯）复合镀层用于热压塑料模具可改善其自润滑性而易于脱模，Cr—ZrO2 复合镀层用于飞机、燃气轮机、核能装置的高温零件可提高其抗氧化性，Au－BN 复合镀层用于电接触元件可提高其抗电弧烧损性能等。

电镀层种类的选择要根据性能要求，例如，用于耐磨的表面，镀层可以选用镍、镍－钨合金和钴－钨合金等；对于装饰表面，镀层可选用金、银、铬、半光亮镍等；对于要求耐腐蚀的表面，镀层可选用镍、锌、铜等。

5.1.2　化学镀

1. 化学镀的特点及应用

化学镀是在无外加电流的情况下借助合适的还原剂，通过可控制的氧化还原反应，使镀液中金属离子还原成金属，并沉积到零件表面的一种镀覆方法。与电镀相比，化学镀具有镀层均匀、针孔小、不需直流电源设备、能在非导体上沉积和具有某些特殊性能等特点。另外，由于化学镀废液排放少，对环境污染小以及成本较低，在许多领域已逐步取代电镀，成为一种环保型的表面处理工艺。目前，化学镀技术已在电子、阀门制造、机械、石油化工、汽车、航空航天等工业中得到广泛的应用。

2. 常用的化学镀层种类

（1）化学镀 Ni - P

化学镀 Ni - P 是发展最快的一种化学镀，镀液一般以硫酸镍、乙酸镍等为主盐，次亚磷酸盐、硼氢化钠、硼烷、肼等为还原剂，再添加各种助剂。在 90℃ 的酸性溶液或接近常温的中性溶液、碱性溶液中进行作业。

化学镀 Ni - P 生产上大多采用次亚磷酸钠作为还原剂。例如，化学镀 Ni - P 合金溶液的配方为硫酸镍 20g/L、次亚磷酸钠 24g/L、乳酸 27g/L，酸碱度 pH = 4.5，控制温度为 90℃，获得镀层成分的质量分数为 90% $< w_{Ni} <$ 92%，8% $< w_P <$ 10%。

化学镀 Ni - P 的机理目前还没有统一的认识。一般认为，镀件表面催化剂（如先沉淀析出的镍）的催化作用使次磷酸根分解析出初生态原子氢，部分原子氢在镀件表面遇到 Ni^{2+} 就使其还原成金属镍，部分原子氢与次亚磷酸根离子反应生成的磷与镍反应生成镍化磷，部分原子态氢结合在一起形成氢气。

Ni - P 层比通常的电镀镍层硬得多，刚镀出时为 500 ~ 600HV。400℃ 热处理 1h 后硬度可达 1000HV，且孔隙度低，耐蚀性好。化学镀镍层由于具有优良的耐蚀性和耐磨性，用于泵、阀、轴、螺栓、叶轮等的表面处理，可以提高零件的使用寿命。

（2）化学镀铜

化学镀铜是在碱性金属铜盐溶液中，以甲醛或次磷酸钠为还原剂，在具有催化活性的基体金属表面上进行自催化氧化还原反应，在基体表面形成一定厚度、具有一定功能的金属铜的化学镀工艺。以甲醛为还原剂的化学镀铜，古代曾用于制造铜镜。化学镀铜与化学镀镍相比，铜的标准电极电位比较正（0.34V），因此比较容易从镀液中还原析出，但镀液的稳定性差一些，容易自分解而失效。

常用的化学镀铜工艺配方为硫酸铜 7g/L，碳酸钠 10g/L，酒石酸钾钠 75g/L，硫脲 0.01g/L，氢氧化钠 20g/L，三乙醇胺 10mL/L，酸碱度 pH = 12。

化学镀铜主要用于非金属表面形成导电层，在印制电路板电镀和塑料电镀中有广泛应用。镀覆印制电路板的导电膜，其镀膜厚度为 20 ~ 30μm，要求镀膜速度大，膜的强度和塑性好，使用温度 60 ~ 70℃。镀塑料时镀膜厚度小于 1μm，使用温度为 20 ~ 25℃。

（3）化学复合镀

化学复合镀是用化学镀方法使镀层金属与固体颗粒（或纤维）等一起沉积在基体金属表面，以获得复合镀层的工艺。通过改变镀层金属和固体颗粒的种类可获得具有高硬度、耐磨性、自润滑性、耐热性、耐蚀性和特殊功能的表面复合材料。如将 SiC、Al_2O_3、SiO_2、BN、S_3N_4、Cr_2O_3、WC、金刚石粉、碳纳米管等分散在镍、钴、铬等镀层金属中形成的各种镀层具有较高硬度和优良的耐磨性。将具有润滑性能的 MoS_2、石墨、氟化石墨（CF）$_n$、聚四氟乙烯（PTFE）、BN 等分散在镀层金属镍、铜等中可得到自润滑性表面复合镀层。

化学复合镀具有独特的优点，如制备过程温度低、投资少、复合镀层组成多样化、节省材料等，近年来得到了快速发展。例如，化学镀 Ni—P—SiC 复合镀层可代替电镀硬铬镀层用于汽车发动机的铝合金耐磨零件，石墨复合镀层用于连续铸造结晶器内壁，不需要润滑剂就可顺利地将铸坯从结晶器拉出，聚四氟乙烯复合镀层用于塑料热压模具，不需脱模剂就很容易脱模。

5.2　热喷涂

热喷涂技术是采用气体、液体燃料或电弧、等离子弧、激光等作热源，使合金、陶瓷、氧化物、碳化物以及它们的复合材料等喷涂材料加热到熔化或半熔化状态，通过高速气流使其雾化，然后喷射、沉积到经过预处理的工件表面，从而形成附着牢固的表面层的加工方法。

热喷涂技术根据热源分类如下：

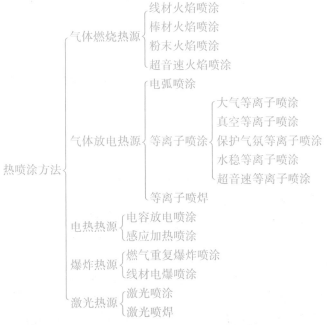

热喷涂方法多，喷涂材料广泛，金属及其合金、陶瓷、塑料、尼龙以及它们的复合材料等都可以作为喷涂材料。热喷涂的基体材料种类也多，几乎所有的固体材料表面都可以热喷涂。热喷涂不受零件尺寸及场地限制，既可以大面积喷涂，也可以进行局部喷涂。喷涂时可使基体控制在较低温度，所以基体变形小、组织和性能变化小，保证了基体质量基本不受影响。涂层间结合以机械结合为主，也有物理结合、扩散结合、冶金结合等综合效果，结合力较大，喷涂层厚度可以控制。但操作环境较差，存在粉尘、烟雾和噪声等问题，需加强防护。

热喷涂涂层材料种类繁多，主要有耐蚀涂层、耐磨涂层等。

（1）耐蚀涂层

Zn、Al、Zn—Al 合金涂层对钢铁具有良好的防护作用，这不仅与阴极保护作用有关，涂层本身也具有良好的耐蚀作用。处于室外工业气氛中的钢件，若气氛呈碱性，则可采用 Zn 涂层；若气氛中硫或硫化物含量高，则可采用 Al 涂层；桥梁、输电线、钢结构件、高速公路护栏、照明灯杆等可喷涂 Zn 或 Al 涂层进行长效防腐。处于盐气雾中的钢件（如海岸附近的金属构件、甲板、发射天线、海上吊桥等）均可喷涂 Al、Zn 或其合金进行长效防腐，一般二三十年不需要维护。长期处于盐水中的钢件（如船体、钢体河桩及桥墩等）可喷涂 Al 进行长期防腐。耐饮用水的涂层可用 Zn，涂层不需封孔，如淡水储器、输送器等。耐热淡水的涂层可用 Zn，但涂层需封孔，如热交换器、蒸汽净化设备及处于蒸汽中的钢件。

（2）耐磨涂层

在机械零部件表面喷涂耐磨涂层的主要目的是提高性能和延长寿命。其基本出发点是机件表面的强化、修旧利废、恢复因磨损或腐蚀而造成的尺寸超差，并赋予机件更好的耐磨性能，提高产品质量。对于设备中的某些零部件，通过喷涂耐磨涂层，将会提高整机的性能和技术指标，从而提高产品的质量。由于机械的工作环境和服役条件不同，其磨损机制也不尽相同，因此应有针对性地选择合适的涂层。

1）抗磨料磨损涂层。许多工程机械（如各种破碎机、泥浆泵、农用机械及混凝土搅拌机等）的机件往往因遭受矿物、岩石、泥沙等磨料的磨损而失效。在此类机件表面喷涂某些铁基、镍基、钴基材料或在这些喷涂材料中加入 WC、Al_2O_3、Cr_2O_3、ZnO 等陶瓷颗粒获得复合涂层，可显著提高其抗磨料磨损性能。

2）抗粘着磨损涂层。在机件表面喷涂铁基、镍基或钴基的 WC、Al_2O_3、Cr_2O_3、ZnO 复合涂层，或喷涂陶瓷，将增大或改变摩擦副间的物理、化学及晶体结构的差异和性质，从而提高机械的抗粘着磨损性能。另外，在边界润滑条件下，钼涂层具有优异的耐粘着磨损性能。

3）耐微动磨损涂层。凸轮从动件、气缸衬套、导叶、涡轮叶片等机件常因微动磨损而失效，喷涂自熔合金，氧化物或碳化物金属陶瓷，某些 Ni、Fe、Co 基材料可显著提高机件的抗微动磨损性能。

5.2.1 火焰喷涂

1. 火焰线材喷涂

将线材或棒材送入氧-乙炔火焰区加热熔化，借助压缩空气使其雾化成颗粒，喷向粗糙的工件表面形成涂层。这种喷涂设备简单，成本低，手工操作灵活方便，广泛应用于曲轴、柱塞、轴颈、机床导轨、桥梁、铁塔、钢结构防护架等。缺点是喷出的熔滴大小不均匀，导致涂层不均匀和孔隙大等缺陷。

2. 火焰粉末喷涂

它也是以氧-乙炔焰为热源，借助高速气流将喷涂粉末吸入火焰区，加热到熔融或高塑性状态后再喷射到粗糙的工件表面，形成涂层。其工艺过程主要包括喷涂打底层粉末、喷涂工作层粉末。打底层一般喷涂放热型铝包镍复合粉末，喷涂前工件用中性焰或弱碳化焰预热到 $100 \sim 200℃$，喷涂火焰为中性焰，喷涂距离为 $150 \sim 260mm$。打底层粉末起结合作用，其厚度一般为 $0.10 \sim 0.15mm$。工作层粉末不是放热型，粉末所需热量全部由火焰提供，喷涂火焰也采用中性焰或碳化焰，喷涂距离为 $180 \sim 200mm$，喷涂时火焰功率要大些，以粉末加热到白亮色为宜。采用间断喷涂可防止工件过热。火焰粉末喷涂工件受热温度低，主要用于保护或修复已经精加工的或不允许变形的机械零件，如轴、轴瓦、轴套等。

3. 火焰喷熔

氧-乙炔焰喷熔以氧-乙炔焰为热源，将自熔性合金粉末喷涂到经制备的工件表面上，然后对该涂层加热重熔并润湿工件，通过液态合金与固态工件表面间相互溶解和扩散，形成牢固的冶金结合，它是介于喷涂和堆焊之间的一种新工艺。粉末喷涂涂层与基体呈机械结合，结合强度低，涂层多孔不致密；堆焊层熔深大，稀释率高，加工余量大；而经喷熔处理的涂层，表面光滑，稀释率极低，涂层与基体金属结合强度高，致密无气孔。喷熔的缺点是重熔温度高，须达到粉末熔点温度，工件受热温度高，会产生变形。火焰喷熔主要用于喷铜、镍和不锈钢等耐腐蚀的涂层，也可喷熔钴基合金、镍基合金等耐热合金涂层。

4. 爆炸喷涂

爆炸喷涂是将一定量的粉末注入喷枪的同时，引入一定量的氧-乙炔混合气体，将混合气体点燃引爆产生高温（可达 $3300℃$），使粉末加热到高塑性或熔融状态，以每秒 $4 \sim 8$ 次的频率高速（可达 $700 \sim 760m/s$）射向工作表面，形成高结合强度和高致密度的涂层。爆炸喷涂主要用于金属陶瓷、氧化物及特种金属合金，如 91WC9Co、$60Al_2O_3 40TiO_2$、$86WC4Cr10Co$、$65Cr_3C_2 35NiCr$、55Cu41Ni4In 等。被喷涂的基体材料为金属和陶瓷材料。

基体表面的温度不超过 205℃ 为宜，涂层厚度一般为 0.025～0.30mm，涂层表面粗糙度值可小于 $Ra1.6$，经磨削加工后可达 $Ra0.025$。涂层与基体的结合为机械结合，结合强度可达 70MPa 以上。爆炸喷涂在高低压压气机叶片、涡轮叶片、轮毂密封槽、齿轮轴、火焰筒外壁、衬套、副翼、襟翼滑轨等航空零件上已经得到广泛应用。例如，在航空发动机一、二级钛合金风扇叶片的中间阻尼台上，爆炸喷涂一层 0.25mm 厚的碳化钨涂层后，其使用寿命可从 100h 延长到 1000h 以上。

5.2.2 电弧线材喷涂

电弧线材喷涂是将金属或合金丝制成两个熔化电极，由电动机变速驱动，在喷枪口相交产生短路而引发电弧、熔化，借助压缩空气雾化成微粒并高速喷向经预备处理的工件表面，形成涂层，原理如图 5-3 所示。

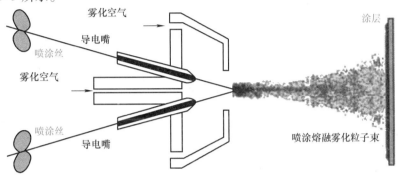

图 5-3 电弧线材喷涂原理

与火焰喷涂相比，它具有以下特点：涂层与基体结合强度高，剪切强度高；电加热，热能利用率高，成本低；熔敷能力大，可达 30～40kg/h；采用两根不同成分的金属丝可获得合金涂层，如铝青铜和 Cr13 钢丝等。

电弧线材喷涂一般采用不锈钢丝、高碳钢丝、合金工具钢丝、铝丝和锌丝等作喷涂材料，广泛应用于轴类、导轨等负荷零件的修复，以及钢结构防护涂层。例如，喷涂 Zn–Al 合金可提高涂层的耐蚀性能，用于储油罐、桥梁等钢结构的防护；喷涂钼丝作为耐摩擦磨损的涂层用于汽车行业中的活塞环、拨叉、同步啮合环等零件。

5.2.3 等离子喷涂

等离子喷涂是利用等离子焰流，即非转移等离子弧作热源，将喷涂材料加热到熔融或高塑性状态，在高速等离子焰流引导下高速撞击工件表面，并沉积在经过粗糙处理的工件表面形成很薄的涂层。涂层与母材的结合主要是机械结合，其原理如图 5-4 所示。

等离子喷涂技术是继火焰喷涂之后发展起来的一种新型多用途的精密喷涂方法。它具有超高温特性，便于进行高熔点材料的喷涂，等离子焰温度高达 10000℃ 以上，可喷涂几乎所有固态工程材料，包括各种金属和合金、陶瓷、非金属及复合粉末材料等。喷射粒子的速度高，等离子焰流速可达 10000m/s 以上，喷出的粉粒速度可达 180～600m/s，得到的涂层致密性和结合强度均比火焰喷涂及电弧喷涂高。等离子喷涂工件不带电，受热少，表面温度不超过 250℃，母材组织性能无变化，涂层厚度可严格控制在几微米到 1mm 左右。由于使用惰性气体作为工作气体，所以喷涂材料不易氧化。

总的来说，对于承载低的耐磨涂层和以提高机件耐蚀性的耐蚀涂层，当喷涂材料的熔点不超过 2500℃ 时，可采用设备简单、成本较低的火焰喷涂；对于涂层性能要求较高或较为贵重的机件，特别是喷涂高熔点陶瓷材料时，宜采用等离子喷涂；工程量大的耐蚀、耐磨金属涂层，宜采用电弧喷涂；要求高结合力、低孔隙率的金属或合金涂层可采用气体火焰超音速喷涂，要求结合

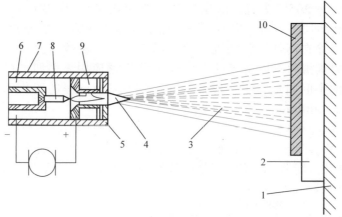

图 5-4 等离子喷涂原理

1—人工移动部分 2—基体 3—喷涂束 4—等离子焰
5—阳极 6—送粉入口 7—离子气体 8—阴极 9—冷却水 10—涂层

强度高、孔隙率低的金属和陶瓷涂层可采用超音速等离子喷涂。

5.3 气相沉积

气相沉积技术是利用气相之间的反应，在各种材料或制品表面沉积单层或多层薄膜，从而获得所需性能的表面成膜技术。气相沉积技术是近 30 年来迅速发展的一门新技术，它不仅可以用来制备各种特殊力学性能的薄膜，而且还可用来制备各种功能薄膜材料和装饰薄膜涂层等。薄膜的制备按机理可分为物理气相沉积（PVD）和化学气相沉积（CVD）。

5.3.1 物理气相沉积

物理气相沉积是指在真空条件下，利用物理的方法，将材料气化成原子、分子或使其电离成离子，并通过气相过程，在材料或基体表面沉积一层具有某些特殊性能的薄膜的技术。其主要方法有：真空蒸镀、溅射沉积和离子镀。

1. 真空蒸镀

把待镀膜的基体或工件置于高真空室内，通过加热使蒸发材料气化（或升华），以原子、分子或原子团离开熔体表面，凝聚在具有一定温度的基片或工件表面，并冷凝成薄膜的过程称为真空蒸发镀膜，简称蒸镀，其原理如图 5-5 所示。真空蒸镀主要包括三个过程：膜料的蒸发、蒸发粒子的运动和成膜过程。

蒸发材料可以是金属、合金和化合物。在高真空环境中蒸发，可以防止膜的氧化和污染，得到洁净、致密、符合预定要求的薄膜。蒸镀相对于后来发展起来的溅射镀膜、离子镀膜技术，设备简单可靠，价格便宜，工艺容易掌握，可进行大规模生产。因此，该工艺在光学、微电子学、磁学、装饰、防腐蚀等多方面得到广泛的应用。

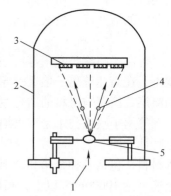

图 5-5 真空蒸镀原理

1—真空系统 2—真空罩
3—基片 4—蒸发材料 5—坩埚

被镀金属材料可以是金、银、铜、锌、铬、铝等，最常用的是铝，在塑料薄膜及纸张表面蒸镀铝薄膜可代替铝箔—塑料、铝箔—纸复合材料。

2. 溅射沉积

在真空条件下，用具有一定能量的荷能粒子轰击材料的表面，使被轰击材料的原子获得足够的能量，脱离原材料点阵的束缚，进入气相，这种技术就是溅射技术。可以利用溅射出的气相元素进行沉积成膜，这种沉积过程被称为溅射沉积。溅射沉积能沉积许多不同成分和特性的功能薄膜。从 20 世纪 70 年代起，它就成为一种重要的薄膜沉积制备技术。

由于汽化粒子的动能大，镀膜致密，且与基体结合紧密，基体材料和镀膜材料均可为金属或非金属，可制造真空蒸镀难以得到的高熔点材料镀膜。溅射沉积的溅射靶是大面积的源，可以在大面积的基片上获得膜厚均匀的薄膜。溅射靶是固体源，靶在镀膜室的位置以及靶与基片的相对位置具有较大的灵活性。控制溅射的电流和镀膜时间，就可以方便地控制膜厚。溅射沉积可以在较低温度下沉积薄膜。

溅射沉积可采用耐磨强化膜（如 TiN、TiC、Al_2O_3 等）用于工具、模具等。可采用溅射纯铝膜取代蒸发纯铝膜用于集成电路的金属化方面及用于高反射率的镜面，溅射铝膜镜面由于晶粒细，镜面反射率和表面平滑性远优于蒸发镀铝膜。

3. 离子镀

离子镀是在真空条件下，利用气体放电或被蒸发物质部分电离，在气体离子或者被蒸发物质离子的轰击下，把蒸发物质或其反应物沉积在基片上，其原理如图 5-6 所示。它兼具真空蒸镀的沉积速度快和溅射沉积的离子轰击清洁表面的特点，特别是具有膜的附着力强、绕射性能好、可镀材料广泛等优点，因此这一技术 20 世纪 60 年代获得了迅速的发展。

镀膜的基体材料广泛，可以是金属、塑料、陶瓷、玻璃、纸张等。离子镀不仅可以镀制纯金属膜，而且可以在工艺过程中通入反应气体，得到氧化物、氮化物和碳化物等薄膜。离子镀膜层的附着性能好，沉积的全过程始终存在氩离子的反溅射作用，清除了结合不牢的原子，使膜层组织均匀、致密、细化，可消除粗大柱状晶获得致密的等轴晶。离子镀可以获得表面强化的耐磨镀层、致密且化学性质稳定的耐蚀镀层、固体润滑镀层、各种色泽的装饰镀层以及电子学、光学、能源科学等所需的特殊功能镀层。

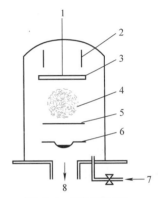

图 5-6　离子镀原理

1—接负高压　2—接正高压
3—基片　4—等离子体　5—挡板
6—蒸发源　7—氩气阀　8—真空系统

高速钢刀具最常用的涂层是 TiN，采用离子镀后刀具的寿命提高 $1.6 \sim 3$ 倍。用于模具的离子镀超硬涂层材料主要是 TiC、TiN，模具的寿命可大大提高，弯曲模、轧辊、铝或锌压铸模的寿命可提高 10 倍，冲模、翻边模、整形模可提高 $2 \sim 5$ 倍等。一般碳钢螺柱离子镀铝代替不锈钢，离子镀铬、钛、氮化钛取代湿法镀铬可用于耐蚀要求的零件。离子镀 W、Ti、Ta 等纯金属涂层，用于需要耐热的金属零件上，如排热气管等，可以提高耐热性能。

5.3.2　化学气相沉积

化学气相沉积是在一定温度下，混合气体之间或混合气体与基体表面之间相互作用，在基体表面形成金属或化合物等的固态膜或镀层，使材料表面改性，以满足耐磨、抗氧化、耐腐蚀以及特定的电学、光学和摩擦学等特殊性能要求的一种薄膜技术。化学气相沉积是一种化学气相生长法。这种方法是把一种或几种含有构成薄膜元素的化合物、单质气体通入放置有基片的反应室，借助气相作用或在基片上的化学反应生成所希望的薄膜。它可以方便控制薄膜组成，制备各种单质、化合物、氧化物和氮化物甚至一些全新结构的薄膜。

在耐磨涂层方面，主要用于金属切削刀具，常用的镀层一般包括难熔硼化物、碳化物、氮化物和氧化物等。氮化硅和 Si - Al - O - N 材料常用于陶瓷刀具涂层，既能提高刀具耐磨损性能，也能使刀具的切削性能得到提高。化学气相沉积也用于耐腐蚀和耐摩擦设备（如喷砂设备的喷嘴、泥浆传输设备、煤的汽化设备和矿井设备等）。

在高温涂层方面，难熔金属硅化物、过渡金属铝化物镀层已被广泛应用，如燃烧室部件、高温燃气轮机热交换部件和陶瓷汽车发动机等。

在耐磨耐蚀涂层方面，在硬质合金和工模具钢的基体表面上形成碳化物、氮化物、氧化物等，可使硬质合金刀片的寿命提高 1~5 倍，冷作模具寿命提高 3 至数十倍。但是，用化学气相沉积法生产工模具涂层的主要问题是沉积温度高，这对许多基材，尤其对模具钢是十分不利的。

目前，气相沉积法在一些特殊领域的应用正在大量开发。例如，在 SUS316L 不锈钢上物理气相沉积 TiN – Al_2O_3 复合涂层，正作为医用材料用于制作人工关节，一方面该涂层具有良好的耐磨、耐蚀性，另一方面对人体肌肉有良好的适应性。

5.4 激光表面改性

采用激光束对材料进行表面改性是近 30 多年迅速发展起来的表面新技术。

5.4.1 激光表面熔覆

激光熔覆技术是国内外激光表面改性研究的热点，广泛应用于机械制造与维修、汽车制造、纺织机械、航海与航天和石油化工等领域。

1. 激光熔覆的原理与特点

激光熔覆是利用高能激光束辐照，通过迅速熔化、扩散和凝固，在基体表面熔覆一层具有特殊物理、化学或力学性能的材料。激光熔覆时，覆层材料及基体表面熔化，使熔覆层与基体形成冶金结合。激光熔覆示意图如图 5-7 所示。

与堆焊、热喷涂和等离子喷焊等表面强化技术相比，激光熔覆的熔覆层晶粒细小，结构致密，因而硬度一般较高，耐磨、耐蚀等性能也更为优异。熔覆层稀释率低，由于激光作用时间短，基体的熔化量小，对熔覆层的冲淡率

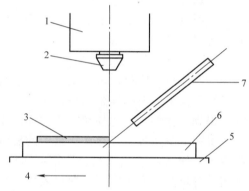

图 5-7 激光熔覆示意图

1—聚焦镜 2—出光镜 3—熔覆层 4—运动方向
5—工作台 6—试样 7—粉末输送管

低（一般仅为 5%~8%）。因此可在熔覆层较薄的情况下，获得所要求的成分与性能，节约昂贵的覆层材料。激光熔覆热影响区小，工件变形小，熔覆成品率高。激光熔覆过程易实现自动化生产，镀层质量稳定，如在熔覆过程中熔覆厚度可实现连续调节，这在其他工艺中是难以实现的。

由于激光熔覆有较多优点，它在航空乃至民用产品工业领域中都有较广阔的应用前景，已成为当今材料领域研究和开发的热点。

2. 激光熔覆的性能及应用

激光熔敷层与基体材料呈冶金结合，可显著改善基体表面耐磨、耐蚀、耐热、抗氧化及电气特性等。例如，对 60 钢进行碳钨激光熔覆后，硬度最高达 2200HV 以上，耐磨损性能为基体 60 钢的 20 倍左右；在 Q235 钢表面激光熔覆 CoCrSiB 合金后，其耐蚀性大大提高，而且耐蚀性明显高于火焰喷涂。

激光熔覆技术的耐磨合金层已用于强化、修复喷气发动机涡轮叶片，用于强化汽车发动机排气门的密封锥面；耐高温、耐蚀层用于化工设备某些不锈钢部件，用于油田液压泵的易磨损、腐蚀部件。

激光熔覆铁基合金粉末适用于要求局部耐磨而且容易变形的零件。镍基合金粉末适用于要求

局部耐磨、耐热腐蚀及抗热疲劳的构件。钴基合金粉末适用于要求耐磨、耐蚀及抗热疲劳的零件。陶瓷涂层在高温下有较高的强度，热稳定性好，化学稳定性高，适用于要求耐磨、耐蚀、耐高温和抗氧化性的零件。激光熔覆金属陶瓷复合涂层比熔敷合金涂层具有更高的耐磨性，其研究及应用日益广泛，如在钢、钛合金及铝合金表面激光熔覆多种陶瓷或金属陶瓷涂层。

5.4.2　激光表面合金化

1. 激光表面合金化的原理及特点

激光表面合金化是利用高能激光束加热并熔化基体表层与添加元素，使其混合后迅速凝固，从而形成以原基材为基的、新的表面合金层。激光表面合金化的强化是相变硬化、固溶强化和碳化物第二相强化的综合效果，第二相强化是提高耐磨性的主要因素。

激光表面合金化具有许多独特的优点：能进行非接触式的局部处理，易于实现不规则的零件加工；能量利用率高；合金体系范围宽；能准确控制各工艺参数，实现合金化层深度可控；热影响区小，工件变形小。

2. 激光表面合金化的工艺

激光表面合金化可分为三种工艺方式：

（1）预置法

即先将合金化材料预涂覆于需强化部位，然后进行激光扫描熔化，实现合金化。预涂覆可采用热喷涂、气相沉积粘接、电镀等工艺。实际应用较多的粘接法工艺简单，便于操作，且不受合金成分限制。

（2）硬质粒子喷射法

采用惰性气体将合金化细粉直接喷射至激光扫描所形成的熔池，凝固后硬质相镶嵌在基体中，形成合金化层。

（3）激光气相合金化

将能与基材金属反应形成强化相的气体（如氮气、渗碳气氛等）注入金属熔池中，并与基材元素反应，形成合金化物合金层。如 Ti 及 Ti 合金进行激光气体合金化，可形成 TiN、TiC 或 Ti（C，N）化合物。

3. 激光表面合金化的性能与应用

基体材料经过激光表面合金化处理，可大幅度提高材料的表面性能，这种性能主要体现在耐磨性和耐蚀性两个方面。20 钢中加入 Ni 基合金粉末激光表面合金化，硬度虽然不及 CrWMn 钢淬火，但耐磨性提高 2.4 倍。而在加入 Ni 基粉末的同时加入 WC，耐磨性可提高 5 倍以上。对 Al - Si 合金，采用 Ni 粉末合金化，生成 Al_3Ni 硬化相，硬度达 300HV，再加入碳化物粒子，耐磨性可提高 1 倍。

激光合金化主要用于耐磨件的表面处理，如泥浆泵叶轮、拖拉机换向拨叉、螺母攻丝机出料道、轴承扩孔模、冲裁模、电厂排粉机叶片及铝活塞等零件。以 WC/Co 为添加粉末合金化后，可获得大量碳化物，基体又为马氏体组织，所以表面硬度达 1000HV 以上，使拨叉、料道使用寿命提高 10 倍以上。冲材模、排粉机叶片使用寿命提高 2 ~ 3 倍。激光表面合金化用于铝活塞环槽强化效果显著，经装车试验，运行 14.2×10^4 km 后，环槽最大磨损量仅有 0.07mm。

激光合金化与激光熔敷的区别是，激光合金化是在基材的表面熔覆层内加入合金元素，目的是形成以基材为基的新的合金层，而激光熔覆过程中的覆层材料完全融化，而基体熔化层极薄，因而对熔覆层的成分影响极小。

激光合金化实质上是把基体表面层熔融金属作为溶剂，而熔覆是将另行配置的合金粉末融化，使其成为熔覆层的主体合金，同时基体合金也有一薄层融化，与之形成冶金结合。

重点内容

常用表面改性技术的基本知识。

主要了解电镀及化学镀、热喷涂、气相沉积、激光表面改性的工艺方法、工艺特点、表面层的性能和应用范围等。

思 考 题

1. 常用表面技术有哪些种类？
2. 工业化生产中，电镀的实施方式有哪些？
3. 与常用电镀技术相比，电刷镀有哪些特点？
4. 常用的镀层金属与合金各有何特点？
5. 热喷涂方法有哪些实施方式？各有何特点？
6. 试介绍热喷涂材料的种类及特点。
7. 试介绍各种物理气相沉积的原理、特点及应用。
8. 试介绍激光熔敷的原理、特点与应用。
9. 激光合金化与激光熔敷的区别有哪些？

第6章

碳素钢

碳素钢由于具有较好的力学性能和工艺性能，原料来源丰富，冶炼及制造工艺比较简便，价格较低，而且通过控制含碳量及热处理方式可以达到多种性能要求，因此是工业生产中应用最广的金属材料，约占工业用钢总量的80%左右。

6.1 碳素钢的基本知识

6.1.1 碳素钢的成分特点

碳素钢是铁碳合金，$0.0218\% < w_C < 2.11\%$，并含有少量硅、锰、硫、磷等杂质元素。碳素钢的性能主要由其含碳量决定，碳素钢中的杂质元素对钢的性能和质量有一定影响，冶炼时应适当控制各杂质元素的含量。

1. 硅的影响

硅是作为脱氧剂加入钢中的。在镇静钢中通常 $w_{Si} = 0.10\% \sim 0.40\%$，在沸腾钢中仅有 $0.03\% \sim 0.07\%$。硅的脱氧作用比锰要强，它与钢液中的 FeO 生成炉渣，能消除 FeO 对钢的不良影响。硅能溶于铁素体中，并使铁素体强化，从而提高钢的强度和硬度，但降低了钢的塑性和韧性。

2. 锰的影响

锰是炼钢时用锰铁脱氧后残留在钢中的。锰能把钢中的 FeO 还原成铁，改善钢的质量。锰还可与硫化合，形成 MnS，消除硫的有害作用，降低钢的脆性，改善钢的热加工性能。锰能大部分溶解于铁素体中，使铁素体强化，提高钢的强度和硬度。碳素钢中的锰的质量分数一般为 $0.25\% \sim 0.80\%$。

3. 硫的影响

硫是在炼钢时由矿石和燃料带进钢中的。在固态下硫不溶于铁，而以 FeS 的形式存在。FeS 与 Fe 能形成低熔点的共晶体，熔点为985℃，分布在晶界上，当钢材在 $1000 \sim 1200$℃进行热加工时，由于共晶体熔化，从而导致热加工时脆化、开裂，这种现象称为"热脆"。因此必须控制钢中的含 S 量，一般控制在 0.050%（质量分数）以下。

4. 磷的影响

磷是由矿石带入钢中的。磷在钢中能全部溶于铁素体中，因此提高了铁素体的强度和硬度；但在室温或更低温度下，因析出脆性化合物 Fe_3P 使钢的塑性和韧性急剧下降，产生脆性，这种现象称为冷脆。因此要严格限制磷的含量，一般控制在 0.045%（质量分数）以下。

5. 氧、氢、氮的影响

氧对钢的力学性能不利，使强度和塑性降低，特别是氧化物夹杂对疲劳强度有很大的影响，因此氧是有害元素。钢中氢的存在会造成氢脆、白点等缺陷，是有害元素。氮的存在常导致钢的硬度、强度的提高和塑性的下降，若炼钢时用 Al、Ti 脱氧，因生成 AlN、TiN，可消除氮的脆化效应。

6.1.2 碳素钢的组织及性能

1. 碳素钢的平衡组织

碳素钢的平衡组织取决于其碳含量，当 $w_C = 0.02\% \sim 0.77\%$ 时，其平衡组织为亚共析组织（F+P），当 $w_C = 0.77\%$ 时为共析组织（P），当 $w_C = 0.77\% \sim 2.11\%$ 时为过共析组织（P+Fe$_3$C$_{II}$）。

2. 碳素钢的性能

碳素钢的性能取决于其组织，在亚共析钢中，随碳含量的增加，组织中的铁素体 F 减少，而珠光体 P 增加。因此塑性、韧性降低，强度和硬度呈直线上升。在过共析钢中，随着碳含量的增加，开始时强度和硬度仍呈增加趋势，塑性和韧性仍呈下降趋势，当 $w_C > 0.9\%$ 时，硬度仍呈直线上升，塑性韧性仍继续下降，但抗拉强度转为下降趋势，强度在 $w_C = 0.9\%$ 时出现峰值。这是由于二次渗碳体 Fe$_3$C$_{II}$ 逐渐增加，形成了连续的网状，从而使钢的脆性增加、强度下降。图 6-1 所示为碳素钢含碳量对力学性能的影响。

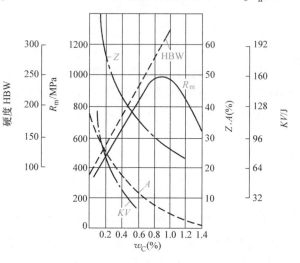

图 6-1 碳素钢含碳量对力学性能的影响

6.1.3 碳素钢的分类

碳素钢的分类方法很多，常见的方法有以下几种。

1. 按钢中碳含量分类

1）低碳钢（$w_C < 0.25\%$）。

2）中碳钢（$w_C = 0.25\% \sim 0.60\%$）。

3）高碳钢（$w_C > 0.60\%$）。

2. 按钢的平衡组织分类

1）亚共析钢（平衡组织为 F+P）。

2）共析钢（平衡组织为 P）。

3）过共析钢（平衡组织为 P+Fe$_3$C$_{II}$）。

3. 按钢的主要质量等级分类

1）普通碳素钢（$w_S \leqslant 0.055\%$、$w_P \leqslant 0.045\%$）。

2）优质碳素钢（$w_S \leqslant 0.04\%$、$w_P \leqslant 0.04\%$）。

3）高级优质碳素钢（$w_S \leqslant 0.03\%$、$w_P \leqslant 0.035\%$）。

4. 按钢的用途分类

（1）碳素结构钢

用于制造各种构件、机械零件（如齿轮、轴、连杆、螺钉、螺母等）和各种工程结构件（如桥梁、船舶、建筑构架等）。这类钢一般属于低碳钢、中碳钢。

碳素结构钢分为普通碳素结构钢和优质碳素结构钢，普通碳素结构钢是工程中应用最多的钢种，其产量约占钢总产量的 70%~80%。优质碳素结构钢中有害杂质含量少，塑性和韧性较高，用于制造较重要的零件。

（2）碳素工具钢

用于制造刀具、量具和模具。这类钢一般属于高碳钢，$w_C = 0.65\% \sim 1.35\%$，有害杂质元素（S、P）含量较少，分为普通碳素工具钢（属于优质碳素钢）和高级优质碳素工具钢（属于高级优质碳素钢）。

此外，钢按冶炼时脱氧方法的不同，分为沸腾钢、镇静钢和半镇静钢等。

6.1.4 碳素钢的热处理

为提高性能，碳素钢一般在热处理状态下使用。不同成分的碳素钢，其常用的热处理工艺不同，达到的性能也不同。

低碳钢本身塑性较好、强度不高，一般进行退火或正火热处理，组织与平衡状态相比变化不大，组织仍为 F + P；但晶粒得到细化，成分得以均匀化，内应力减小，塑性、强度得以提高。低碳钢可进行渗碳及淬火低温回火热处理，使表面组织为高碳马氏体和粒状渗碳体，心部组织为低碳马氏体，达到表硬心韧的性能。

中碳钢本身具有强度、硬度、塑性、韧性较好的综合力学性能，一般进行调质热处理，组织为回火索氏体，其综合性能进一步提高。

高碳钢本身硬度较高，一般进行淬火及低温回火热处理，组织主要为回火马氏体（过共析钢还有粒状渗碳体），其硬度进一步提高。

6.1.5 碳素钢的牌号

1. 普通碳素结构钢

普通碳素结构钢牌号由代表屈服强度的字母 Q、屈服强度数值、质量等级符号、脱氧方法符号四部分顺序组成。质量等级分 A、B、C、D 四级，从左至右质量依次提高。脱氧方法有 F（沸腾钢）、Z（镇静钢）、TZ（特殊镇静钢），通常 Z 和 TZ 可省略。例如 Q215AF，表示屈服强度为 215MPa，质量等级为 A 级，脱氧方法为沸腾钢的普通碳素结构钢。

2. 优质碳素结构钢

其牌号为两位数字，以平均万分数表示钢中碳的质量分数。例如 45 钢，表示碳的质量分数为 0.45% 的优质碳素结构钢；08 表示碳的质量分数为 0.08% 的优质碳素结构钢。

3. 碳素工具钢

普通碳素工具钢的牌号以"T"（"碳"的汉语拼音字首）开头，其后的数字以名义千分数表示碳的质量分数。如 T8 表示碳的质量分数为 0.80% 的碳素工具钢。牌号后面标以字母 A 表示为高级优质碳素工具钢。如 T12A 表示碳的质量分数为 1.20% 的高级优质碳素工具钢。

4. 铸造碳钢

形状复杂的零件，又要求力学性能时常用铸造碳钢。铸造碳钢的牌号是用"铸""钢"两字的汉语拼音字首"ZG"后面加两组数字组成，第一组数字代表屈服强度最低值，第二组数字代表抗拉强度最低值。例如 ZG200 - 400 表示屈服强度不小于 200MPa、抗拉强度不小于 400MPa 的铸造碳钢。

6.2 常用碳素钢的牌号、成分、组织、性能及应用

钢的种类繁多，各种碳素钢的成分及性能不同，应用于不同的工作条件。

6.2.1 普通碳素结构钢

普通碳素结构钢的化学成分见表 6-1。

表 6-1 普通碳素结构钢的化学成分（GB/T 700—2006）

牌号	质量等级	化学成分（质量分数,%），不大于					脱氧方法
		C	Si	Mn	P	S	
Q195	—	0.12	0.30	0.50	0.035	0.040	F、Z
Q215	A	0.15	0.35	1.20	0.045	0.050	F、Z
	B					0.045	
Q235	A	0.22	0.35	1.40	0.045	0.050	F、Z
	B	0.20			0.045	0.045	F、Z
	C	0.17			0.040	0.040	Z
	D				0.035	0.035	TZ
Q275	A	0.24	0.35	1.50	0.045	0.050	F、Z
	B	0.21			0.045	0.045	Z
	C	0.22			0.040	0.040	Z
	D	0.20			0.035	0.035	TZ

普通碳素结构钢的力学性能及应用见表 6-2。

表 6-2 普通碳素结构钢的力学性能及应用（GB/T 700—2006）

牌号	质量等级	R_e/MPa，不小于						R_m/MPa	A（%），不小于					力学性能及应用
		钢材厚度（直径）/mm							钢材厚度（直径）/mm					
		≤16	>16~40	>40~60	>60~100	>100~150	>150~200		≤40	>40~60	>60~100	>100~150	>150~200	
Q195	—	195	185	—	—	—	—	315~430	33	—	—	—	—	塑性好，有一定的强度。可制成各种型材，用于桥梁建筑等钢结构，也可制造受力不大的零件，如螺钉、螺母、垫圈、焊接件、冲压件等
Q215	A B	215	205	195	185	175	165	335~450	31	30	29	27	26	
Q235	A B C D	235	225	215	215	195	185	370~500	26	25	24	22	21	强度较高，用于制造转轴、心轴、拉杆、摇杆、吊钩等受力不太大的零件
Q275	A B C D	275	265	255	245	225	215	410~540	22	21	20	18	17	强度较高，用于制造承受中等载荷的零件，如轧辊、轴、销子、连杆、农机零件等

6.2.2 优质碳素结构钢

优质碳素结构钢的成分、力学性能及应用见表 6-3。

表 6-3 优质碳素结构钢的成分、力学性能及应用（GB/T 699—2015）

牌号	化学成分（质量分数,%）			P、S 不大于	力学性能					应用举例
	C	Si	Mn		R_m/MPa	R_e/MPa	A（%）	Z（%）	KU_2/J	
					不小于					
08	0.05~0.11	0.17~0.37	0.35~0.65	0.35	325	195	33	60	—	受力不大但要求高韧性的冲压件、焊接件及螺栓、螺母、垫圈等 20钢、25钢渗碳淬火后可制造要求不高的耐磨零件，如凸轮、滑块等
10	0.07~0.13	0.17~0.37	0.35~0.65		335	205	31	55	—	
15	0.12~0.18	0.17~0.37	0.35~0.65		375	225	27	55	—	
20	0.17~0.23	0.17~0.37	0.35~0.65		410	245	25	55	—	
25	0.22~0.29	0.17~0.37	0.50~0.80		450	275	23	50	71	
30	0.27~0.34	0.17~0.37	0.50~0.80	0.035	490	295	21	50	63	受力较大的零件，如连杆、曲轴、主轴、活塞销、表面淬火齿轮、凸轮等
35	0.32~0.39	0.17~0.37	0.50~0.80		530	315	20	45	55	
40	0.37~0.44	0.17~0.37	0.50~0.80		570	335	19	45	47	
45	0.42~0.50	0.17~0.37	0.50~0.80		600	355	16	40	39	
50	0.47~0.55	0.17~0.37	0.50~0.80		630	375	14	40	31	
55	0.52~0.60	0.17~0.37	0.50~0.80		645	380	13	35	—	

（续）

牌号	化学成分（质量分数,%）				力学性能					应用举例
	C	Si	Mn	P、S 不大于	R_m /MPa	R_e /MPa	A (%)	Z (%)	KU_2 /J	
					不小于					
60	0.57~0.65	0.17~0.37	0.50~0.80	0.035	675	400	12	35	—	要求弹性极限或强度较高的零件, 如轧辊、弹簧、钢丝绳、偏心轮等
65	0.62~0.70	0.17~0.37	0.50~0.80		695	410	10	30	—	

08 钢、10 钢、15 钢属于冷冲压薄板钢，含碳量低、塑性好、强度低、焊接性能好，主要用于要求塑性较高的冲压件、焊接件等。图 6-2 为低碳钢零件。

a) 机箱　　　　　　　　　　　　b) 电动机壳

图 6-2　低碳钢零件

20 钢、25 钢属于渗碳钢，这类钢的强度较低，但塑性、韧性较高，冷冲压性能和焊接性能很好，可以制造各种受力不大但要求高韧性的零件，如轴承端盖、螺钉、杆件、轴套、容器及支架等冲压件和焊接件。这类钢经渗碳淬火后，表面耐磨性好，而心部具有一定的强度和韧性，可用于制造耐磨并承受冲击载荷的零件。图 6-3 所示为 20 钢渗碳制造的模具导柱与导套。

30 钢、35 钢、40 钢、45 钢、50 钢、55 钢属于调质钢，经过调质热处理后具有良好的综合力学性能，主要用于制造受力及冲击较大，要求强度、塑性、韧性都较高的轴类、轮类、杆类等零件，如齿轮、套筒、转轴等。这类钢在机械制造中应用非常广泛，特别是 40 钢、45 钢在机械零件中应用最广泛。图 6-4 所示为 45 钢车床齿轮。

60 钢、65 钢属于弹簧钢，经过淬火及中温回火热处理后可获得高的弹性，主要用于制造尺寸较小的弹簧、弹性零件。图 6-5 所示为弹簧钢工件。

图 6-3　20 钢渗碳制造的 模具导柱及导套

图 6-4　45 钢车床齿轮

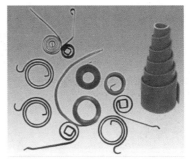

图 6-5　弹簧钢工件

6.2.3 碳素工具钢

常用碳素工具钢的牌号、成分、性能及应用见表6-4。

表6-4 常用碳素工具钢的牌号、成分、性能及应用（GB/T 1299—2014）

牌号	化学成分（质量分数,%）			退火后硬度 HBW 不大于	淬火工艺	回火温度/℃	回火后硬度 HRC	性能及应用
	C	Si	Mn					
T7	0.65~0.74	≤0.35	≤0.40	187	800~820℃水冷	180~200	60~62	韧性较好，用于承受冲击载荷较大的工具，如冲头、铲刀、手钳、锤头、木工工具、凿岩工具等
T8	0.75~0.84	≤0.35	≤0.40	187	780~800℃水冷	180~200	60~62	
T9	0.85~0.94	≤0.35	≤0.40	192	760~780℃水冷	180~200	60~62	
T10	0.95~1.04	≤0.35	≤0.40	197	760~780℃水冷	180~200	60~62	韧性中等，耐磨性适中，用于低速金属工具，如车刀、刨刀、冲头、丝锥、钻头、手工锯条等
T11	1.05~1.14	≤0.35	≤0.40	207	760~780℃水冷	180~200	60~62	
T12	1.15~1.24	≤0.35	≤0.40	207	760~780℃水冷	180~200	60~62	韧性较低，耐磨性较好，用于高耐磨的工具，如锉刀、刮刀、丝锥、量具等
T13	1.25~1.35	≤0.35	≤0.40	217	760~780℃水冷	180~200	60~62	

注：1. 表中工具钢的化学成分中 $w_S \leq 0.03\%$，$w_P \leq 0.035\%$。
2. 高级优质工具牌号后加A，$w_S \leq 0.02\%$，$w_P \leq 0.03\%$。

碳素工具钢淬火后硬度相近，但随着含碳量的增加，组织中未溶渗碳体增多，使钢的耐磨性提高，而韧性下降，故不同牌号的该类钢所应用的工具也不同。

T7、T8、T9 一般用于要求韧性稍高的工具，如冲头、錾子、简单模具、木工工具等。T10 用于要求中等韧性、适当硬度的工具，如手工锯条、丝锥、板牙等，也可用作要求不高的模具。T12 具有较高的硬度及耐磨性，但韧性低，用于制造量具、锉刀、钻头、刮刀等。图6-6所示为T10钢丝锥工件。高级优质碳素工具钢含杂质和非金属夹杂物少，适于制造重要的、形状复杂的工具。

6.2.4 铸造碳素钢

铸造碳素钢广泛用于制造形状复杂又要求较高力学性能的零件，如轧钢机、破碎机、冲床等机器的机架、工作台等。图6-7所示的颚式破碎机的机架为铸钢件。铸造碳素钢中，$w_C = 0.20\% \sim 0.60\%$，若含碳量过高，则钢的塑性差，且铸造时易产生裂纹，若含碳量过低，则强度低，达不到性能要求。

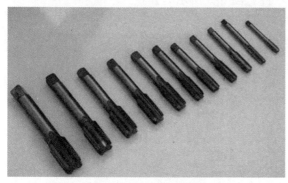

图6-6 T10钢丝锥工件

图6-7 颚式破碎机

铸造碳素钢的化学成分及力学性能见表6-5。

表6-5　铸造碳素钢的化学成分及力学性能（GB/T 11352—2009）

牌号	主要化学成分（质量分数,%）					室温力学性能				
	C	Si	Mn	S 不大于	P 不大于	R_e 或 $\sigma_{0.2}$ /MPa	R_m /MPa	A （%）	Z （%）	KV/J
ZG200 – 400	0.2	0.5	0.8			200	400	25	40	30
ZG230 – 450	0.3	0.5	0.9			230	450	22	32	25
ZG270 – 500	0.4	0.5	0.9	0.04	0.04	270	500	28	25	22
ZG310 – 570	0.5	0.6	0.9			310	570	15	21	15
ZG340 – 640	0.6	0.6	0.9			340	640	10	18	10

重点内容

1. 碳素钢基础知识

1）碳素钢的成分：$0.0218\% < w_C < 2.11\%$。

2）碳素钢的平衡组织：亚共析组织（F + P）、共析组织（P）、过共析组织（P + Fe₃C_Ⅱ）。

2）碳素钢的平衡组织：亚共析组织（F + P）、共析组织（P）、过共析组织（P + $Fe_3C_{Ⅱ}$）。

3）碳素钢的热处理及其组织、性能、应用总结（表6-6）。

表6-6　碳素钢的热处理及其组织、性能、应用总结

类型	热处理	组织	性能	应用
低碳钢 （0.1% ~ 0.15%）C	退火或正火	F + P_少量	强度较低，塑韧性好	受力小的工件或冲压件等
较低碳钢 （0.2% ~ 0.25%）C	渗碳、表面淬火 + 低温回火	表面 M_回 心部 F + P_少量	表面硬度高，心部有一定的强度及塑韧性，即表硬心韧	受力较小件，渗碳后用于受冲击较大的轴、齿轮等
中碳钢 （0.3% ~ 0.5%）C	调质	S_回	强硬度及塑韧性均较好	高强度工件
高碳钢 >0.6%C	球化退火（粗加工前）、淬火 + 低温回火或表面淬火 + 低温回火（粗加工后）	M_回 + Fe₃C_粒	硬度高	刀具、模具、量具等

2. 常用碳素钢的牌号、成分、组织、热处理、性能及应用举例（表6-7）

表6-7　常用碳素钢的牌号、成分、组织、热处理、性能及应用举例

牌号	成分 w_C（%）, 不大于	平衡组织	热处理	组织	性能	应用
10	0.10	F + P_少量	退火或正火	F + P_少量	塑性好	容器、外壳等
25	0.25	F + P_较少	渗碳、表面淬火 + 低温回火	表面 M_回 心部 F + P_较少	表面硬度好，心部具有一定的韧性	凸轮、受冲击的轴、齿轮等
45	0.45	F + P	淬火 + 高温回火（调质处理）	S_回	强硬度及塑性好较好	轴、齿轮等
65	0.65	F + P_较多	淬火 + 中温回火	T_回	强硬度较好，具有一定的塑韧性，弹性好	弹簧、轴套等
T12	1.2	P + Fe₃C_Ⅱ	球化退火 + 淬火 + 高温回火	M_回 + Fe₃C_粒	硬度高	锉刀、钻头等

扩展阅读

流光飞花中的神奇——钢材的火花鉴别法

由于种种原因，工厂中常会出现各种牌号钢材混乱堆放的情况。不同牌号的钢的含碳量不同，但其外观颜色上差别很小，很难区分。怎样才能无须对各种钢材取样、进行分析化验或金相检验就能从混放的钢材中快速地鉴别出所需钢材呢？

火花鉴别钢的
含碳量视频

将钢材轻轻压在旋转的砂轮上打磨，便见火花飞溅，流光耀眼，这流光飞花中闪烁着的神奇就是钢材的身份，即其成分（碳含量）。不同的钢材飞溅出的火花不同，观察迸射出的火花形状和颜色，可以快速判断钢材的大概成分，这就是钢材的火花鉴别法，如图 6-8 所示。

图 6-8　钢材的火花鉴别法

钢中的碳是形成火花的基本元素，碳含量的高低会影响火花的线条、颜色和状态。碳素钢的碳含量越高，则流线越多，火花束变短，爆花增加，花粉增多，火花亮度也增加。

思 考 题

1. 简述碳素钢的成分、组织与性能之间的关系。

2. 钢中常存在的杂质元素有哪些？对钢的性能有何影响？

3. 下列牌号属于哪一类钢？说明牌号中数字、字母的含义，举例说明各种钢的主要用途。Q235A、20 、45、65、T8、T12A、ZG200 – 400。

4. 45 钢铸件与锻件的成分、组织、性能、应用有何区别？

第7章

合金钢

由于碳素钢淬透性差、强度和屈强比低、抗回火性差、不具备某些特殊性能等，限制了它在现代工业生产中的应用。这些制约可通过合金化的方法来解决，即加入合金元素形成合金钢，以改善钢的力学性能或获得某些特殊性能。

7.1 合金钢的基本知识

7.1.1 合金钢的成分

冶炼时在碳素钢的基础上有目的地加入一些合金元素所形成的钢叫合金钢。因此，合金钢的 $w_C < 2.11\%$，加入的合金元素有主要有铬、镍、硅、锰，此外还可添加钼、钨、钒、钛、铌、锆、铝、硼、稀土（RE）等。合金钢中加入的合金元素可以是一种，也可以是多种，主加合金元素的量一般超过 1% ，但有时合金元素的总加入量甚至超过 25% 。合金元素加入钢中会与铁和碳产生作用，以不同的形式存在于钢中，改变钢的内部组织及结构，提高钢的性能。

1. 合金元素的存在形式

铁素体和渗碳体是碳钢在退火或正火状态下的两个基本相，合金元素加入钢中时，可以固溶于铁素体内，也可以与碳或渗碳体化合形成碳化物。合金元素在钢中主要以固溶态和化合态两种形式存在，少量以游离态存在。

（1）固溶态

几乎所有合金元素都可或多或少地溶入铁素体中，形成固溶体，产生固溶强化，使铁素体的强度和硬度升高。合金元素中 $w_{Cr} < 2\%$ ，$w_{Ni} < 5\%$ ，$w_{Si} < 1\%$ 、$w_{Mn} < 1\%$ 左右时不会降低铁素体的韧性。

（2）化合态

在钢中能形成碳化物的元素有：铁、锰、铬、钼、钨、钒、铌、锆、钛等（按与碳的亲和力由弱到强依次排列）。

铌、钒、锆、钛是强碳化物形成元素，一般形成特殊碳化物如 NbC、VC、ZrC、TiC。

锰是弱碳化物形成元素，一般是溶入渗碳体，形成合金渗碳体 $(Fe，Mn)_3C$ 。

铬、钼、钨是属于中强碳化物形成元素。其质量分数不高时，一般形成合金渗碳体，如 $(Fe，Cr)_3C$ 、$(Fe，W)_3C$ 等；质量分数较高（超过 5% 左右）时，易形成特殊碳化物，如 Cr_7C_3 、$Cr_{23}C_6$ 、MoC 、WC 等。

合金渗碳体较渗碳体略为稳定，硬度也较高，是一般低合金钢中碳化物的主要存在形式。特殊碳化物比合金渗碳体具有更高的熔点、硬度与耐磨性，且更稳定。合金渗碳体与特殊碳化物在钢中细小均匀分布时，可起到弥散强化（或弥散硬化）作用，是合金钢中的重要强化相。

合金元素在钢中的存在形式归纳如下：

$$
\text{合金元素在钢中的存在形式}
\begin{cases}
\text{固溶体：固溶于铁素体、奥氏体、马氏体中，如 Ni、Si、Al、Co、Cu、Mn、Cr 等} \\
\text{化合物}
\begin{cases}
\text{碳化物}
\begin{cases}
\text{合金渗碳体：如 (Fe, Mn)}_3\text{C、(Fe, Cr)}_3\text{C、(Fe, W)}_3\text{C 等} \\
\text{特殊碳化物：如 VC、TiC、Cr}_7\text{C}_3\text{、Cr}_{23}\text{C}_6\text{、MoC、Mo}_2\text{C、} \\
\text{WC、W}_2\text{C、Fe}_3\text{MoC、Fe}_3\text{W}_3\text{C 等}
\end{cases} \\
\text{金属间化合物：如 FeSi、FeCr、Ni}_3\text{Al、Ti}_3\text{Al 等} \\
\text{非金属夹杂物：如 Al}_2\text{O}_3\text{、AlN、SiO}_2\text{、TiO}_2\text{、MnS 等}
\end{cases} \\
\text{游离状态：如 Pb、Cu 等}
\end{cases}
$$

2. 合金元素对钢性能的影响

合金元素在钢中的存在形式对钢的性能有着显著的影响，除可以提高钢的使用性能外，还可以改善钢的热处理工艺性能。

（1）对钢力学性能的影响

在钢中加入合金元素可起到固溶强化、弥散强化等作用，从而提高钢的强度及高温强度。与碳钢相比，在相同韧性条件下具有更高的强度或在相同强度条件下获得更好的韧性。

（2）对钢热处理性能的影响

除钴外，大多数合金元素都能显著提高钢的淬透性，这是因为大多合金元素可使钢的等温转变图的曲线向右移动，使得钢淬火时的临界冷却速度减小，从而提高钢的淬透性。图 7-1 所示为合金钢与碳素钢的等温转变曲线图及临界冷却速度 $v_{临}$ 曲线。

合金钢的淬透性好，临界淬火直径较大，对截面较大的工件容易淬透，能够保证淬火质量。常用碳素钢与合金钢的临界淬透直径见表 7-1。另外钢淬火时可用冷速相对较小的油作为冷却介质，有利于防止淬火应力过大造成的变形和开裂缺陷。

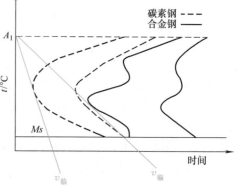

图 7-1　合金钢与碳素钢的等温转变曲线图及临界冷却速度 $v_{临}$ 曲线

表 7-1　常用碳素钢与合金钢的临界淬透直径

牌号	临界直径/mm		牌号	临界直径/mm	
	水冷	油冷		水冷	油冷
45	13 ~ 16.5	6 ~ 9.5	35CrMo	36 ~ 42	20 ~ 28
60	11 ~ 17	6 ~ 12	60Si2Mn	55 ~ 62	32 ~ 46
T10	10 ~ 15	< 8	50CrVA	55 ~ 62	32 ~ 40
65Mn	25 ~ 30	17 ~ 25	38CrMoAlA	100	80
20Cr	12 ~ 19	6 ~ 12	20CrMnTi	22 ~ 35	15 ~ 24
40Cr	30 ~ 38	19 ~ 28	30CrMnSi	40 ~ 50	23 ~ 40
35SiMn	40 ~ 46	25 ~ 34	40MnB	50 ~ 55	28 ~ 40

（3）对钢理化性能的影响

在钢中加入较多的合金元素，可使钢具有一些特殊的物理化学性能，得到不锈钢、耐热钢、耐磨钢、无磁性钢等特殊性能钢。

（4）对钢切削加工性能的影响

适当提高钢中硫、锰的含量，形成均匀分布的硫化锰夹杂物可改善切削性能。也可在钢中加入适量的铅，使它弥散、均匀地分布在钢中，提高钢的切削性能。

（5）对钢冷变形性能的影响

合金元素溶入钢基体中一般会使钢变硬变脆，导致冷形变加工困难。因此冷变形用钢要限制钢中碳、硅、硫、磷、镍、铬、钒、铜等元素的含量。

（6）对焊接性能的影响

焊接性能的好坏，主要由钢材的淬透性决定，如果淬透性高，焊缝附近热影响区内可能出现马氏体组织，易脆裂，使焊接性能下降。但钒、钛、铌、锆等元素，可细化熔化区的晶粒，改善焊接性能。

（7）对合金组织的影响

合金总量多时，合金元素对铁碳相图的影响较大，对合金组织产生影响。合金元素可以使相图上的 S 点及 E 点左移，使合金钢的组织不能按照相同含碳量的碳钢去判断。例如，$w_C=0.3\%$ 的 3Cr2W8V 合金钢为过共析钢组织；而 $w_C \leq 1.0\%$ 的 W18Cr4V 合金钢，在铸态下具有莱氏体组织。合金元素可以改变奥氏体相区的形状，如镍、锰、碳、氮等元素的加入都会使奥氏体相区扩大，图 7-2a 所示为锰对铁碳相图的影响，当锰、镍含量达到一定值时，有可能在室温下形成单相奥氏体钢。铬、钼、硅、钨等元素使奥氏体相区缩小，图 7-2b 所示为铬对铁碳相图的影响，当铬含量较高时，有可能在室温下形成单相铁素体钢。因此高合金钢可得到单相奥氏体钢或铁素体钢，使钢具有某些特殊的性能，如耐蚀、耐热、无磁等。

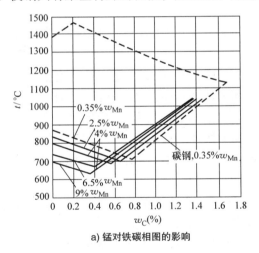 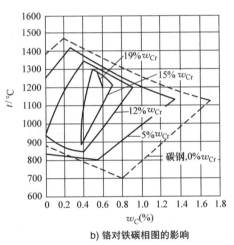

a) 锰对铁碳相图的影响   b) 铬对铁碳相图的影响

图 7-2   合金元素对铁碳相图的影响

7.1.2   合金钢的组织、性能及应用

合金钢的组织与合金元素的总加入量及碳含量有关。

1. 合金钢的平衡组织

合金总量少（质量分数小于 5%）时，可以按照铁碳相图判断合金钢的平衡组织，即合金钢的组织与相同含碳量的碳钢相似，当 $w_C=0.02\% \sim 0.77\%$ 时，其平衡组织为亚共析组织（F + P），当 $w_C=0.77\%$ 时为共析组织（P），当 $w_C=0.77\% \sim 2.11\%$ 时为过共析组织（P + Fe$_3$C$_{II}$）。

合金钢中合金总量较多时，其组织比较复杂，存在大量合金元素的碳化物。

2. 合金钢的性能特点

与碳素钢相比，合金元素使合金钢具有较高的强度、较好的淬透性，有的合金钢具有耐热、耐蚀、耐磨等特殊性能。

（1）强度和屈强比较高

合金结构钢强度高，如 Q355 钢（相当于 16Mn）的屈服强度 R_e 为 355MPa，而相似碳含量的普通碳素结构钢 Q235 的 R_e 为 235MPa。高强度可以降低工程结构和设备的重量。合金结构钢屈强比 R_e/R_m 高，如 40Cr 钢的 R_e/R_m 为 0.80，而相同碳含量的 40 钢 R_e/R_m 为 0.43。高屈强比可提高强度的有效利用率。

（2）淬透性高

一般情况下，碳素钢水淬的最大淬透直径只有 15~20mm，对于大尺寸和形状复杂的零件，不能保证性能的均匀性和几何形状不变。

（3）高温强度高、热硬性好

非合金钢淬火后的使用温度不能高于 250℃，否则强度和硬度就明显下降，如高碳钢的刀具只能用于很低的切削速度。

（4）可以满足特殊性能要求

碳素钢在抗氧化、耐蚀、耐热、耐低温、耐磨损以及特殊电磁性等方面往往较差，不能满足特殊使用性能的要求。

3. 合金钢的应用

合金钢主要用于强度要求更高、尺寸更大或有一些特殊性能要求的工件。

7.1.3 合金钢的热处理

1. 合金钢的热处理特点

1）合金钢的热处理加热温度高于相同碳含量的碳素钢。因为合金元素阻碍钢奥氏体化过程中碳和铁的扩散。

2）合金钢的淬火冷却速度要低于碳素钢，一般用油淬火。因为合金元素（除钴外）溶入奥氏体后，均增大过冷奥氏体的稳定性，使等温转变图的曲线右移，提高钢的淬透性。

3）合金钢有时采用多次回火。因为合金元素（除钴、铝外）溶入奥氏体后，使 Ms 及 Mf 降低，使钢中残留奥氏体量增多，多次回火可减少残留奥氏体。

4）与相同含碳量的碳素钢比，合金钢回火时温度高、时间长。因为合金元素阻碍马氏体分解和碳化物聚集长大，使回火时的硬度降低过程变缓。

5）合金钢回火时会产生"二次硬化"，即回火时硬度回升现象。因为含有大量碳化物形成元素（如钨、钼、钒等）的淬火钢，在回火过程中当温度超过 400℃ 以上时，形成和析出特殊碳化物。这种碳化物颗粒很细，且不易聚集，产生弥散硬化作用，使钢的硬度提高。因此，这类钢在 500~600℃ 回火时会出现"二次硬化"现象。

2. 合金钢的热处理组织

合金总量少时，合金钢的热处理组织与相同碳含量的碳素钢相似，低碳钢退火或正火后组织为 F + P；中碳钢调质热处理后组织为回火索氏体；高碳钢淬火及低温回火热处理后组织主要为回火马氏体（过共析钢还有粒状渗碳体）。

合金总量多时，热处理组织较复杂，在此不再赘述。

7.1.4 合金钢的分类

1）按合金元素的种类分：锰钢、铬钢、铬镍钢、硅锰钢、硼钢等。

2）按合金元素的含量分：低合金钢（质量分数 < 5%）、中合金钢（质量分数 = 5% ~ 10%）、高合金钢（质量分数 > 10%）。

3）按钢的主要质量等级分：普通合金钢（$w_S \leq 0.05\%$，$w_P \leq 0.045\%$）、优质合金钢（$w_S \leq 0.03\%$，$w_P \leq 0.035\%$）、高级优质合金钢（$w_S \leq 0.02\%$，$w_P \leq 0.025\%$）。

4）按用途分类：合金结构钢、合金工具钢、特殊性能钢。

按用途分类是合金钢最常用的分类方法。

合金结构钢用于制造各种工程结构件和机器零件，分为低合金高强度钢、合金渗碳钢、合金调质钢、弹簧钢、滚动轴承钢、易切钢等。

合金工具钢用于制造各种工、模具，分为合金刃具钢、合金模具钢和合金量具钢。

特殊性能钢是指具有特殊物理、化学性能的钢，分为不锈钢、耐热钢、耐磨钢等。

7.1.5 合金钢的牌号

1. 低合金高强度结构钢的牌号

合金结构钢中低合金高强度结构钢的牌号表示方法与普通碳素结构钢相同，见表7-2。

表7-2　低合金高强度结构钢牌号的表示方法

分类	牌号表示方法	举例
低合金高强度结构钢	钢的牌号由代表屈服强度的"屈"字汉语拼音首字母（Q）、屈服强度数值、质量等级符号（A、B、C、D、E）三个部分按顺序排列	Q　355　C 质量等级符号 屈服强度数值，单位MPa 屈服强度的"屈"字汉语拼音首字母

2. 其他合金钢的牌号

低合金高强度结构钢以外的其他合金结构钢（合金渗碳钢、合金调质钢、弹簧钢、滚动轴承钢、易切钢等）、合金工具钢、特殊性能钢的牌号表示方法见表7-3。

表7-3　合金钢的牌号表示方法

分类	牌号表示方法	举例
合金结构钢	数字+化学元素符号+数字，前面的数字以平均万分数表示钢的质量分数。后面的数字表示合金元素的质量分数，以平均百分数表示。质量分数小于或等于1.5%，一般不标注。若为高级优质钢，则在牌号的最后加"A"符号。易切钢前面加"Y"。滚动轴承钢在牌号前面加"G"符号，铬含量用千分数表示	60　Si2　Mn 平均锰的质量分数<1.5% 平均硅的质量分数为2% 平均碳的质量分数为0.60% Y20——碳的质量分数为0.20%的易切钢 GCr15SiMn 平均铬的质量分数为1.5%
合金工具钢	平均碳的质量分数大于或等于1.0%时不标注，小于1.0%时以千分数表示。高速钢例外，其平均碳的质量分数小于1.0%时也不标注。合金元素含量的表示方法与合金结构钢相同	5CrMnMo 平均碳的质量分数为0.5% CrWMn钢的平均碳的质量分数≥1.0%
特殊性能钢	平均碳的质量分数以千分之几表示。合金元素含量的表示方法与合金结构相同	20Cr13 平均碳的质量分数为0.20%

7.2 常用合金结构钢的牌号、成分、组织、性能及应用

合金结构钢中的低合金高强度结构钢主要用于各种受力的工程结构，大多为普通质量钢，冶炼简便，成本低，使用时一般不进行热处理。合金渗碳钢、合金调质钢、弹簧钢、滚动轴承钢等用于制造机器零件，对力学性能要求较高，属于优质钢或高级优质钢，一般都需经过热处理后使用。

7.2.1 低合金高强度结构钢

1. 成分

低合金高强度结构钢是在碳素结构钢的基础上加入少量合金元素发展起来的。它的碳的质量分数较低，$w_C < 0.16\%$，以少量锰为主加元素，并辅加钛、钒、铌、铜、磷等合金元素。锰是强化基体元素，$w_{Mn} < 1.8\%$，除固溶强化外，还细化铁素体晶粒，所以既提高了钢的强度，又改善了钢的塑性和韧性。钛、钒、铌等合金元素在钢中形成微细碳化物，起到细化晶粒和弥散强化的作用，从而提高钢的强度和冲击韧性等。铜、磷可提高钢对大气的抗蚀能力。

2. 组织

低合金高强度结构钢一般在热轧状态或热轧后正火状态下使用，组织为铁素体和少量珠光体。

3. 性能及应用

低合金高强度结构钢具有良好的焊接性、耐蚀性以及较好的韧性、塑性，强度显著高于相同含碳量的碳钢，如低合金高强度结构钢 Q355 钢（相当于16Mn）的屈服强度为 355MPa，而含碳量相似的普通碳素结构钢 Q235 的屈服强度为 235MPa。因此用这种钢代替普通碳素结构钢，可大幅度减轻结构重量，节约钢材，提高使用可靠性。另外，由于其成本与碳素结构钢相近，因此这种钢在桥梁、船舶、高压容器、车辆、石油化工等工程结构中被应用广泛。

图 7-3 Q355 钢建造的南京长江大桥

如图 7-3 所示为用 Q355 钢建造的南京长江大桥，其主跨跨度为 160m，与 Q235 钢相比，跨度增加且可节约钢材 15% 以上。低合金高强度钢中的 Q460 钢是我国研制的新钢种，在奥运场馆"鸟巢"上首次使用，钢板厚度达 110mm，是撑起"鸟巢"的钢筋铁骨，如图 7-4 所示。

图 7-4 北京奥运场馆"鸟巢"

4. 常用低合金高强度结构钢

常用低合金高强度结构钢的牌号、成分、性能及应用见表 7-4。其中 Q355 钢是我国发展最早、使用最多、产量最大、各种性能匹配较好的钢种，其应用最为广泛。

表 7-4　常用低合金高强度结构钢的牌号、成分、性能及应用（GB/T 1591—2018）

牌号	质量等级	化学成分（质量分数，%），不大于						力学性能，不小于			应用举例	相当于旧牌号
		C 厚度或直径/mm		Si	Mn	P	S	R_m/MPa 厚度或直径 ≤100mm	R_{eH}/MPa 厚度或直径 ≤16mm	A（%）厚度或直径 ≤40mm		
		≤40	>40									
Q355	B	0.24		0.55	1.60	0.035	0.035	470~630	355	22	锅炉、车辆、桥梁、压力容器、输油管道、建筑结构	16Mn 14MnNb 12MnV
	C	0.20	0.22			0.030	0.030					
	D	0.20	0.22			0.025	0.020					
Q390	B			0.55	1.70	0.035	0.035	490~650	390	21	桥梁、起重设备、船舶、压力容器等	15MnV 16MnNb
	C	0.20				0.030	0.030					
	D					0.025	0.025					
Q420	B	0.20		0.55	1.70	0.035	0.035	520~680	420	20	桥梁、高压容器、大型船舶、大型焊接结构等	14MnVTiRE 15MnVN
	C					0.030	0.030					
Q460	C	0.20		0.55	1.80	0.030	0.030	550~720	460	18	大型工程结构及要求强度高、载荷大的轻型结构	—

7.2.2　合金渗碳钢

1. 成分

合金渗碳钢的碳的质量分数一般为 $w_C = 0.15\% \sim 0.25\%$，低的碳含量为的是保证渗碳零件的心部具有足够的韧性。主要的合金元素有锰、铬、镍等，可辅加少量的硼、钛、钒、钼等。合金元素能提高钢的淬透性、改善心部性能，还可细化晶粒，防止渗碳过程中钢件产生过热。

2. 热处理方法及组织

合金渗碳钢的热处理一般是在渗碳后进行淬火及低温回火处理。热处理后表层组织由回火马氏体及少量分布均匀的碳化物组成，有很高的硬度（58~62HRC）和耐磨性。心部组织与钢的淬透性及零件尺寸有关，全部淬透时是低碳回火马氏体（40~48HRC），未淬透时是托氏体、少量低碳回火马氏体（25~40HRC，$a_K \geqslant 60J/cm^2$）。

3. 性能及应用

合金渗碳钢零件在渗碳、淬火及低温回火后具有"表硬心强韧"的性能，能在冲击载荷作用下及强烈磨损条件下工作，主要用于制造性能要求较高或截面尺寸较大的渗碳零件，如汽车、拖拉机上的变速齿轮，内燃机上的凸轮轴、活塞销等。图 7-5 所示为汽车变速箱齿轮轴。

图 7-5　汽车变速箱齿轮轴

4. 合金渗碳钢零件制造工艺路线

20CrMnTi 钢制造汽车变速箱齿轮轴的工艺路线如下：下料→锻造→正火→加工齿形→渗碳（930℃）→预冷淬火（830℃）→低温回火（200℃）→磨削齿形。

5. 常用合金渗碳钢

常用合金渗碳钢的牌号、成分、热处理、性能及应用见表 7-5。

表 7-5　常用合金渗碳钢的牌号、成分、热处理、性能及应用（GB/T 3077—2015）

类别	牌号	主要化学成分（质量分数，%）								毛坯尺寸/mm	热处理温度/℃				力学性能，不小于					应用举例
		C	Mn	Si	Cr	Ni	V	Ti	其他		渗碳	一次淬火	二次淬火	回火	R_m/MPa	R_{eL}/MPa	A（%）	Z（%）	KU_2/J	
低淬透性	20Mn2	0.17~0.24	1.40~1.80	0.17~0.37	—	—	—	—	—	15	910~930	850 水、油	—	220 水、空气	785	590	10	40	47	小齿轮、小轴、活塞销等
	20Cr	0.18~0.24	0.50~0.80	0.17~0.37	0.70~1.00	—	—	—	—	15	890~910	880 水、油	780~820 水、油	200 水、空气	835	540	10	40	47	小齿轮、小轴、活塞销、压力容器
	20MnV	0.17~0.24	1.30~1.60	0.17~0.37	—	—	0.07~0.12	—	—	15	930	880 水、油	—	200 水、空气	785	590	10	40	55	齿轮轴、蜗杆、摩擦轮
中淬透性	20CrMn	0.17~0.23	0.90~1.20	0.17~0.37	0.90~1.20	—	—	—	—	15	900~930	850 油	—	200 水、空气	930	735	10	45	47	
	20CrMnTi	0.17~0.23	0.80~1.10	0.17~0.37	1.00~1.30	—	—	0.04~0.10	—	15	930~950	880 油	870 油	200 水、空气	1080	850	10	45	55	汽车、拖拉机、变速箱
	20SiMn2MoV	0.17~0.23	2.20~2.60	0.9~1.2	—	—	0.05~0.12	—	Mo:0.30~0.40	15	900~950	900 油	—	200 水、空气	1380	—	10	45	55	
高淬透性	20Cr2Ni4	0.17~0.23	0.30~0.60	0.17~0.37	1.25~1.65	3.25~3.65	—	—	—	15	900~950	880 油	780 油	200 水、空气	1180	1080	10	45	63	大型渗碳齿轮和轴
	18Cr2Ni4W	0.13~0.19	0.30~0.60	0.17~0.37	1.35~1.65	4.00~4.50	—	—	W:0.80~1.20	15	900~920	950 空气	850 空气	200 水、空气	1180	835	10	45	78	

7.2.3　合金调质钢

1. 成分

合金调质钢的 $w_C = 0.25\% \sim 0.50\%$，主要合金元素为硅、锰、铬、镍等，辅加元素有硼（$w_B = 0.001\% \sim 0.003\%$）、钨、钛、钒、钼等。合金元素可提高淬透性、可起固溶强化及弥散强化作用，微量的钨、钼等元素可减轻或防止回火脆性。

2. 热处理方法及组织

合金调质钢的预先热处理一般采用正火或退火，目的是细化晶粒，降低硬度以改善切削加工性能。对于合金元素含量较高的钢，正火后形成马氏体组织，硬度很高，需进行一次高温回火，以降低硬度。调质钢的最终热处理一般采用调质处理，得到回火索氏体组织。如果零件还要求表面有良好的耐磨性，则要在调质处理后进行表面淬火（或淬火）后低温回火，以使表面得到回火马氏体组织。

3. 性能及应用

调质处理后，合金调质钢具有良好的综合力学性能，广泛用于制造高强度和高韧性要求的各种重要机器零件，如轴、连杆、齿轮等。图 7-6 所示为 40Cr 钢制汽车发动机连杆。对于一些大截面零件，为保证足够的淬透性，必须选用合金调质钢。

图 7-6　40Cr 钢制汽车发动机连杆

4. 合金调质钢零件制造工艺路线

40Cr 汽车或拖拉机连杆的工艺路线为：下料→锻造→退火→粗切削加工→调质→精切削加工→装配。

5. 常用合金调质钢

常用合金调质钢的牌号、化学成分、热处理、性能及应用见表 7-6。

7.2.4　合金弹簧钢

1. 成分

合金弹簧钢的 $w_C = 0.45\% \sim 0.7\%$（碳素弹簧钢的 $w_C \approx 0.6\% \sim 0.9\%$），主加合金元素是硅和锰，辅加少量的铬、钒等。合金元素的作用是固溶强化、细化晶粒、弥散强化等，并提高淬透性。

2. 热处理方法及组织

弹簧按加工工艺方法不同，可分为冷成形弹簧和热成形弹簧，它们的热处理方法及组织也不同。

（1）冷成形弹簧

直径较小的弹簧，可采用冷拉钢丝冷卷成形。冷卷成形后的弹簧不必进行淬火处理，只需进行一次消除内应力和稳定尺寸的定形处理，即加热到 $250 \sim 300℃$，保温一段时间，从炉内取出空冷即可，组织为珠光体和少量铁素体，且晶粒有拉长变形。

（2）热成形弹簧

截面尺寸较大的弹簧，通常是在热成形后进行淬火 + 中温回火（$350 \sim 500℃$）处理，得到回火托氏体组织。

3. 性能及应用

合金弹簧钢具有高的屈服强度特别是高的弹性极限，并有一定的塑性和韧性，用来制造各种弹簧和弹性元件。如图 7-7 所示为 60Si2Mn 制汽车板簧形状。弹簧的表面质量对使用寿命影响很大，常采用喷丸处理以强化表面，提高弹簧钢的屈服强度和疲劳强度。

机械工程材料 第2版

表7-6 常用合金调质钢的牌号、化学成分、热处理、性能及应用（GB/T 3077—2015）

| 牌号 | 主要化学成分（质量分数，%） | | | | | | | | 毛坯尺寸/mm | 热处理温度/℃ | | 力学性能，不小于 | | | | | | 应用举例 |
	C	Si	Mn	Cr	Ni	Mo	V	其他		淬火	回火	R_m/MPa	R_e/MPa	A(%)	Z(%)	KU_2/J	HBW(≤)	
40Cr	0.37~0.44	0.17~0.37	0.50~0.80	0.80~1.10	—	—	—	—	25	850 油	520 水、油	980	785	9	45	60	207	轴、齿轮、连杆、螺栓、蜗杆等
40CrMnMo	0.37~0.45	0.17~0.37	0.90~1.20	0.90~1.20	—	0.20~0.30	—	—	25	850 油	600 水、油	980	750	10	45	63	217	高强度耐磨齿轮、主轴等重载荷零件
42CrMo	0.38~0.45	0.17~0.37	0.50~0.80	0.90~1.20	—	0.15~0.25	—	—	25	850 油	560 水、油	1080	930	12	45	63	229	连杆、齿轮等
30CrMnSi	0.28~0.34	0.90~1.20	0.80~1.10	0.80~1.10	—	—	—	—	25	880 油	540 水、油	1080	835	10	45	39	229	高压鼓风机叶片、飞机重要零件
40MnB	0.37~0.44	0.17~0.37	1.10~1.40	—	—	—	—	B:0.0005~0.0035	25	850 油	500 水、油	980	785	10	45	47	207	代替40Cr做转向节、半轴、花键轴等
40MnVB	0.37~0.44	0.17~0.37	1.10~1.40	—	—	—	0.05~0.10	B:0.0005~0.0035	25	850 油	520 水、油	980	785	10	45	47	207	
40CrNiMo	0.37~0.44	0.17~0.37	0.50~0.80	0.60~0.90	1.25~1.65	0.15~0.25	—	—	25	850 油	600 水、油	980	835	12	55	78	269	制造高强度耐磨齿轮等
38CrMoAl	0.35~0.42	0.20~0.45	0.30~0.60	1.35~1.65	—	0.15~0.25	—	Al:0.70~1.10	30	940 水、油	640 水、油	980	835	14	50	71	229	高精度镗杆等

4. 合金弹簧钢零件制造工艺路线

60Si2Mn 汽车板簧的工艺路线为：扁钢下料→加热压弯成形→淬火 + 中温回火→喷丸。

图 7-7　60Si2Mn 制汽车板簧形状

5. 常用合金弹簧钢

常用合金弹簧钢的牌号、化学成分、热处理、性能及应用见表 7-7。

表 7-7　常用合金弹簧钢的牌号、化学成分、热处理、性能及应用（GB/T 1222—2016）

牌号	化学成分（质量分数,%）					热处理温度/℃		力学性能				应用举例
	C (<)	Si	Mn	V	其他	淬火	回火	R_m /MPa	R_{eL} /MPa	$A_{11.3}$ (%)	Z (%)	
65Mn	0.62 ~ 0.70	0.17 ~ 0.37	0.90 ~ 0.12	—	—	830 油	540	980	785	8	30	截面 < 20mm 的螺旋弹簧、板弹簧等
60Si2Mn	0.56 ~ 0.64	1.50 ~ 2.00	0.70 ~ 1.00	—	—	870 油	440	1570	1375	5	20	截面 <25mm 机车板簧、螺旋弹簧。工作温度 <230℃
60Si2CrV	0.56 ~ 0.64	1.40 ~ 1.80	0.40 ~ 0.70	0.10 ~ 0.20	Cr: 0.90 ~ 1.20	850 油	410	1860	1665	6	20	高载荷、耐冲击的重要弹簧，< 250℃ 耐热弹簧
50CrV	0.46 ~ 0.54	0.17 ~ 0.37	0.50 ~ 0.80	0.10 ~ 0.20	Cr: 0.80 ~ 1.10	850 油	500	1275	1130	10	40	大截面 <30mm 的高应力螺旋弹簧，<300℃ 耐热弹簧

7.2.5　滚动轴承钢

1. 成分

滚动轴承钢的 $w_C = 0.95\% \sim 1.15\%$，为高碳钢，可保证高硬度和高耐磨性。主加合金元素是铬，质量分数为 $w_{Cr} = 0.40\% \sim 1.65\%$，有时可添加硅、锰等元素。合金元素可提高淬透性，铬元素还可形成弥散分布的碳化物，提高钢的耐磨性和接触疲劳强度。

2. 热处理方法及组织

滚动轴承钢在锻造后进行球化退火作为预备热处理，以降低硬度，方便加工。最终热处理是淬火 + 低温回火，组织为回火马氏体及细粒状碳化物。

3. 性能及应用

滚动轴承钢热处理后具有很高的硬度、耐磨性及良好的疲劳强度，还有足够的韧性，表面能承受较高的局部应力和磨损，主要用来制造滚动轴承的内、外套圈和滚动体。如图 7-8 所示为滚动轴承的结构。

图 7-8　滚动轴承的结构

4. 滚动轴承钢零件制造工艺路线

GCr15 轴承钢制造轴承的工艺路线：轧制或锻造→球化退火→切削加工→淬火 + 低温退火→磨削加工。对于精密轴承，为保证尺寸稳定性，可在淬火后进行冷处理，并在磨削加工后在 120 ~ 130℃ 下进行 5 ~ 10h 的稳定化处理。

5. 常用滚动轴承钢

常用滚动轴承钢的牌号、化学成分、热处理及应用见表 7-8。

对于承受很大冲击载荷或特大型轴承，常用合金渗碳钢制造，目前最常用的渗碳轴承钢有 20Cr2Ni4 等。对于要求耐腐蚀的不锈轴承，可采用马氏体不锈钢 85Cr17 等制造。

表7-8 常用滚动轴承钢的牌号、化学成分、热处理及应用（GB/T 18254—2016）

牌号	化学成分（质量分数,%）				典型热处理			应用举例
	C	Cr	Mn	Si	淬火温度 /℃	回火温度 /℃	回火后硬度 HRC	
GCr15	0.95 ~ 1.05	1.40 ~ 1.65	0.25 ~ 0.45	0.15 ~ 0.35	830 ~ 860	150 ~ 170	61 ~ 65	直径为20~50mm的中小型轴承套圈、钢球
GCr15SiMn	0.95 ~ 1.05	1.40 ~ 1.65	0.95 ~ 1.25	0.45 ~ 0.75	800 ~ 840	150 ~ 170	62 ~ 64	直径为50~200mm的大型轴承套圈、钢球

7.2.6 易切钢

1. 成分

易切钢是在碳钢基础上加入一定量的S、Pb、P、Ca等合金元素形成的容易切削加工的结构钢。可以是从低碳到高碳各种碳含量的钢，钢中 $w_S = 0.18\% \sim 0.30\%$，$w_{Mn} = 0.6\% \sim 1.55\%$，钢中形成大量的MnS夹杂物，使切屑易断，且有一定的润滑作用，从而改善切削性能。适当提高含磷量可以使铁素体脆化，也能提高切削性能。含锰量较高的易切钢，应在牌号后附加Mn，如Y40Mn等。

2. 热处理方法及组织

易切钢的热处理及组织主要由钢中含碳量决定。

3. 性能及应用

易切钢适合在自动机床上进行高速切削，而且切削后零件表面质量较高，刀具的磨损较小、使用寿命较长。主要用于制造受力较小、不太重要且大批生产的标准件，如螺钉、螺母、垫圈、垫片，或用于制作受力较小而对尺寸和表面粗糙度要求严格的仪器仪表、缝纫机、计算机、手表及其他各种机器上的齿轮、轴、螺栓、阀门、衬套、销钉、管接头、弹簧座垫及机床丝杠、塑料成型模具、外科和牙科手术用具等。

4. 常用易切钢

常用易切钢的牌号、化学成分、力学性能及应用见表7-9。

表7-9 常用易切钢的牌号、化学成分、力学性能及应用（GB/T 8731—2008）

牌号	化学成分（质量分数,%）					力学性能（热轧状态）		应用举例
	C	Mn	Si	S	P	R_m/MPa	A（%）	
Y08	≤0.09	0.75 ~ 1.05	≤0.15	0.26 ~ 0.35	0.04 ~ 0.09	360 ~ 570	25	大批量的铆钉、垫片等
Y12	0.08 ~ 0.16	0.70 ~ 1.00	0.15 ~ 0.35	0.10 ~ 0.20	0.08 ~ 0.15	390 ~ 540	22	
Y20	0.17 ~ 0.25					450 ~ 600	20	大批量的螺钉、螺母、衬套等
Y30	0.27 ~ 0.35	0.70 ~ 1.00	0.15 ~ 0.35	0.08 ~ 0.15	≤0.06	510 ~ 655	15	
Y35	0.32 ~ 0.40					510 ~ 655	14	
Y45	0.42 ~ 0.50	0.70 ~ 1.10	≤0.40	0.15 ~ 0.25	≤0.06	560 ~ 800	12	仪器仪表上的轴、轮、衬套、销钉等
Y35Mn	0.32 ~ 0.40	0.90 ~ 1.35	≤0.10	0.18 ~ 0.30	≤0.04	530 ~ 790	16	
Y40Mn	0.37 ~ 0.45	1.20 ~ 1.55	0.15 ~ 0.35	0.20 ~ 0.30	≤0.05	590 ~ 850	14	
Y45MnS	0.40 ~ 0.48	1.35 ~ 1.65	≤0.40	0.24 ~ 0.33	≤0.04	610 ~ 900	12	

7.3 常用合金工具钢的牌号、成分、组织、性能及应用

7.3.1 合金刃具钢

刃具钢可制造各种车刀、铣刀等切削刀具。它必须具有高硬度（>60HRC）、高耐磨性、高热硬性（钢在高温下保持硬度的能力称为热硬性）、足够的韧性和塑性。

1. 低合金刃具钢

（1）成分

碳的质量分数高，$w_C = 0.75\% \sim 1.50\%$，主加硅、铬、锰、钨等合金元素，保证高硬度、高耐磨性、高热硬性，提高淬透性。

（2）热处理方法及组织

锻造后进行球化退火预备热处理，降低硬度，方便切削加工。最终热处理为淬火＋低温回火，组织为回火马氏体＋粒状碳化物。

（3）性能及应用

低合金刃具钢与碳素工具钢相比，有较高的淬透性、较小的淬火变形、较高的热硬性（达300℃）、较高的强度与耐磨性。但其热硬性、耐磨性、淬透性仍不能满足高速切削要求。主要用于制造变形要求小的、尺寸较小的或低速切削的刀具，如丝锥、板牙、铰刀、钻头、低速车刀、刨刀等。如图7-9所示为加工内外螺纹的丝锥和板牙。

（4）低合金刃具钢制造工艺路线

9SiCr钢制圆板牙的制造工艺路线：下料→锻造→球化退火→粗切削加工→淬火＋低温回火→精切削加工。

图 7-9　加工内外螺纹的丝锥和板牙

（5）常用钢种

常用低合金刃具钢的牌号、成分、热处理及应用见表7-10。

表 7-10　常用低合金刃具钢的牌号、成分、热处理及应用（GB/T 1299—2014）

牌号	化学成分（质量分数,%）					试样淬火		退火状态 HBW 不小于	应用举例
	C	Si	Mn	Cr	其他	淬火温度 /℃	HRC 不小于		
Cr06	1.30 ~ 1.45	≤0.40	≤0.40	0.50 ~ 0.70	—	780 ~ 810 水	64	187 ~ 214	锉刀、刮刀、刻刀、刀片、剃刀
Cr2	0.95 ~ 1.10	≤0.40	≤0.40	1.30 ~ 1.65	—	830 ~ 860 油	62	179 ~ 229	车刀、插刀、铰刀、冷轧辊
9SiCr	0.85 ~ 0.95	1.20 ~ 1.60	0.30 ~ 0.60	0.95 ~ 1.25	—	820 ~ 860 油	62	197 ~ 241	丝锥、板牙、钻头、铰刀、冷冲模等
8MnSi	0.75 ~ 0.85	0.30 ~ 0.60	0.80 ~ 1.10			800 ~ 820 油	60	≤229	长铰刀、长丝锥
9Cr2	0.85 ~ 0.95	≤0.40	≤0.40	1.30 ~ 1.70	—	820 ~ 850 油	62	179 ~ 217	尺寸较大的铰刀、车刀等刃具
W	1.05 ~ 1.25	≤0.40	≤0.40	0.10 ~ 0.30	W: 0.80 ~ 1.20	800 ~ 830 水	62	187 ~ 229	低速切削硬金属刃具，如麻花钻、车刀和特殊切削工具

2. 高速钢

（1）成分

碳的质量分数高，为 $w_C = 0.75\% \sim 1.65\%$，可保证形成较多的合金碳化物，获得高碳马氏体，从而保证高硬度及高耐磨性。还含有质量分数总和在10%以上的钨、钼、钒、铬等碳化物形成元素。钨和钼的作用主要是提高钢的热硬性，含有大量钨和钼的马氏体具有很高的抗回火特性，在560℃左右回火时，会析出弥散的特殊碳化物 W_2C、Mo_2C，造成二次硬化。铬能显著提高钢的淬透性。钒形成的碳化物 VC 很稳定，硬度极高，可显著提高钢的耐磨性；钒也产生二次硬化，提高钢的热硬性。

（2）热处理方法及组织

高速钢中大量的合金元素使铁碳相图上的 E 点显著左移，其铸态组织中出现莱氏体，且莱氏体中的大量共晶碳化物呈鱼骨状分布，使钢有很大的脆性。如图 7-10 所示为 W18Cr4V 钢的铸态组织，组织中粗大的碳化物不能用热处理来消除，通常采用反复锻造的办法将其击碎，并使其均匀分布。高速钢锻造后进行球化退火，其组织为索氏体和细小粒状碳化物，如图 7-11 所示为 W18Cr4V 钢锻造后退火的组织。

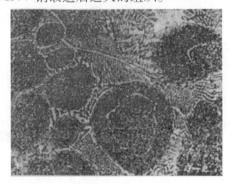

图 7-10　W18Cr4V 钢的铸态组织

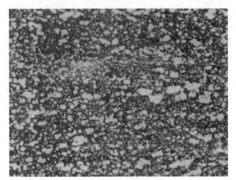

图 7-11　W18Cr4V 钢锻造后退火的组织

高速钢的优良性能只有经过正确的淬火和回火之后才能发挥出来。为了使钨、钼、钒等合金元素较多地溶入奥氏体，以提高钢的热硬性，它的淬火温度非常高（1200℃以上）。高速钢的导热性很差，淬火加热温度又很高，所以淬火加热时，必须进行一次预热（800~850℃）或两次预热（500~600℃，800~850℃），以防止开裂。高速钢淬火后的组织为针状马氏体、粒状碳化物及大量残留奥氏体，如图 7-12 所示为 W18Cr4V 钢的淬火组织。

高速钢的回火工艺通常是在 550~570℃ 回火（每次保温 1h）三次，以使残留奥氏体尽量都转变为回火马氏体。最后的组织为极细的回火马氏体、细粒状碳化物及少量残留奥氏体，如图 7-13 所示为 W18Cr4V 钢的回火组织。在回火过程中，由马氏体中析出高度弥散的钨、钼及钒的碳化物，使钢的硬度明显提高，形成二次硬化；同时残留奥氏体转变为马氏体，也使硬度提高，保证了钢的高硬度和热硬性。

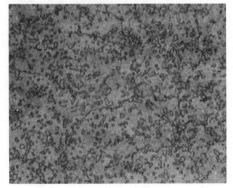

图 7-12　W18Cr4V 钢的淬火组织

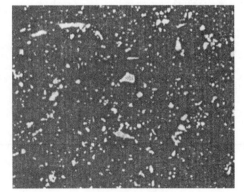

图 7-13　W18Cr4V 钢的回火组织

（3）性能及应用

高速钢与其他工具钢相比的突出特点是高的热硬性，它可使刀具在高速切削，刃部温度升高到 600℃时硬度仍能维持在 55~60HRC。高速钢还具有高硬度和高耐磨性，使切削时切削刃保持锋利。高速钢的淬透性优良，甚至在空气中冷却也能得到马氏体。高速钢广泛应用于制造尺寸大、形状复杂、负荷重、工作温度高的各种高速切削刀具。如图 7-14 所示为高速钢铣刀及钻头。

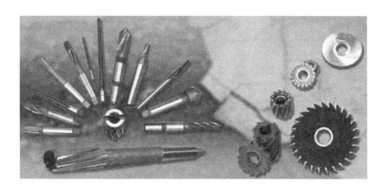

图 7-14　高速钢铣刀及钻头

（4）高速钢制造工艺路线

W18Cr4V 钢制造盘形铣刀的工艺路线：下料→锻造→球化退火→切削加工→淬火＋回火→喷砂→磨削加工。

（5）常用钢种

常用高速工具钢的牌号、成分、热处理及应用见表 7-11。W18Cr4V 钢是我国发展最早、应用最广的一个钢种，它的特点是热硬性高、加工性好。目前应用较广的还有 W6Mo5Cr4V2 等钨钼系高速钢，这类钢的耐磨性、热塑性和韧性都优于 W18Cr4V 钢，而且价格相对较低；但其脱碳倾向较大，热加工时应注意。

7.3.2　合金模具钢

模具是用于压力加工的工具，模具的品种不同，性能要求也不同，用作模具的材料也不同，碳素工具钢、合金工具钢、高速钢、滚动轴承钢等都可用于制造模具。根据模具的工作条件不同，模具钢可分为冷作模具钢和热作模具钢。

1. 冷作模具钢

（1）成分

碳的质量分数较高，为 $w_C = 0.85\% \sim 2.3\%$，以保证高硬度，常加入铬、钨、锰、钼等合金元素提高淬透性、耐磨性等。

（2）热处理方法及组织

预备热处理为球化退火以软化材料，方便切削加工，最终热处理为淬火和较低温度回火，以提高硬度及耐磨性。

（3）性能及应用

冷作模具钢具有高的硬度、良好的耐磨性、足够的强度和韧性以及较高的淬透性，用于制造使金属在较低温度下变形的模具，如冷冲模、冷镦模、拉丝模等。图 7-15 所示为冲孔模具的冲头。

（4）冷作模具加工工艺路线

Cr12MoV 钢制冲孔模具的工艺路线：下料→锻造→球化退火→切削加工→淬火＋回火→磨削加工或电火花加工。

（5）常用钢种

尺寸较小的轻载模具，可采用 T10A、9SiCr、9Mn2V 等一般刃具钢来制造。尺寸较大的重载模具或要求精度较高、热处理变形小的模具，一般采用 Cr12 型钢如 Cr12、Cr12MoV 等。Cr12 型钢的化学成分、热处理和应用见表 7-12。这类

凹模板加工工艺
过程视频

表 7-11　常用高速工具钢的牌号、成分、热处理及应用（GB/T 9943—2008）

牌号	化学成分（质量分数，%）										退火硬度 HBW 不大于	热处理				应用举例
	C	Mn	P	S	Si	Cr	V	W	Mo	其他		预热温度/°C	淬火温度/°C	回火温度/°C	硬度 HRC ≥	
W18Cr4V	0.73 ~ 0.83	0.10 ~ 0.40	≤0.03	≤0.03	0.20 ~ 0.40	3.80 ~ 4.50	1.00 ~ 1.20	17.20 ~ 18.70	—	—	255	800 ~ 900	1250 ~ 1270 盐浴	550 ~ 570	63	制造一般高速切削用车刀、刨刀、钻头、铣刀等
W6Mo5Cr4V2	0.80 ~ 0.90	0.15 ~ 0.40	≤0.03	≤0.03	0.20 ~ 0.45	3.80 ~ 4.40	1.75 ~ 2.20	5.50 ~ 6.75	4.50 ~ 5.50	—	255	800 ~ 900	1200 ~ 1220 盐浴	540 ~ 560	64	制造要求耐磨性和韧性好的高速切削刀具，如丝锥、钻头等
W6Mo5Cr4V2Al	1.05 ~ 1.15	0.15 ~ 0.40	≤0.03	≤0.03	0.20 ~ 0.60	3.80 ~ 4.40	1.75 ~ 2.20	5.50 ~ 6.75	4.50 ~ 5.50	Al0.80 ~ 1.20	269	800 ~ 900	1230 ~ 1240 油	550 ~ 570	65	使用寿命为 W18Cr4V 的 1~2 倍，也可作冷热模具零件

钢含有高碳和高铬，其组织中有较多铬的碳化物，耐磨性好。Cr12MoV 钢的碳含量低于 Cr12 钢，故其碳化物不均匀性较 Cr12 钢有所减轻，因此强度和韧性较高。钼能减轻碳化物偏析，并能提高淬透性。钒可细化钢的晶粒，增加韧性。

图 7-15　冲孔模具的冲头

表 7-12　Cr12 型钢的化学成分、热处理和应用（GB/T 1299—2014）

牌号	化学成分（质量分数,%）						热处理			硬度		应用举例
	C	Si	Mn	Cr	Mo	V	退火 /℃	淬火 /℃	回火 /℃	退火 HBW	回火 HRC	
Cr12	2.00 ~ 2.30	≤0.40	≤0.40	11.50 ~ 13.00	—	—	870 ~ 900	930 ~ 980	200 ~ 450	217 ~ 269	58 ~ 64	重载荷、高耐磨、变形要求小的冲压模具
Cr12MoV	1.45 ~ 1.70	≤0.40	≤0.40	11.00 ~ 12.50	0.40 ~ 0.60	0.15 ~ 0.30	850 ~ 870	1020 ~ 1040	150 ~ 425	207 ~ 255	55 ~ 63	

2. 热作模具钢

热作模具钢用于制造使金属热成形的模具，如热锻模、热挤压模、压铸模等。其工作部分的温度会升高到 300 ~ 400℃（热锻模）、500 ~ 800℃（热挤压模），甚至达到 1000℃（钢铁压铸模），工作时承受较大冲击、摩擦、反复的热循环、热应力。

（1）成分

$w_C = 0.3\% ~ 0.6\%$，在中碳范围，保证较高的韧性、强度、硬度、导热性，常加入铬、镍、锰、硅等合金元素提高淬透性、高温强度、抗热疲劳性能等。

（2）热处理特点及组织

热处理与调质钢相似，锻造后预备热处理采用退火，最终热处理是淬火 + 高温回火，组织为回火索氏体。

（3）性能及应用

良好的综合力学性能，如高的热强性和足够高的韧性，高的热硬性和高温耐磨性，高的热疲劳强度和抗氧化能力，高的淬透性和良好的导热性，用于各种热变形模具。图7-16 所示为连杆的热锻模具。

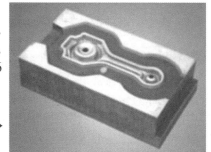

图 7-16　连杆的热锻模具

（4）热作模具制造工艺路线

5CrMnMo 钢制热锻模具的工艺路线：下料→锻造→退火→粗切削加工→淬火 + 回火→精切削加工（修型或抛光）。

（5）常用钢种

常用热作模具钢的牌号、化学成分、热处理及应用见表 7-13。

表 7-13　常用热作模具钢的牌号、化学成分、热处理及应用（GB/T 1299—2014）

牌号	化学成分（质量分数,%）								热处理			应用举例
	C	Cr	Mn	Mo	Ni	Si	W	V	淬火温度/℃	回火温度/℃	硬度 HRC	
5CrMnMo	0.50 ~ 0.60	0.60 ~ 0.90	1.20 ~ 1.60	0.15 ~ 0.30	—	0.25 ~ 0.60			820 ~ 850	560 ~ 580	35 ~ 37	中小型锤锻模
5CrNiMo	0.50 ~ 0.60	0.50 ~ 0.80	0.50 ~ 0.80	0.15 ~ 0.30	1.40 ~ 1.80	≤0.40			830 ~ 860	530 ~ 550	38 ~ 40	大型锤锻模
3Cr2W8V	0.30 ~ 0.40	2.20 ~ 2.70	≤0.40	—	—	≤0.40	7.50 ~ 9.00	0.20 ~ 0.50	1075 ~ 1125 油	560 ~ 580 (三次)	46 ~ 48	高应力压模，如铜合金挤压模、热剪切刀等

7.3.3　合金量具钢

量具钢最常用的为碳素工具钢和低合金工具钢，此外渗碳钢、滚动轴承钢、模具钢均可用作量具。在此主要介绍合金量具钢。

（1）成分、性能及应用

量具钢为高碳钢，以保证其工作部分具有高的硬度和耐磨性，在长期使用过程中不因磨损而失去原有的精度。量具钢可用于制造各种测量工具，如卡尺、千分尺、量块、塞规等，图7-17所示为塞规。

图7-17 塞规

（2）热处理及组织

量具钢预备热处理为球化退火，最终热处理为淬火 + 低温回火，为保证其硬度及尺寸稳定性，量具淬火后应进行 −80 ~ −70℃ 的冷处理，使残留奥氏体尽可能地转变为马氏体，然后进行低温回火；精度要求高的量具，淬火回火后，再在 120 ~ 130℃ 进行几小时至几十小时的时效处理，以进一步提高其尺寸稳定性。最终组织为回火马氏体及粒状碳化物。

（3）量具制造工艺路线

CrWMn 钢制量块的工艺路线为：下料→锻造→球化退火→粗切削加工→淬火→冷处理→低温回火→粗磨→低温人工时效处理→精磨→去应力回火→研磨。

（4）常用合金量具钢

常用合金量具钢的种类及应用见表7-14。

表7-14 常用合金量具钢的种类及应用

钢的种类	牌 号	应 用
低合金工具钢	9CrWMn、CrWMn	量块、塞规、样柱、样套等
渗碳钢	20Cr	精度不高，耐冲击的卡板、样板、金属直尺等
滚动轴承钢	GCr15	量块、塞规、样柱等
冷作模具钢	9Mn2V	高精度的量具

7.4 特殊性能钢的牌号、成分、组织、性能及应用

特殊性能钢是指具有特殊的物理、化学性能的钢，如不锈钢、耐热钢和耐磨钢等。

7.4.1 不锈钢

不锈钢是指在大气、酸、碱或盐的水溶液等腐蚀介质中具有高度稳定性的钢。

金属的腐蚀通常可分为化学腐蚀和电化学腐蚀两类。金属直接与周围介质发生化学反应而产生的腐蚀称为化学腐蚀；而金属在电解质溶液中由于原电池作用产生电流而引起的腐蚀称为电化学腐蚀。大部分金属的腐蚀都属于电化学腐蚀。当两种电极电位不同的金属互相接触，且有电解质溶液存在时，将形成原电池，使电极电位较低的金属成为阳极并不断被腐蚀。在同一种合金中，也有可能形成微电池而产生电化学腐蚀。例如，钢中渗碳体的电极电位比铁素体的高，当存在电解质溶液时，铁素体成为阳极而被腐蚀。

要提高钢的抗腐蚀能力，可采取以下措施：①加入合金元素使钢在室温下为单相的铁素体、单相的奥氏体或单相的马氏体组织，这样可减少构成微电池的条件，从而提高钢的耐蚀性。②加入合金元素提高钢中基本相的电极电位。③加入合金元素在钢的表面形成一层致密的、牢固的氧化膜，使钢与周围介质隔绝，提高抗腐蚀能力。

不锈钢按正火状态的组织可分为铁素体不锈钢、马氏体不锈钢、奥氏体不锈钢等。

1. 铁素体不锈钢

常用铁素体不锈钢的 $w_C < 0.12\%$，$w_{Cr} = 12\% ~ 18\%$，典型牌号有 10Cr17、10Cr17Mo 等。这类钢为单相铁素体组织，耐蚀性、焊接性、塑性好，强度低。主要用于制造耐蚀而强度要求较低的化工设备的容器、管道等，广泛用于硝酸和氮肥工业中。图7-18所示为不锈钢材料制造的容器。

2. 马氏体不锈钢

常用马氏体不锈钢的 $w_C = 0.1\% ~ 0.4\%$，$w_{Cr} = 12\% ~ 14\%$。典型牌号有 12Cr13、20Cr13、30Cr13 等。随碳含量增加，强度增加，但由于碳与铬化合使基体中铬含量降低造成耐蚀性下降，这类钢在氧化性介质如大气、水蒸气、海水氧化性酸等中具有较好的耐蚀性，一般用来制造既能

承受载荷又需要耐蚀性的零件。12Cr13、20Cr13 在锻造空冷后组织中出现马氏体，硬度较高，锻后应退火软化，最终热处理为调质状态的回火索氏体组织，用于汽轮机叶片、水压机阀门、螺栓、螺母等。而 30Cr13、40Cr13 最终热处理为淬火及低温回火状态，组织为回火马氏体，用于要求硬度和耐磨性的手术钳、医用镊子、手术剪刀等。

图 7-18 不锈钢材料制造的容器

3. 奥氏体不锈钢

奥氏体不锈钢是目前应用最多的不锈钢，典型的钢种是 18 – 8 型镍铬不锈钢，$w_{Cr} \approx 18\%$，$w_{Ni} \approx 8\%$，如 12Cr18Ni9。此类钢的耐蚀性很好，冷热加工性和焊接性也很好，还具有一定的耐热性，广泛用于化工生产中的某些设备及管道等。

此类钢常用的热处理工艺是固溶处理，即把钢加热到 1100℃，使碳化物充分溶解，然后水冷，使单相奥氏体保留到室温，从而提高其耐蚀性。对于含钛或铌的 18 – 8 型不锈钢，经固溶处理后再进行一次稳定化处理，可消除晶间腐蚀倾向。稳定化处理温度为 850 ~ 880℃，保温 6h 左右，随后缓慢冷却，使碳几乎全部稳定于碳化钛或碳化铌中，防止碳与铬形成（Cr、Fe）$_{23}$C$_6$，提高基体中含铬量，从而提高基体的电极电位，提高耐蚀性。

常用不锈钢的牌号、成分、热处理、性能及应用见表 7-15。

7.4.2 耐热钢

钢的耐热性包括抗高温氧化性和高温强度两方面。

在钢中加入足够的铬、硅、铝等元素，使钢在高温下与氧接触时，表面能生成致密的高熔点氧化膜 Cr$_2$O$_3$、SiO$_2$、Al$_2$O$_3$ 等，严密地覆盖住钢的表面，可以保护钢免于高温气体的继续腐蚀，提高钢的抗氧化能力。

高温强度通常用蠕变极限和持久强度来评定。高温工作的金属材料，在恒定应力作用下，即使应力小于屈服强度，也会缓慢地产生塑性变形的现象称为蠕变。蠕变极限通常是指在给定温度下和规定的试验时间内，使试样产生一定蠕变变形量的应力值，如 $\sigma_{0.2/100}^{700}$ 表示工作温度是 700℃，经 100h 试验后，产生 0.2% 变形量的最大应力值。持久强度是指在给定温度下，经过规定时间发生断裂的应力值。如 σ_{100}^{700} 指在 700℃工作温度下，经过 100h 后产生破断的应力。

为了提高钢的高温强度，通常采用以下几种措施：加入铬、钼、钨等合金元素造成固溶强化，而且增大原子间的结合力，提高钢的再结晶温度，使热强性提高；加入铌、钒、钛等，形成 NbC、VC、TiC 等碳化物，在晶内弥散析出，提高钢的热强性；加入钼、锆、硼等元素以净化晶界和提高晶界强度，从而提高热强性。

按照正火组织耐热钢可分为珠光体耐热钢、马氏体耐热钢和奥氏体耐热钢。

（1）珠光体耐热钢

这类钢是低合金耐热钢，合金元素总量不超过 3% ~ 5%，加入铬主要是为提高抗氧化性，加入钼和钒是为提高高温强度。使用温度为 500℃以下。常用牌号有 15CrMo、12CrMoV，前者常用于锅炉材料，后者常用于汽轮机叶片。

（2）马氏体耐热钢

马氏体不锈钢也常用作耐热钢。通常在 12Cr13 钢的基础上加入钼、钨、钒，提高再结晶温度和高温强度。工作温度不超过 600 ~ 650℃。这类钢主要用于制造汽轮机叶片和内燃机气阀等。

（3）奥氏体耐热钢

18 – 8 型镍铬不锈钢也常用作耐热钢。钢中加入的铬可提高抗氧化性和高温强度，镍使钢形成稳定的奥氏体，并与铬相配合提高高温强度，钛、钨、钼等是通过形成弥散的碳化物提高钢的高温强度。这类钢的耐热性能优于以上两种耐热钢，其冷成形性能和焊接性能均很好，工作温度在 600 ~ 700℃之间。

常用耐热钢的牌号、成分、热处理、性能及应用见表 7-16。

表7-15 常用不锈钢的牌号、成分、热处理、性能及应用（GB/T 20878—2007）

类别	牌号	化学成分（质量分数，%）								固溶处理温度/℃	热处理温度/℃			力学性能，不小于						应用举例
		C	Si	Mn	P	S	Ni	Cr	其他		退火	淬火	回火	$R_{p0.2}$ /MPa	R_m /MPa	A (%)	Z (%)	HBW	KU_2 /J	
马氏体型	12Cr13	≤0.15	≤1.00	≤1.00	≤0.040	≤0.030	—	11.50~13.50	—	—	800~900 缓冷或约750 快冷	950~1000 油冷	700~750 快冷	345	540	25	55	195	78	一般用途刃具
	20Cr13	0.16~0.25	≤1.00	≤1.00	≤0.040	≤0.030	—	12.00~14.00	—	—		920~980 油冷	600~750 快冷	440	635	20	50	192	63	气轮机叶片
	30Cr13	0.26~0.35	≤1.00	≤1.00	≤0.040	≤0.030	—	12.00~14.00	—	—		920~980 油冷	600~750 快冷	540	735	12	40	217	24	刀具、喷嘴、阀座、阀门
	68Cr17	0.60~0.75	≤1.00	≤1.00	≤0.040	≤0.030	—	16.00~18.00	—	—	800~920 缓冷	1010~1070 油冷	100~180 快冷	—	—	—	—	HRC 54	—	刀具、量具、轴承等
铁素体型	10Cr17	≤0.12	≤1.00	≤1.00	≤0.040	≤0.030	—	16.00~18.00	—	—	780~850 缓冷	—	—	205	450	22	50	183	—	重油燃烧器、家用电器部件
	10Cr17Mo	≤0.12	≤1.00	≤1.00	≤0.040	≤0.030	—	16.00~18.00	Mo: 0.75~1.25	—	780~850 缓冷	—	—	205	450	22	60	183	—	比1Cr17抗盐溶性强，作装饰
奥氏体型	06Cr19Ni10	≤0.08	≤1.00	≤2.00	≤0.045	≤0.030	8.00~11.00	18.00~20.00	—	1010~1150 快冷	—	—	—	205	520	40	60	187	—	食品用设备，一般化工设备
	12Cr18Ni9	≤0.15	≤1.00	≤2.00	≤0.045	≤0.030	8.00~10.00	17.00~19.00	—	1010~1150 快冷	—	—	—	205	520	40	60	187	—	建筑用装饰部件
	022Cr17Ni12Mo2	≤0.03	≤1.00	≤2.00	≤0.045	≤0.030	10.00~14.00	16.00~18.00	Mo: 2.00~3.00	1010~1150 快冷	—	—	—	117	480	40	40	187	—	作耐蚀材料

表 7-16 常用耐热钢的牌号、成分、热处理、性能及应用（GB/T 20878—2007）

类别	牌号	化学成分（质量分数，%）							热处理工艺及温度/℃	力学性能，不小于					应用举例
		C	Si	Mn	Mo	Ni	Cr	其他		R_m/MPa	$R_{p0.2}$/MPa	A（%）	Z（%）	HBW	
珠光体型	15CrMo	0.12~0.18	0.17~0.37	0.40~0.70	0.40~0.55	—	0.80~1.10	—	正火：900~950 空冷 回：630~700 空冷	—	—	—	—	—	≤540℃ 锅炉受热管子、垫圈等
	12CrMoV	0.08~0.15	0.17~0.37	0.40~0.70	0.25~0.35	—	0.40~0.60	V：0.15~0.30	正火：960~980 空冷 高回：700~760 空冷	—	—	—	—	—	≤570℃ 的过热气管、导管
马氏体型	12Cr13	≤0.15	≤1.00	≤1.00	—	—	11.50~13.50	—	淬火：950~1000 油冷 回火：700~750 空冷	540	345	25	55	—	<480℃ 的汽轮机叶片
	42Cr9Si2	0.35~0.50	2.00~3.00	≤0.70	—	≤0.60	8.00~10.00	—	淬火：1020~1040 油冷 回火：700~780 空冷	885	590	19	50	—	<700℃ 的发动机排气阀或<900℃ 的加热炉炉件
奥氏体型	06Cr19Ni10	≤0.08	≤1.00	≤2.00	—	8.00~11.00	18.00~20.00	—	固溶处理：1010~1050 快冷	520	205	40	60	187	<870℃ 反复加热通用耐氧化钢
	45Cr14Ni14W2Mo	0.40~0.50	≤0.80	≤0.70	0.25~0.40	13.00~15.00	13.00~15.00	W：2.00~2.75	固溶处理：820~850 快冷	705	315	20	35	248	500~600℃ 超高参数锅炉和汽轮机零件、大功率发动机排气阀

7.4.3 耐磨钢

耐磨钢是指在承受严重磨损和强烈冲击时具有很高抗磨损能力的钢。目前应用最多的耐磨钢是高锰钢。

高锰钢的主要成分是 $w_C = 0.9\% \sim 1.5\%$，$w_{Mn} = 11\% \sim 14\%$。由于机械加工困难，高锰钢主要用于制造铸件。

高锰钢的热处理为"水韧处理"，即把钢加热到 1060 ~ 1100℃，使碳化物全部溶解，然后迅速水淬，在室温下获得均匀单一的奥氏体组织。此时钢的硬度很低（180 ~ 220HBW），而韧性很高。当在工作中受到强烈冲击或强大压力而变形时，表面层产生强烈的加工硬化，并且还发生马氏体转变，使硬度显著提高（500 ~ 550HBW），获得高的耐磨性，而心部仍为具有高韧性的奥氏体组织，能承受冲击。当表面磨损后，新露出的表面又可在冲击和磨损条件下获得新的硬化层，故高锰钢具有很高的耐磨性和抗冲击能力。广泛用于制造耐磨性要求特别高且在高冲击与高压力下工作的零件，如球磨机的衬板（图 7-19）、破碎机的颚板、挖掘机铲斗、拖拉机和坦克的履带板、铁路的道叉等耐磨零件。

图 7-19　高锰钢球磨机衬板铸件

常用高锰钢铸件的牌号、成分、力学性能及应用见表 7-17。

表 7-17　常用高锰钢铸件的牌号、成分、力学性能及应用（GB/T 5680—2010）

牌号	化学成分（质量分数,%）						水韧处理后的力学性能				应用范围
	C	Si	Mn	P	S	Cr	R_e /MPa	R_m /MPa	A (%)	KU_2 /J	
ZG120Mn13	1.05 ~ 1.35	0.3 ~ 0.9	11 ~ 14	≤0.060	≤0.040	—	—	≥685	≥25	≥118	低冲击件
ZG120Mn13Cr2	1.05 ~ 1.35	0.3 ~ 0.9	11 ~ 14	≤0.060	≤0.040	1.5 ~ 2.5	≥390	≥735	≥20	—	复杂件

重 点 内 容

1. 合金钢基本知识

1）合金钢的成分：$w_C < 2.11\%$ + 合金元素。

2）合金钢的组织：合金总量较少时，合金钢的平衡组织主要由含碳量决定，与相同碳含量的碳钢相似，当 $w_C = 0.02\% \sim 0.77\%$ 时，其平衡组织为亚共析组织（F + P），当 $w_C = 0.77\%$ 时为共析组织（P），当 $w_C = 0.77\% \sim 2.11\%$ 时为过共析组织（P + Fe$_3$C$_{II}$）。合金总量较多时，形成较多化合物，组织复杂。

3）合金钢的热处理及其组织、性能、应用：合金总量较少时，合金钢的热处理及其组织与相同碳含量的碳钢相似，性能特点及应用范围也与相同碳含量的碳钢相似，但合金钢的强度及淬透性更高，应用的工件受力能力更大，尺寸也可以做得更大。合金钢的热处理及其组织、性能、应用见表 7-18。

表 7-18　合金钢的热处理及其组织、性能、应用

种类	热处理	组织	性能	应用
低碳合金钢 (0.1%～0.15%)C	退火或正火	F + P	塑韧性好	重要的高压容器、冲压件等
较低碳合金钢 (0.2%～0.25%)C	渗碳、表面淬火 + 低温回火	表面 $M_回$ 心部 F + P	表面高强度，心部较高强度及塑韧性	渗碳后用于受冲击大的轴、轮等
中碳合金钢 (0.3%～0.5%)C	淬火 + 高温回火，（调质）	$S_回$	强硬度及塑韧性高	高强度或大尺寸轴及齿轮等
高碳合金钢 >0.6%C	球化退火（粗加工前）、淬火 + 低温回火或表面淬火 + 低温回火（粗加工后）	$M_回$ + $Fe_3C_粒$	硬度很高	重要的高速刀具、模具、量具等

2. 合金钢牌号、成分、组织、热处理、性能及应用举例（表 7-19）

表 7-19　合金钢牌号、成分、热处理后组织、热处理、性能及应用举例

种类	成分	牌号	热处理后组织	热处理	性能	应用举例
低合金高强度结构钢	(0.1%～0.15%)C 主加 Mn	Q355（16Mn） Q390（15MnV）	F + P	退火或正火	塑性好	槽、罐、冲压件等
合金渗碳钢	(0.2%～0.25%)C 主加 Cr Ni Mn	20Cr 20CrMnTi	表面 $M_回$ + $Fe_3C_粒$ 心部 $M_回$	渗碳 + 淬火 + 低温回火	表硬心强韧	受冲击大的轴、齿轮等
合金调质钢	(0.3%～0.5%)C 主加 Cr Ni Si Mn	40Cr 40CrNiMo	$S_回$（表面 $M_回$）	淬火 + 高温回火（调质）	强硬度、塑韧性高	大型、重载轴轮等
合金弹簧钢	(0.55%～0.7%)C 主加 Si Mn	65Mn 60Si2Mn	$T_回$	淬火 + 中温回火	弹性高	弹簧
滚动轴承钢	(0.9%～1.1%)C 主加 Cr	GCr15 GCr15SiMn	$M_回$ + $Fe_3C_粒$	球化退火、淬火 + 低温回火	硬度高	轴承等
合金工具钢	(0.7%～1.1%)C 主加 Cr	9SiCr W18Cr4V	$M_回$ + $Fe_3C_粒$	球化退火、淬火 + 低温回火	硬度及热硬性高	高性能刀具等

扩展阅读

"大国工匠"创造世界超级工程——港珠澳大桥

港珠澳大桥（图 7-20）是一座连接香港、广东珠海和澳门的超大型跨海通道，其主体工程由海上桥梁、海底隧道及连接两者的人工岛三部分组成。桥隧全长 55km，海底隧道长 6.7km，两个人工岛面积各 10 万 m^2，设计寿命为 120 年。港珠澳大桥于 2009 年 12 月 15 日正式开工建设，于 2018 年 10 月 24 日通车，历时近 9 年，总投资额达 1269 亿元。港珠澳大桥因其超大的建筑规模、空前的施工难度和顶尖的建造技术而闻名世界，它的建设创造了多项世界纪录，包括世界上最长的跨海大桥、世界上最长的海底沉管隧道、世界上最大断面的公路隧道、世界上最大的沉管预制工厂、世界上最大的起重船、世界上最大的橡胶减震支座等。

　　港珠澳大桥的超级成就，离不开中国智造，更离不开材料的开发应用。港珠澳大桥是世界上最大的钢结构桥梁，钢材用量很大，仅主梁钢板的重量就达 42 万 t，由于桥梁横跨伶仃洋，台风频繁且强度大，海洋环境盐分重，这就要求桥梁用钢不仅需要强度高，还要能适应高温高湿的海洋环境。大桥钢箱梁等承重关键部位使用低合金高强度结构钢板，桥墩使用环氧涂层螺纹钢，海底隧道巨型沉管使用高强抗震含钒螺纹钢，特种减震耐蚀桥梁支座使用低合金耐蚀铸钢，大桥的塔座及墩身使用不锈钢。6mm 超薄及 4100mm 超宽等特殊规格钢板的研发过程面临着种种困难，无数材料制造者在钢材熔炼、轧制、焊接、铸造、切削加工等过程中付出了许多艰辛和汗水，彰显了材料人遇山开路、遇水架桥、攻坚克难的奋斗精神和大国工匠精神，最终创造了闻名世界的超级工程。

图 7-20　港珠澳大桥

思 考 题

1. 在合金钢中，常加入的合金元素有哪些？合金元素的主要作用有哪些？

2. 和碳素钢相比，合金钢具有哪些性能优点？

3. 合金钢的热处理与碳素钢相比有哪些特点？

4. 为什么合金钢的淬透性比碳素钢高？试比较 20CrMnTi 与 T10 钢的淬透性和淬硬性。

5. 20CrMnTi、40Cr、40 钢都可用来制造轴类零件，试比较它们制造轴的工艺路线、最终的组织、性能及应用特点。

6. 为下列自行车零件选材：链条、大梁、前轴、链盒、车座弹簧。

7. W18Cr4V 钢淬火后为什么要经过三次回火？回火后的组织是什么，回火后的组织与淬火组织有什么区别？

8. 为什么轴承钢要具有较高的碳含量？在淬火后为什么需要冷处理？

9. 试比较 T9、9SiCr、W6Mo5Cr4V2 作为切削刀具的热处理特点、力学性能特点及应用范围。

10. 如何提高钢的耐蚀性，不锈钢的成分有何特点？

11. 说明下列牌号属于何种钢？数字的含意是什么？其主要用途有哪些？

Q355、20CrMnTi、ZG120Mn13Cr2、40Cr、GCr15、60Si2Mn、W18Cr4V、12Cr13、Cr12MoV、12CrMoV、5CrMnMo、9CrSi、Cr12、3Cr2W8、15CrMo、CrWMn、W6Mo5Cr4V2。

12. 下列零件和构件要求材料具有哪些主要性能？应选用何种材料？何种热处理工艺？

①钢架大桥，②汽车齿轮，③汽车板簧，④汽车、拖拉机连杆，⑤汽轮机叶片，⑥硫酸容器，⑦锅炉，⑧加热炉炉底板。

第 8 章

铸铁

铸铁是 $w_C > 2.11\%$ 且含有硅、锰、磷、硫等合金元素的铁碳合金。铸铁的抗拉强度、塑性、韧性较低，但却具有优良的铸造性能、切削加工性能、减震性等，生产成本较低，其应用十分广泛。铸铁件的质量在一般机械中占 $40\% \sim 70\%$，在机床和重型机械中则高达 $60\% \sim 90\%$。

8.1 铸铁的成分

1. 铸铁的成分含量

与碳钢相比，铸铁含有更高的碳和硅以及硫、磷等杂质元素，常用铸铁成分为：$w_C = 2.5\% \sim 4.0\%$、$w_{Si} = 1.0\% \sim 3.0\%$、$w_{Mn} = 0.5\% \sim 1.4\%$、$w_S = 0.05\% \sim 0.2\%$、$w_P = 0.05\% \sim 1.0\%$。

2. 铸铁中碳的存在形式

铸铁中含有较多的碳，碳除少量溶于铁素体外，其余大部分因结晶条件不同而以渗碳体或者石墨（G）的形式存在。渗碳体是一个亚稳定相，加热到高温后可分解为铁素体和石墨，即 $Fe_3C \rightarrow 3Fe + C（G）$。石墨是碳的稳定相，其晶体结构为简单六方晶格，如图 8-1 所示，原子呈层状排列，同层的原子间距较小（1.42×10^{-10}m），结合力较强，而层与层之间的间距较大（3.40×10^{-10}m），结合力较弱，易滑移，故石墨常发展成片状，其强度、硬度、塑性、韧性极低，是铸铁中的脆弱相。

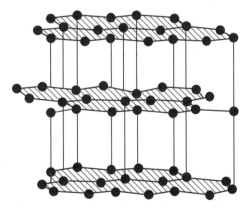

图 8-1　石墨的晶体结构

铸铁中碳、硅含量越高，从铸铁中析出石墨的可能性越大，碳、硅含量越低，从铸铁中析出渗碳体的可能性越大；在共析温度以上的高温，从铸铁中析出石墨的可能性较大，在共析温度以下的低温，析出渗碳体的可能性较大；冷却速度越慢，从铸铁中析出石墨的可能性越大，冷却速度越快，析出渗碳体的可能性越大。

3. 铸铁中碳的存在形式对断口颜色的影响

碳大部分以渗碳体形式存在时，断口呈银白色，故称白口铸铁。$Fe - Fe_3C$ 相图中的亚共晶、共晶、过共晶合金即属于这种铸铁，其组织中都存在共晶莱氏体（渗碳体作为基体占大部分），性能硬而脆，很难切削加工，很少直接用来制造零件。

碳大部分以石墨形式存在时，断口呈暗灰色，故称灰铸铁。灰铸铁具有良好的切削加工性能、减磨性、减震性及铸造性能，且熔炼工艺及设备简单，成本低，是目前工业中广泛应用的一类铸铁。一般的铸铁主要指灰铸铁。

碳一部分以渗碳体形式存在，另一部分以石墨形式存在，断口上呈黑白相间的麻点，故称麻口铸铁。这类铸铁也具有较大的硬脆性，很少使用。

8.2　铸铁的组织

8.2.1　铁碳双重相图

由于铸铁属于铁碳合金，其组织主要由含碳量决定（并受硅含量的影响），也受铸造冷却速度的影响，碳可以渗碳体或者石墨的形式存在，因此铸铁的组织需要用 $Fe - Fe_3C$（铁碳相图）、$Fe - G$ 两个相图进行分析。$Fe - G$ 相图的形状和 $Fe - Fe_3C$ 相图的形状基本相同，只是部分线条有所上移。把 $Fe - Fe_3C$、$Fe - G$ 两个相图画在一张图上，可得到 $Fe - Fe_3C$ 与 $Fe - G$ 双重相图，也称铁碳双重相图，如图 8-2 所示。图中实线为 $Fe - Fe_3C$ 相图，部分实线与虚线为 $Fe - G$ 相图。

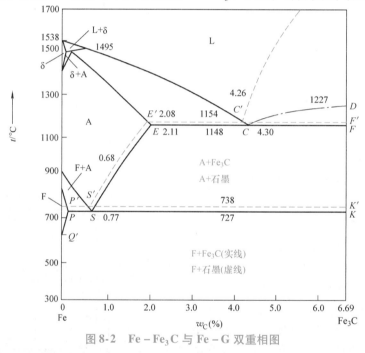

图 8-2　$Fe - Fe_3C$ 与 $Fe - G$ 双重相图

8.2.2　铸铁的组织

铸铁一般为共晶或亚共晶成分，下面以亚共晶铸铁为例，用铁碳双重相图分析其结晶过程，如图 8-3 所示。图中亚共晶铸铁从高温冷却到 1 点时，从液体中开始结晶，析出奥氏体 A，即 L→A。冷却到共晶温度 2 点时，由于温度较高，常按 $Fe - G$ 相图进行共晶转变，即 L→（A + G），共晶转变结束时组织为 A +（A + G）。从 2 点继续向 3 点冷却时，温度仍较高，一般还按 $Fe - G$ 相图进行转变，从 A 中析出石墨 G。到共析温度 3 点时，奥氏体 A 可以按 $Fe - G$ 相图进行共析转变（冷速慢时），即 A→（F + G），共析转变结束时组织为 F + G；奥氏体 A 也可以按 $Fe - Fe_3C$ 相图进行共析转变（冷速快时），即 A→P（F + Fe_3C），共析转变结束时组织为 P + G；奥氏体 A 也可以一部分按 $Fe - G$ 相图进行共析转变，另一部分按 $Fe - Fe_3C$ 相图进行共析转变，共析转变结束时组织为 F + P + G。在共析转变温度以下，铸铁的组织基本不再发生变化。因此铸铁的组织是在 F 基体、P 基体或 F + P 基体上分布有石墨。

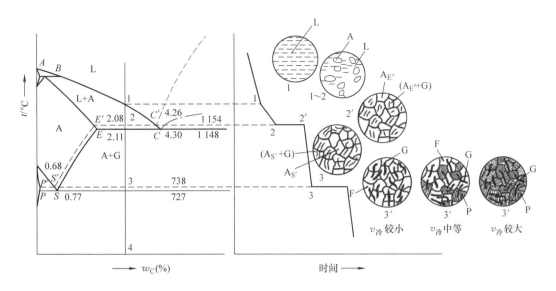

图 8-3　铸铁的结晶过程分析

8.3　铸铁的分类及牌号

8.3.1　铸铁的分类

按铸铁中石墨形态不同，可分为灰铸铁（石墨呈片状）、蠕墨铸铁（石墨呈蠕虫状）、可锻铸铁（石墨呈团絮状）、球墨铸铁（石墨呈球状）。图 8-4 所示为四种铸铁组织中的石墨形态（未侵蚀，基体组织未显示）。

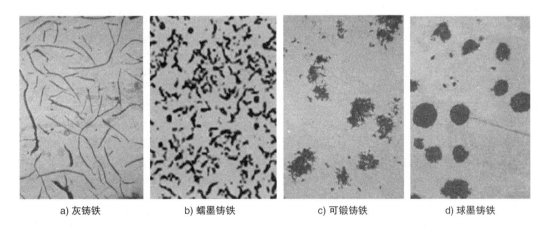

a) 灰铸铁　　　　b) 蠕墨铸铁　　　　c) 可锻铸铁　　　　d) 球墨铸铁

图 8-4　四种铸铁组织中的石墨形态

8.3.2　铸铁的牌号

灰铸铁的牌号用"HT"+数字表示，牌号中的"HT"是"灰铁"两字的汉语拼音字首，数字表示最低抗拉强度，如 HT200 表示最低抗拉强度为 200MPa 的灰铸铁。

蠕墨铸铁的牌号用"RuT"+数字表示，牌号中"RuT"是"蠕铁"二字的拼音简写，数字为最低抗拉强度值。例如 RuT420 表示最低抗拉强度为 420MPa 的蠕墨铸铁。

可锻铸铁的牌号用"KTH"+数字+数字，或"KTZ"+数字+数字表示，牌号中"KTH""KTZ"分别表示铁素体基体（黑心）可锻铸铁、珠光体基体可锻铸铁，字母后的前面数字为最低抗拉强度值，后面数字为断后伸长率。例如，KTZ550 – 04 表示最低抗拉强度为550MPa，断后伸长率为4%的珠光体可锻铸铁。

球墨铸铁的牌号用"QT"+数字+数字表示，牌号中"QT"是"球铁"二字的拼音字首，字母后前面的数字为最低抗拉强度，后面的数字为断后伸长率，例如 QT600 – 3 表示最低抗拉强度为600MPa，断后伸长率为3%的球墨铸铁。

8.4 铸铁的性能及应用

8.4.1 铸铁的性能

1. 铸铁的性能影响因素

灰铸铁的性能受石墨形状、大小、数量、分布等的影响。石墨形状为片状、蠕虫状、团絮状、球状时，对基体的割裂作用依次降低，因此在其他条件相同时，灰铸铁、蠕墨铸铁、可锻铸铁、球墨铸铁的强度、塑性、韧性等力学性能依次增加。石墨数量越多、尺寸越大、分布越不均匀，对基体的割裂作用越大，其力学性能越差。

在石墨形状、大小、数量、分布等相同的条件下，铁素体基体、铁素体+珠光体基体、珠光体基体的铸铁强度、硬度依次增加，塑性、韧性依次减小。

2. 铸铁与钢相比性能特点

由于铸铁的组织为基体（F、P 或 F+P）上分布有石墨，相当于在钢的基体上分布有石墨，因此铸铁的性能与钢相比有如下特点：

1）强度及塑韧性较低。由于石墨的力学性能几乎为零，在铸铁中相当于孔洞和裂纹，破坏了基体的连续性，使基体的抗拉强度、塑性、韧性降低，不能进行锻造。

2）耐磨性较高。铸铁中含有较高的硅、锰合金元素，由于固溶强化作用使得铸铁基体的硬度高于钢，另外由于铸铁中石墨的自润滑作用，使铸铁具有较高的耐磨性及减摩性。

3）减震性能好。由于石墨组织松软，能吸收震动，使铸铁减震性好。

4）铸造性能好。铸铁一般为共晶或接近共晶的亚共晶成分，流动性较好，另外铸铁的浇注温度低，且结晶过程中析出石墨时有一定膨胀作用，使其铸造收缩率较小，故铸铁的铸造性能好于钢。

5）切削加工性能好。由于石墨对基体的割裂作用，使铸铁在切削加工时切屑易脆断，加上石墨的润滑作用，使铸铁切削加工性能好。

6）缺口敏感性低。石墨本身相当于许多微小缺口，使铸铁具有较低的缺口敏感性。

8.4.2 铸铁的应用

铸铁由于有许多性能优点，而且成本较低，因此应用非常广泛。主要用于铸造形状复杂、受力不大的箱体类铸件（减速器箱体及箱盖、发动机气缸体及缸盖等）、壳体类铸件（如风机、电动机、水泵、阀门等的外壳）、减震性及耐磨性要求较高的机床床身、工作台等。

8.5 常用铸铁的成分、组织、热处理、性能及应用

8.5.1 灰铸铁

灰铸铁生产工艺简单，铸造性能优良，是生产中应用最广的一种铸铁，约占铸铁总量

的 80% 。

1. 灰铸铁的成分

灰铸铁的化学成分一般为 $w_C = 2.7\% \sim 3.6\%$ ；$w_{Si} = 1.0\% \sim 2.5\%$ ；$w_{Mn} = 0.5\% \sim 1.3\%$ ；$w_P < 0.3\%$ ；$w_S < 0.15\%$ 。

2. 灰铸铁的组织

灰铸铁的组织为基体（F、P 或 F + P） + 片状石墨。图 8-5 所示为三种基体的灰铸铁的组织。

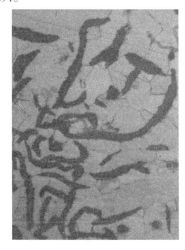  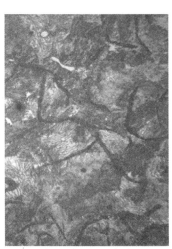

a) 铁素体基体　　　　　　b) 铁素体+珠光体基体　　　　　　c) 珠光体基体

图 8-5　三种基体的灰铸铁的组织

3. 灰铸铁的热处理

灰铸铁本身强度较低，一般不进行淬火强化热处理，热处理的目的一般是消除铸造内应力、改善切削加工性能，有时是为提高表面的硬度和耐磨性。

（1）去应力退火

铸造过程中，由于铸件各部位冷速不同，使铸件内部产生内应力，使用时有可能造成铸件的变形甚至开裂。故对大型或形状复杂的灰铸铁件，常进行去应力退火：将铸件缓慢加热至 500 ~ 600℃保温，然后随炉冷却至 200℃以下出炉。生产中有时也可采用自然时效或振动时效以消除铸造内应力。

（2）退火

铸件的薄壁处或表面由于冷却速度大，铸造时易出现白口组织，使铸件的硬度增加，造成切削加工困难。常对铸件进行退火热处理：将铸件加热至 850 ~ 950℃保温 2 ~ 5h，使白口组织中的渗碳体在高温下分解，然后随炉缓冷至 400 ~ 500℃出炉。这样可降低硬度，改善切削加工性能。

（3）表面淬火

对于要求耐磨的铸件，如缸套、机床导轨等，为提高其铸件表面的硬度和耐磨性，可进行表面淬火，常采用火焰加热表面淬火或电接触加热表面淬火。

4. 灰铸铁的性能及应用

由于灰铸铁组织中的石墨呈片状，石墨尖端造成的应力集中较大，因此灰铸铁的强度、塑性、韧性明显低于其他种类的铸铁。生产中为提高灰铸铁的强度及塑韧性，可采用变质处理（也称孕育处理），即在铸铁浇注前向铁水中加入 4%（质量分数）左右的变质剂（硅铁或硅钙合金），使凝固过程中石墨的形核率提高，以获得细小的石墨片。此外，为提高灰铸铁的强度，还可控制铸造的冷却速度，得到珠光体基体的灰铸铁。

因为抗压强度受石墨片的影响较小，灰铸铁的抗压强度比较高，约为抗拉强度的 3~4 倍，故灰铸铁适宜制造承受简单压应力和要求减震性的零件，如机床床身、底座、支柱等；由于灰铸铁工艺简单、成本低，常用于铸造受力不大、结构形状复杂的箱体和壳体零件，如电

a) 机床床身　　　　　b) 减速器外壳

图 8-6　灰铸铁铸件

动机、风机、水泵等壳体；也常用作耐磨零件，如导轨、工作台等。孕育铸铁适用于制造性能要求较高、截面尺寸变化较大的大型铸件。如图 8-6 所示为灰铸铁铸件。

常用灰铸铁的牌号、力学性能及应用见表 8-1。灰铸铁的强度与铸件的壁厚有关，同一牌号的铸铁，随壁厚的增加，强度和硬度下降。

表 8-1　常用灰铸铁的牌号、力学性能及应用（GB/T 9439—2023）

牌号	基体	铸件主要壁厚 t/mm	铸件抗拉强度 R_m/MPa	应用举例
HT100	铁素体	5~40	100~200	低载荷和不重要的零件，如盖、外壳、手轮、支架、重锤等
HT150	铁素体＋珠光体	2.5~5 5~10 10~20 20~40 40~80 80~150 150~300	150~250	承受中等应力的零件，如支柱、底座、齿轮箱、工作台、刀架、端盖、阀体、管道等
HT200	珠光体	2.5~5 5~10 10~20 20~40 40~80 80~150 150~300	200~300	承受较大应力的较重要零件，如气缸体、齿轮、机座、飞轮、床身、缸套、活塞、制动轮、联轴器、齿轮箱、轴承座、液压缸等
HT225	细珠光体	5~10 10~20 20~40 40~80 80~150 150~300	225~325	承受高应力的重要零件，如齿轮、凸轮、车床卡盘、压力机机身、床身、高压液压缸、滑阀壳体等

8.5.2　蠕墨铸铁

蠕墨铸铁是近 40 多年来发展起来的一种新型铸铁。它是在一定成分的铁水中加入适量蠕化

剂（稀土镁合金）进行蠕化处理，并加入硅铁进行孕育处理，使石墨结晶为蠕虫状的铸铁。

1. 蠕墨铸铁的成分

蠕墨铸铁的成分特点为高碳、高硅、低磷、低硫。其化学成分一般为 $w_C = 3.5\% \sim 3.9\%$，$w_{Si} = 2.1\% \sim 2.8\%$，$w_{Mn} = 0.4\% \sim 0.8\%$，$w_P < 0.1\%$，$w_S < 0.1\%$。

2. 蠕墨铸铁的组织

蠕墨铸铁的组织为基体（F、P 或 F + P）+ 蠕虫状石墨。图 8-7 所示为铁素体 + 珠光体基体的蠕墨铸铁的组织。

3. 蠕墨铸铁的热处理

蠕墨铸铁的热处理主要为改善机体组织和力学性能，使其符合技术要求。除铸件相当复杂或有特殊要求外，蠕墨铸铁铸件可不做消除铸造应力的热处理。蠕墨铸铁除了像灰铸铁那样可进行退火和表面淬火外，还常进行正火热处理，以细化基体的组织并提高基体组织中珠光体的含量，从而提高其强度。普通蠕墨铸铁在铸态时，基体中有大量铁素体，通过正火处理可增加珠光体含量，提高强度和耐磨性。

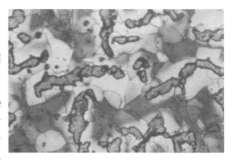

图 8-7 铁素体 + 珠光体基体的蠕墨铸铁的组织

4. 蠕墨铸铁的性能及应用

蠕墨铸铁中的石墨呈蠕虫状，与灰铸铁中的片状石墨相比，蠕虫状石墨的端部圆滑，且分布较均匀，其强度、塑韧性等力学性能高于灰铸铁，具有优良的耐热疲劳性能，而铸造性能、减震性能和导热性能与灰铸铁相近。蠕墨铸铁主要用于承受热循环载荷、结构复杂、要求组织致密、强度和热疲劳性能要求高的铸件，如大功率柴油机进（排）气管、气缸盖、钢锭模、阀体、汽车和拖拉机底盘零件、玻璃模具等。图 8-8 所示为蠕墨铸铁铸件。

a) 汽车排气管　　　　　　　　　　b) 热风炉球形炉箅

图 8-8 蠕墨铸铁铸件

常用蠕墨铸铁的牌号、力学性能及应用见表 8-2。

表 8-2 常用蠕墨铸铁的牌号、力学性能及应用（GB/T 26655—2022）

牌号	基体	抗拉强度 R_m/MPa	屈服强度 $R_{p0.2}$/MPa	延伸率 A（%）	硬度 HBW	应用举例
RuT300	铁素体	300	210	2.0	140 ~ 210	增压器废气进气壳体、汽车底盘零件等
RuT350	铁素体 + 珠光体	350	245	1.5	160 ~ 220	排气管、气缸盖、钢锭模、变速箱体、液压件、纺织机零件
RuT400	铁素体 + 珠光体	400	280	1.0	180 ~ 240	重型机床部件、大型齿轮箱体、盖、座、飞轮、起重机卷筒等
RuT450	珠光体	450	315	1.0	200 ~ 250	活塞环、气缸套、制动盘、玻璃模具、钢珠研磨盘、吸泥泵等
RuT500	珠光体	500	350	0.5	220 ~ 260	

8.5.3 可锻铸铁

可锻铸铁一般是先浇铸成白口铸铁，然后通过较长时间高温（900 ~ 980℃）石墨化退火，使渗碳体分解为团絮状石墨而得到的。石墨化退火时采用不同的冷却工艺，可获得铁素体基体可锻铸铁或珠光体基体可锻铸铁。

1. 可锻铸铁的成分

为保证浇注后获得全部白口组织，可锻铸铁的碳和硅的质量分数一般较低，其化学成分为：$w_C = 2.2\% \sim 2.8\%$，$w_{Si} = 1.0\% \sim 1.8\%$，$w_{Mn} = 0.4\% \sim 1.2\%$，$w_S < 0.18\%$，$w_P < 0.2\%$。

2. 可锻铸铁的组织

可锻铸铁的组织为基体+团絮状石墨，常用的基体为铁素体或珠光体，如图8-9所示。铁素体+珠光体基体可锻铸铁很少用。

3. 可锻铸铁的热处理

可锻铸铁铸坯为亚共晶白口组织，其中初生奥氏体晶粒的大小、共晶组织的类型以及组织中石墨化核心的数量都将影响组织中石墨团的形成。为获得良好的组织，可锻铸铁铸件一般都需要进行石墨化退火处理，以改善力学性能。

可锻铸铁分为铁素体组织、珠光体组织和（铁素体+珠光体）混合组织，三种

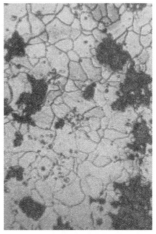
a) 铁素体可锻铸铁　　b) 珠光体可锻铸铁
图8-9 可锻铸铁的组织

组织的石墨化退火工艺略有不同。铁素体基体可锻铸铁一般进行退火处理工艺，分为升温、第一阶段石墨化、中间阶段冷却、第二阶段石墨化和最后阶段冷却五个阶段。第一阶段石墨化温度为920~980℃，保温1~2h。中间阶段一般在冷却速度不高于90℃/h条件下，冷却3~4h。第二阶段石墨化温度为710~730℃，在2~6℃/h冷却速度下降温至650℃。然后，出炉空冷，完成最后阶段冷却。

珠光体可锻铸铁中的渗碳体有片状和粒状两种形态，其转变时需要更快的冷却速度，一般进行回火处理。空冷至670~700℃时，进行回火，或油淬+高温回火，得到粒状珠光体或回火索氏体可锻铸铁。这种可锻铸铁具有较高的屈服强度和冲击韧性，较好的综合力学性能和切削加工性能。

（铁素体+珠光体）混合组织的可锻铸铁的热处理工艺和珠光体可锻铸铁相同。

4. 可锻铸铁的性能及应用

可锻铸铁的组织中石墨为团絮状，对基体的割裂作用小于片状和蠕虫状石墨，故其强度、塑韧性等力学性能高于蠕墨铸铁。铁素体基体的可锻铸铁具有较好的塑性和韧性，常用于制造薄壁、形状复杂且要求有一定韧性的小型铸件，如水管接头，汽车后桥壳、轮毂、差速器壳、散热器进水管等。珠光体基体的可锻铸铁具有较高的强度，可用于制造强度及韧性要求较高的曲轴、连杆、齿轮等零件。但由于石墨化退火工艺复杂，生产率低，可锻铸铁的应用受到一定限制，可采用球墨铸铁来代替。图8-10所示为可锻铸铁铸件。常用可锻铸铁的牌号、力学性能及应用见表8-3。

a) 紧固卡头　　b) 传动链条
图8-10 可锻铸铁铸件

表 8-3 常用可锻铸铁的牌号、力学性能及应用（GB/T 9440—2010）

牌号	基体	抗拉强度 R_m /MPa	屈服强度 $R_{p0.2}$ /MPa	断后伸长率 A（%）	硬度 HBW	应用举例
			$\leqslant$			
KTH300 – 06	铁素体	300	—	6		弯头、三通等
KTH330 – 08	铁素体	330	—	8		农机犁刀、犁柱、扳手、铁道扣板等
KTH350 – 10	铁素体	350	200	10	$\leqslant 150$	汽车拖拉机前后轮壳、制动器、弹簧钢板支座、船用电动机壳等
KTH370 – 12	铁素体	370	—	12		
KTZ450 – 06	珠光体	450	270	6	150 ~ 200	要求高强度、高耐磨性、较高抗冲击的零件，如曲轴、凸轮轴、连杆、齿轮等
KTZ550 – 04	珠光体	550	340	4	180 ~ 230	
KTZ700 – 02	珠光体	700	530	2	240 ~ 290	

8.5.4 球墨铸铁

球墨铸铁是在浇注前，向一定成分的铁液中加入一定量的球化剂（一般为稀土镁合金）进行球化处理，并加入硅铁孕育剂进行孕育处理，使石墨形成球状而得到的铸铁。

1. 球墨铸铁的化学成分

为保证获得形状圆整、分布均匀的球状石墨，球墨铸铁中的碳和硅的质量分数一般高于灰铸铁，并需严格控制硫与磷的质量分数。其成分为 $w_C = 3.6\% \sim 3.9\%$，$w_{Si} = 2.0\% \sim 3.1\%$，$w_{Mn} = 0.6\% \sim 0.8\%$，一般 $w_S < 0.07\%$，$w_P < 0.1\%$。

2. 球墨铸铁的组织

球墨铸铁的组织为基体（F、P 或 F + P）+球状石墨。图 8-11 所示为球墨铸铁的组织。

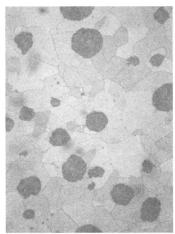 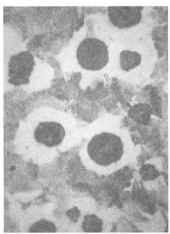 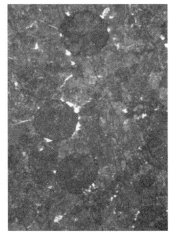

a) 铁素体基体　　　　　　b) 铁素体+珠光体基体　　　　　c) 珠光体基体

图 8-11 球墨铸铁的组织

3. 球墨铸铁的热处理

铸态下的球墨铸铁基体组织通常为铁素体 + 珠光体，通过热处理可获得其他的基体组织。还可通过热处理强化基体的组织，进一步改善球墨铸铁的力学性能。

（1）高温退火

当铸态组织中有游离状的渗碳体时，采用高温退火。将铸件加热至 900 ~ 950℃保温 2 ~ 5h，使游离状渗碳体和基体中渗碳体分解为石墨和铁素体，随后缓慢冷却至 600℃出炉。高温退火可改善球墨铸铁的加工性能并提高其塑性、韧性。

（2）低温退火

当铸态组织中无游离状渗碳体时，采用低温退火。将铸件加热至 700 ~ 760℃保温 3 ~ 6h，使基体中的渗碳体分解为铁素体和石墨，随后随炉缓冷至600℃出炉。低温退火的目的也是改善球墨铸铁的加工性能及塑性、韧性。

（3）去应力退火

球墨铸铁的收缩率较大，铸造内应力较大，对于不再进行其他热处理的球墨铸铁件，一般要将其加热至500～620℃，保温2～8h，然后随炉缓冷，以消除铸造内应力。

（4）正火

正火的目的是增加基体中珠光体的数量，并细化珠光体组织，获得珠光体基体或珠光体＋铁素体基体，提高强度、硬度和耐磨性。高温正火是将铸件加热至900～950℃，保温1～3h，使基体组织全部奥氏体化，然后出炉空冷，使基体全部转变为珠光体组织。低温正火是将钢加热至820～860℃，保温1～4h，使基体组织部分奥氏体化，然后出炉空冷，使基体组织转变为铁素体和珠光体。

（5）调质处理

调质处理是将铸件加热至860～920℃，保温后油冷，然后在550～620℃高温回火2～6h，获得回火索氏体基体，使铸铁具有良好的综合性能。常用于连杆、曲轴等零件。

（6）等温淬火

等温淬火是将铸件加热至860～920℃，保温后放入250～350℃的盐浴内进行0.5～1.5h的等温，然后出炉空冷，获得下贝氏体＋少量残留奥氏体的基体，使铸铁具有很高的强度、硬度和韧性。适用于尺寸不大、强韧性要求较高、尺寸精度要求较高的零件，如齿轮、滚动轴承套圈、凸轮轴等。

除上述热处理外，球墨铸铁还可进行渗氮、碳氮共渗等化学热处理，以改善其表面性能。

4. 球墨铸铁的性能及应用

球墨铸铁组织中的石墨为球状，石墨边缘的应力集中小，对基体的割裂作用也较小，所以球墨铸铁的强度、塑韧性等力学性能高于灰铸铁、蠕墨铸铁及可锻铸铁。珠光体基体的球墨球铁的抗拉强度、屈服强度和疲劳强度可与钢相媲美，可用于制造柴油机曲轴、连杆、齿轮、凸轮、蜗轮等，

a）阀体　　　　　　　b）曲轴

图8-12　球墨铸铁铸件

铁素体基体的球墨铸铁塑性和韧性较高，可用于制作受压阀门、机器底座、汽车后桥壳等。图8-12所示为球墨铸铁铸件。

常用球墨铸铁的牌号、力学性能及应用见表8-4。

表8-4　常用球墨铸铁的牌号、力学性能及应用（GB/T 1348—2019）

牌号	基体	抗拉强度 R_m/MPa	屈服强度 $R_{p0.2}$/MPa	断后伸长率 A（%）	硬度 HBW	应用举例
		不小于				
QT400－18	铁素体	400	250	18	120～175	汽车、拖拉机轮毂、驱动桥壳、拨叉、阀体、汽缸、齿轮箱等
QT400－15	铁素体	400	250	15	120～180	
QT450－10	铁素体	450	310	10	160～210	

（续）

牌号	基体	抗拉强度 R_m/MPa	屈服强度 $R_{p0.2}$/MPa	断后伸长率 $A(\%)$	硬度 HBW	应用举例
		不小于				
QT500 - 7	铁素体 + 珠光体	500	320	7	170～230	传动轴、飞轮、电动机架、液压泵齿轮等
QT600 - 3	铁素体 + 珠光体	600	370	3	190～270	柴油机曲轴、凸轮轴、连杆、气缸套等
QT700 - 2	珠光体	700	420	2	225～305	曲轴、凸轮轴、缸体、缸套、轻负荷齿轮、部分机床的主轴等
QT800 - 2	珠光体或细珠光体	800	480	2	245～335	
QT900 - 2	回火马氏体或细珠光体	900	600	2	280～360	汽车的螺旋伞齿轮、转向节、传动轴、内燃机曲轴、凸轮轴等

8.5.5　合金铸铁

在铸铁中加入一定量的合金元素，使之具有某种特殊性能的铸铁称为合金铸铁。常用的有耐磨铸铁、耐热铸铁、耐蚀铸铁。合金铸铁的牌号为字母 + 合金元素及含量，字母表示合金铸铁的类型。字母 BTM、HTR、QTR、HTS 分别表示抗磨白口铸铁、耐热灰铁、耐热球铁、耐蚀灰铁。如 BTMMn5W3 表示含 Mn5%、含 W3% 的抗磨白口铸铁。

1. 耐磨铸铁

耐磨铸铁是指具有较好的耐磨性或减摩性的铸铁。通常加入铜、钼、锰、磷等合金元素以形成一定数量的硬化相，提高其耐磨性能。主要有冷硬铸铁、合金抗磨白口铸铁、中锰球铁、高磷铸铁等。

（1）冷硬铸铁

是采用激冷的方法使铸件的表面或局部获得白口组织，从而具有高的硬度和耐磨性。可用于制作车轮、轧辊等。

（2）合金抗磨白口铸铁

是在抗磨白口铸铁中加入铬、钼、钨、钒、硼等元素，使之形成碳化物或合金渗碳体，提高抗磨性。根据加入的铬元素的质量分数分为低铬抗磨白口铸铁（$w_{Cr} < 2\%$）和高铬抗磨白口铸铁（$w_{Cr} > 11\%$）。

（3）中锰球铁

是在球墨铸铁中加入质量分数为 5.0%～9.5% 的锰，经球化和孕育处理后适当控制冷却速度，获得马氏体及碳化物和球状石墨组织，可制作在干摩擦条件下工作的零件，如球磨机中的磨球，农机中的犁铧等。

（4）高磷铸铁

是在珠光体灰铸铁中加入少量磷，使组织中形成高硬度的磷共晶，以提高其硬度和耐磨性，使用时珠光体中的铁素体和石墨首先磨损形成凹坑起贮油作用，而渗碳体可起支承作用。用于在润滑条件下工作的零件，如气缸套、活塞环、机床导轨等。

2. 耐热铸铁

耐热铸铁是指可在高温下使用的铸铁，应具有抗氧化性和抗热膨胀性。可在铸铁中加入铝、铬、硅等合金元素使铸件的表面形成一层致密的氧化膜（SiO_2、Al_2O_3、Cr_2O_3），保护内层金属不被继续氧化。合金元素还可形成稳定的碳化物，提高铸铁的热稳定性。耐热铸铁大多为铁素体基体的球墨铸铁。常用的耐热铸铁有中锰耐热铸铁、中硅球墨铸铁、高铝球墨铸铁、铝硅球墨铸铁和高铬耐热铸铁等。耐热铸铁常用于制作加热炉底板、坩埚、热交换器等。

3. 耐蚀铸铁

耐蚀铸铁是指能在腐蚀性环境中使用的铸铁。可加入硅、铝、铬等合金元素使铸件表面形成一层致密的氧化膜，并提高铁素体基体的电极电位，从而提高耐腐蚀性能。耐蚀铸铁主要有高硅耐蚀铸铁、高铝耐蚀铸铁、高铬耐蚀铸铁等。高硅耐蚀铸铁应用较广泛，这种铸铁在含氧酸中的耐蚀性不亚于 1Cr18Ni9 不锈钢，而在碱性介质中的耐腐蚀性较差，添加铜可提高其在碱性介质中的耐腐蚀性。耐蚀铸铁广泛应用于化学工业，如管道、容器、阀门、泵体、反应釜、盛贮器等。图 8-13 所示为合金铸铁铸件。

| a) 耐磨铸铁泵体 | b) 耐热铸铁蓖子板 | c) 耐蚀铸铁管接头 |

图 8-13　合金铸铁铸件

常用耐磨铸铁的牌号、性能及应用见表 8-5。耐热铸铁和耐蚀铸铁种类繁杂，不一一列举。

表 8-5　常用耐磨铸铁的牌号、性能及应用（GB/T 8263—2010）

牌号	组织		硬度 HRC		性能及应用
	铸态	硬化态	铸态	硬化态	
BTMNi4Cr2 – DT	共晶碳化物 + 马氏体 + 贝氏体 + 奥氏体	共晶碳化物 + 马氏体 + 贝氏体 + 残留奥氏体	≥53	≥56	用于较小冲击载荷的磨料磨损
BTMNi4Cr2 – GT			≥53	≥56	用于较小冲击载荷的磨料磨损
BTMCr9Ni5	共晶碳化物 + 马氏体 + 奥氏体	共晶碳化物 + 二次碳化物 + 马氏体 + 残留奥氏体	≥50	≥56	具有很好的淬透性。可用于中等冲击载荷的磨料磨损
BTMCr2	共晶碳化物 + 珠光体	—	≥45	—	用于较小冲击载荷的磨料磨损
BTMCr8	共晶碳化物 + 细珠光体	共晶碳化物 + 二次碳化体 + 马氏体 + 残留奥氏体	≥46	≥56	有一定的耐蚀性。可用于中等冲击载荷的磨料磨损
BTMCr12 – GT	碳化物 + 奥氏体及其转变产物	碳化物 + 马氏体 + 残留奥氏体	≥46	≥58	可用于中等冲击载荷的磨料磨损
BTMCr15			≥46	≥58	可用于中等冲击载荷的磨料磨损
BTMCr20			≥46	≥58	有很好的淬透性，良好的耐蚀性。可用于较大冲击载荷的磨料磨损
BTMCr26			≥46	≥56	有很好的淬透性，良好的耐蚀性和抗高温氧化性。可用于较大冲击载荷的磨料磨损

重 点 内 容

1. 铸铁的基本知识

1）铸铁的成分：Fe + C（2.5% ~ 4.0%）+ Si、Mn、S、P。

2）铸铁的组织和分类：相当于钢的基体组织上分布有石墨 G。基体类型有三种，分别为 F、F + P、P。在 C、Si 等成分合适时，组织受冷速影响，冷速较慢时组织为 F + G，冷速较快时组织为 P + G，冷速中等时组织为 F + P + G。石墨 G 形态有四种，分别为片状、蠕虫状、团絮状、球状。四种形态石墨对应的铸铁分别称为灰铸铁、蠕墨铸铁、可锻铸铁、球墨铸铁。

3）铸铁的性能：铸铁的性能与基体组织及石墨有关。石墨形状对铸铁性能的影响最大，片状、蠕虫状、团絮状、球状四种形状的铸铁强度、硬度及塑性、韧性依次提高，因此球墨铸铁性能最好。石墨大小、数量及分布对铸铁的性能也有较大影响，石墨越小、越少，分布越均匀、越好。基体组织对铸铁性能的影响：F、F + P、P 三种基体的铸铁强硬度依次升高，塑韧性依次下降。与钢相比，铸铁的强度及塑韧性较低，耐磨性较高，减震性能好，铸造性能好，切削加工性能好，成本低。

4）铸铁的应用：用于形状复杂、受力不大的减速箱、气缸体、缸盖、泵壳、阀门、床身、工作台等。

5）铸铁的热处理：复杂的箱体、壳体、大型床身、机体等工件可采用去应力退火，高强度铸铁件可采用正火、调质进一步强化，耐磨铸铁件可进行表面淬火。

2. 铸铁的牌号、成分、组织、热处理、性能及应用举例（表 8-6）

表 8-6 铸铁的牌号、成分、组织、热处理、性能及应用举例

种类	牌号	组织	性能	主要工序	热处理	应用举例
灰铸铁	HT150、HT250	F + G片 F + P + G片 P + G片	强度低，韧性差	熔化浇注	退火、表面淬火	外壳、支架、工作台
蠕墨铸铁	RuT300、RuT350	F + G蠕 F + P + G蠕 P + G蠕	强度较高，热强度及耐热疲劳性高	熔化蠕化浇注	退火、表面淬火、正火	气缸盖、排气管、液压件
可锻铸铁	KTH330 – 08、KTZ450 – 06	F + G团 P + G团	塑性及强度高	熔化浇注退火	退火、回火（油淬 + 高温回火）	扳手、连杆
球墨铸铁	QT450 – 10、QT700 – 2	F + G球 F + P + G球 P + G球	强度及塑韧性高	熔化球化浇注	退火、正火、调质、等温淬火	拨叉、气缸、曲轴

扩 展 阅 读

民族智慧的结晶——球墨铸铁的前世今生

球墨铸铁是高强度铸铁材料，其综合性能接近于钢，可"以铁代钢"用于铸造一些受力复杂且对强度、韧性、耐磨性的要求较高的零件。

国际冶金行业过去一直认为球墨铸铁是英国人于 1947 年发明的，事实上，在约 2000 年前的

西汉时期，我国铁器中就已经出现了球状石墨。1981年，我国技术专家对河南巩县铁生沟村西汉中晚期冶铁遗址出土的铁镢进行了金相分析等检测，验证了其组织中有保存完好的石墨形状、石墨核心和放射性结构，此外在郑州古荥、南阳瓦房庄等汉代冶铁遗址出土的铁器中也发现了十余件古代球墨铸铁制品，证明我国在汉代就已经出现了球墨铸铁。汉代球墨铸铁农具如图8-14所示。国际冶金史专家于1987年对此进行验证后认为古代中国已经摸索到了用铸铁柔化术制造球墨铸铁的规律，这对世界冶金史的重新分期划代具有重要意义。

我国早在1948年就开始研究现代球墨铸铁技术，并于1950年开始用于工业化生产，1977年与美国、荷兰等国同时研制出贝氏体球墨铸铁。目前我国大口径球墨铸铁管的生产技术处于世界领先地位。2023年8月，我国正式投产铸造出了直径为3m、重量达15t的全球最大口径的球墨铸铁管，如图8-15所示，其强度和韧性更高，寿命可达100年，是传统钢管的2~3倍，主要用于重大水利工程和城市基础建设。口径越大，管身越容易变形，生产难度呈几何式增长，从成分配制到加工精度都有严格要求。20世纪90年代初时，我国的铸管还主要依赖于进口，到了2022年，我国铸管的产量已达到全球铸管产量的60%，从产量到品质都实现了快速提升。

图8-14　汉代球墨铸铁农具

图8-15　全球最大口径3m的球墨铸铁管

思　考　题

1. 灰铸铁的成分、组织、性能、应用与钢相比有何区别？
2. 石墨的形状、大小、数量及分布对铸铁的性能有何影响？
3. 机床床身、床腿、箱体等为什么常采用灰铸铁制造？若用钢板焊接是否合适？为什么？
4. 为什么铸件的薄壁及表面部位常会出现白口组织？
5. 如何消除铸件表面白口现象，改善切削加工性能？
6. 分析锻钢曲轴、珠光体可锻铸铁曲轴、珠光体球墨铸铁曲轴的优缺点。
7. 说明下列牌号铸铁牌号的含义、类别、应用范围。
HT200、KTH300-06、KTZ550-04、QT400-15、RuT350
8. 下列说法是否正确？为什么？
1）球化退火可得到球墨铸铁。
2）白口铸铁因硬度高可作刀具。
3）灰铸铁不能淬火。
4）可锻铸铁可以锻造。
5）灰铸铁可以通过热处理将其片状石墨变为球状石墨。

第 **9** 章

有色金属

在工业生产中，通常把钢铁材料称为黑色金属，而把其他的金属材料称为有色金属。与黑色金属相比，有色金属具有许多优良的特性，是现代工业中不可缺少的材料，在国民经济中占有十分重要的地位。例如，铝、镁、钛等具有相对密度小，比强度高的特点，因而广泛应用于航空、航天、汽车、船舶等行业；银、铜、铝等具有优良导电性和导热性的材料，广泛应用于电气工业和仪表工业；铀、钨、钼、镭、钍、铍等是原子能工业所必需的材料。随着航空、航天、航海、石油化工、汽车、能源、电子等新型工业的发展，有色金属及其合金的地位将会越来越重要。本章主要介绍工业上广泛使用的铝合金、铜合金、钛合金、镁合金和轴承合金等有色金属的性能特点及应用。

9.1　铝及铝合金

铝及铝合金是目前工业中仅次于钢铁的重要金属材料，应用较为广泛。

9.1.1　纯铝

纯铝是一种银白色的轻金属，熔点为 660℃，具有面心立方晶格。它的密度小，为 2.72g/cm^3；导电导热性好，导电性仅次于银、铜；纯铝在大气和淡水中具有良好的耐蚀性，具有良好的低温塑性和韧性；纯铝具有优良的铸造、切削、压力加工等工艺性能。所以纯铝主要用于制造电缆电线的线芯和导电零件、耐蚀器皿和生活器皿，以及配制铝合金和做铝合金的包覆层。由于纯铝的强度很低（如纯度为 99.99% 时，其抗拉强度仅有 45MPa），一般不宜直接作为结构材料。

纯铝中含有铁、硅、铜、锌等杂质，按纯度分为工业纯铝和高纯铝。工业纯铝的质量分数小于 99.85%，高纯铝的质量分数在 99.85% ~ 99.99% 之间。根据 GB/T 3190—2020，工业纯铝的牌号为 1080、1070、1060……第一位数 1 表示纯铝，第二位数 0 表示杂质含量无特殊控制，最后两位数表示纯度，即铝质量分数中小数点后面的两位数，如 1080 表示铝的质量分数为 99.80% 的工业纯铝；高纯铝的牌号为 1A99、1A97、1A93、1A90、1A85，其中 A 表示原始铝，如 1A99 表示铝的质量分数为 99.99% 的原始高纯铝。

工业纯铝可制作电线、电缆及配制合金；工业高纯铝可制作铝箔、包铝及冶炼铝合金；高纯铝主要用于科学研究及制作电容器。

9.1.2　铝合金的成分、组织特点、分类及牌号

与纯铝相比，铝合金具有较高的强度、良好的加工性能，广泛用于制作各种机械零件及工程构件。

1. 成分特点

铝合金是在变形铝中加入适量的硅、铜、镁、锌、锰等合金元素形成的合金，常用的铝合金有铝硅合金、铝铜合金、铝镁合金、铝锌合金。

2. 组织特点

铝合金的组织可用铝合金相图确定。工程上常用的铝合金大都具有与图 9-1 类似的相图，凡

位于相图上 D 点成分以左的合金，在加热至高温时能形成单相 α 固溶体组织，合金的塑性较高，适用于压力加工，所以称为变形铝合金；凡位于 D 点成分以右的合金，组织为 $\alpha + \beta$ 双相，且含有共晶组织，液态流动性较高，适用于铸造，所以称为铸造铝合金。

3. 铝合金的分类及牌号

根据铝合金的成分、组织和工艺特点，可以将其分为变形铝合金与铸造铝合金两大类。变形铝合金是将铝合金铸锭通过压力加工（轧制、挤压、模锻等）制成半成品或模锻件，铸造铝合金则是将熔融的合金直接浇注成形状复杂的甚至是薄壁的成形件。

变形铝合金中，成分位于 F 点以左的合金，在固态始终是单相的，不能进行热处理强化，被称为热处理不可强化的铝合金。成分在 F 和 D 之间的铝合金，由于合金元素在铝中有溶解度的变化会析出第二相，可通过热处理使合金强度提高，所以称为热处理强化铝合金。变形铝合金按照性能特点和用途分为防锈铝合金、硬铝合金、超硬铝合金和锻造铝合金，其中后三类铝合金可以进行热处理强化。防锈铝合金属于不能热处理强化的铝合金，硬铝合金、超硬铝合金、锻铝合金属于可热处理强化的铝合金。

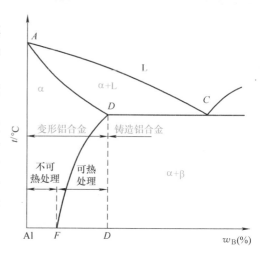

图 9-1　铝合金相图

4. 铝合金的牌号及代号

根据 GB/T 16474—2011，变形铝合金的牌号采用国际四位数字体系 " $\times$ A $\times\times$ "，第一、三、四位为阿拉伯数字，第二位为英文大写字母 A。第一位数字表示合金系，1 为纯铝，2 为 Al - Cu 系，3 为 Al - Mn 系，4 为 Al - Si 系，5 为 Al - Mg 系，6 为 Al - Mg - Si 系，7 为 Al - Zn 系；第二位字母 A 表示原始铝或铝合金的改型情况；第三、四位数字表示序号。例如 5A05 表示 5 号铝镁合金，2A11 表示 11 号铝铜合金，7A04 表示 4 号铝锌合金。

早期的国标 GB/T 3190—1982 规定变形铝合金的代号：防锈铝、硬铝、超硬铝、锻铝分别用 "LF"（铝防）、"LY"（铝硬）、"LC"（铝超）、"LD"（铝锻）和后面的顺序号来表示。如 "LF5" 表示 5 号防锈铝，LY11 表示 11 号硬铝，LC4 表示 4 号超硬铝，LD8 表示 8 号锻铝。

铸造铝合金合金代号用 "铸铝" 二字汉语拼音字首 "ZL" 后跟三位数字表示。第一位数表示合金的系列，1 为 Al - Si 系合金、2 为 Al - Cu 系合金、3 为 Al - Mg 系合金、4 为 Al - Zn 系合金。第二、三位数表示合金的顺序号。如 ZL201 表示 1 号铝铜系铸造铝合金，ZL107 表示 7 号铝硅系铸造铝合金。铸造铝合金合金牌号用 ZAl + 合金元素 + 合金含量表示，如 ZAlSi5Cu1Mg 表示含 5% 的 Si、1% 的 Cu 及少量 Mg 的铸造铝合金。

9.1.3　铝合金的热处理

铝合金可通过冷塑性变形提高强度，也可通过热处理来改善性能，其中有些铝合金抗拉强度可提高到 480～680MPa，相当于低合金结构钢的强度水平。铝合金主要热处理方法有两种：退火和淬火 + 时效处理。

铝合金的退火：为消除铝合金铸件的内应力及成分偏析，提高塑性，可对铝合金进行高温均匀化退火（350～530℃）或低温去应力退火（200～300℃）。为了消除变形铝合金在塑性变形过程中产生的加工硬化，提高塑性，可对其进行再结晶退火（350～450℃）。

铝合金的淬火（固溶处理）：将铝合金加热到固溶线以上某一温度淬火后，可以得到过饱和的 α 固溶体。淬火后强度、硬度有所提高，但提高不多。如含 $w_{Cu} = 4\%$ 的铝合金退火状态 $R_m = 200MPa$，淬火后为 250MPa。

时效处理：铝合金淬火后的过饱和 α 固溶体在室温或加热到某一温度放置时，其强度和硬度随时间的延长而增高，这个过程称为时效。在室温下进行的为自然时效，在加热条件下进行的为人工时效。铝合金时效处理后强度大大提高（但塑性有较大下降），如含 $w_{Cu}=4\%$ 的铝合金淬火并自然时效 4~5 天后，R_m 达 420MPa。铝合金时效强化的效果与时效温度有关，图 9-2 所示为含 4%Cu 的铝合金在不同温度下的时效曲线。由图 9-2 可以看出，提高时效温度，可以使时效速度

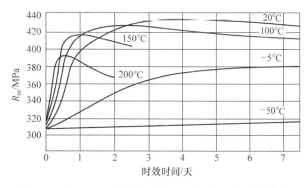

图 9-2　含 4%Cu 的铝合金在不同温度下的时效曲线

加快，但获得的强度值比较低。在自然时效条件下，时效进行得十分缓慢，约需 4~5 天才能达到最高强度值。而在 -50℃ 时效，时效过程基本停止，各种性能没有明显变化，所以降低温度是抑制时效的有效办法。

变形铝及铝合金、铸造铝合金的状态代号分别见表 9-1、表 9-2。

表 9-1　变形铝及铝合金的状态代号（GB/T 16475—2008）

状态代号	说　　明	状态代号	说　　明
O	退火状态	T5	高温成型 + 人工时效
H	加工硬化状态	T6	固溶处理 + 人工时效
T1	高温成型 + 自然时效	T7	固溶处理 + 过时效
T2	高温成型 + 冷加工 + 自然时效	T8	固溶处理 + 冷加工 + 人工时效
T3	固溶处理 + 冷加工 + 自然时效	T9	固溶处理 + 人工时效 + 冷加工
T4	固溶处理 + 自然时效	T10	高温成型 + 冷加工 + 人工时效

表 9-2　铸造铝合金的状态代号（GB/T 1173—2013）

代号	类别	用　　途
T1	人工时效	对湿砂型、金属型特别是压铸件，因冷却速度快有部分固溶效果，人工时效可提高强度、硬度，改善切削加工性能
T2	退火	消除铸件在铸造和加工过程中产生的应力，提高尺寸的稳定性及合金塑性
T4	固溶处理 + 自然时效	通过加热、保温及快速冷却实现固溶强化以提高合金的力学性能，特别是提高塑性及常温耐蚀能力
T5	固溶处理 + 不完全人工时效	固溶处理后进行不完全人工时效，时效是在较低温度和较短的时间下进行，进一步提高合金的强度和硬度
T6	固溶处理 + 完全人工时效	可获得最高的抗拉强度，但塑性下降，时效是在较高的温度和较长的时间下进行的
T7	固溶处理 + 稳定化处理	提高铸件组织和尺寸稳定性及合金的耐蚀能力，主要用于较高温度下工作的零件。稳定化温度可以接近铸件的工作温度
T8	固溶处理 + 软化处理	固溶处理后采用高于稳定化处理的温度，获得高塑性和尺寸稳定性好的铸件

9.1.4　常用铝合金的牌号、成分、性能及应用

1. 变形铝合金

（1）防锈铝合金

防锈铝合金主要是 Al - Mn 系和 Al - Mg 系合金，主要合金元素是 Mn 和 Mg，Mn 的主要作用是提高铝合金的耐蚀能力，并起到固溶强化作用，Mg 也可起到强化作用，并使合金的密度降低。防锈铝合金锻造退火后是单相固溶体，耐蚀能力强，塑性好。这类铝合金不能进行时效硬化，属于不能热处理强化的铝合金，但可冷变形加工，利用加工硬化，提高合金的强度。这类铝合金还具有良好的焊接性能，主要用于制作需要弯曲或冷拔的耐蚀容器，及受力小、耐蚀的制品与构

件，如油箱、导管、生活用品、防锈蒙皮等，常用牌号有 5A05（LF5）、3A21（LF21）等。

　　（2）硬铝合金

　　硬铝合金为 Al – Cu – Mg 系合金，还含有少量的 Mn。各种硬铝合金都可以进行时效强化，属于可以热处理强化的铝合金，亦可进行变形强化。合金中的 Cu、Mg 是为了形成强化相 θ 相及 S 相。Mn 主要是提高合金的耐蚀性，并有一定的固溶强化作用，但 Mn 的析出倾向小，不参与时效过程。少量的 Ti 或 B 可细化晶粒和提高合金强度。硬铝合金有较好的切削加工性，但耐蚀性较差，尤其不耐海水腐蚀，常用包铝方法提高耐蚀性。硬铝合金的固溶处理加热温度范围很窄，其生产工艺比较困难。主要用于制作中等强度的构件和零件，如空气螺旋桨、铆钉、螺栓及航空工业中的一般受力结构件。图9-3所示为奥迪 R8 轿车的硬铝合金车架，总质量仅为210kg，不到钢铁车架的一半，而且车身刚性非常强。常用硬铝合金牌号有 2A01（LY1）、

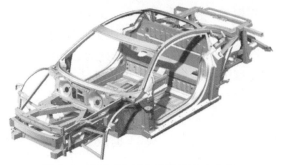

图 9-3　奥迪 R8 轿车的硬铝合金车架

2A11（LY11）等，2A01 主要制作铆钉，也称为"铆钉硬铝"。

　　（3）超硬铝合金

　　超硬铝合金为 Al – Mg – Zn – Cu 系合金，并含有少量的 Cr 和 Mn。Zn、Cu、Mg 与 Al 可以形成固溶体和多种复杂的第二相，例如 $MgZn_2$、Al_2CuMg、AlMgZnCu 等，所以经过固溶处理和人工时效后，可获得很高的强度和硬度，是一种强度最高的铝合金。但这种合金的耐蚀性较差，当温度大于120℃时合金会软化，可以用包铝法提高耐蚀性。超硬铝合金多用于制造要求质量轻、受力大的重要构件，如飞机大梁、起落架、桁架、翼肋等。常用牌号有 7A04（LC4）。

　　（4）锻铝合金

　　锻铝合金为 Al – Mg – Si – Cu 系和 Al – Cu – Mg – Ni – Fe 系合金。锻铝合金中的元素种类多但用量少，具有良好的热塑性和耐蚀性，良好的铸造性能和锻造性能。锻铝合金通常都要进行固溶处理和人工时效，力学性能与硬铝合金相近。这类合金主要用于制作形状复杂、比强度较高的锻件，以及在高温下工作的构件。图 9-4 所示为铝合金锻件。常用锻造铝合金牌号有 2A50（LD5）、2A70（LD7）等。

　　常用变形铝合金的牌号、化学成分、力学性能及应用见表9-3。

图 9-4　铝合金锻件

表 9-3　常用变形铝合金的牌号、化学成分、力学性能及应用（GB/T 3190—2020）

| 类别 | 牌号（代号）[①] | 化学成分（质量分数,%） | | | | | | 热处理状态 | 力学性能 | | | 应用举例 |
		Cu	Mg	Mn	Zn	其他	Al		$R_m/$MPa	A（%）	HBW	
防锈铝合金	5A05（LF5）	0.10	4.8 ~ 5.5	0.3 ~ 0.6	0.20	—	余量	O	260	22	70	中载零件及制品铆钉、焊接油箱、油管、焊条
	3A21（LF21）	0.20	0.05	1.0 ~ 1.6	0.10	Ti：0.15	余量	O	130	23	30	管道、容器、铆钉及轻载零件及制品
硬铝合金	2A01（LY1）	2.2 ~ 3.0	0.2 ~ 0.5	0.2	0.10	Ti：0.15	余量	T4	300	24	70	中等强度、工作温度不超过100℃铆钉
	2A11（LY11）	3.8 ~ 4.8	0.4 ~ 0.8	0.4 ~ 0.8	0.30	Ti：0.15 Ni：0.10	余量	T4	420	15	100	中等强度构件和零件，如骨架、螺旋桨叶片螺栓等

（续）

类别	牌号(代号)①	化学成分（质量分数,%）						热处理状态	力学性能			应用举例
		Cu	Mg	Mn	Zn	其他	Al		$R_m/$MPa	A(%)	HBW	
硬铝合金	2A12(LY12)	3.8 ~ 4.9	1.2 ~ 1.8	0.3 ~ 0.9	0.30	Ti：0.15 Ni：0.10	余量	T4	460	17	105	高强度构件及150℃以下工作的零件，如骨架等
超硬铝合金	7A04(LC4)	1.4 ~ 2.0	1.8 ~ 2.8	0.2 ~ 0.6	5.0 ~ 7.0	Cr：0.10 ~ 0.25	余量	T6	600	12	150	主受力构件及高载荷零件，如飞机大梁、起落架等
	7A09(LC9)	1.2 ~ 2.0	2.0 ~ 3.0	0.15	5.1 ~ 6.1	Ti：0.1 Cr：0.16 ~ 0.30	余量	T6	570	11	150	飞机中的受力构件，如飞机前起落架、机翼前梁
锻铝合金	2A50(LD5)	1.8 ~ 2.6	0.4 ~ 0.8	0.4 ~ 0.8	0.30	Ti：0.15 Ni：0.10 Si：0.7 ~ 1.2	余量	T6	420	13	105	形状复杂和中等强度的锻件及模锻件
	2A70(LD7)	1.9 ~ 2.5	1.4 ~ 1.8	0.20	0.30	Ti：0.02 ~ 0.1 Ni：0.9 ~ 1.5 Fe：0.9 ~ 1.5	余量	T6	440	13	120	高温下工作的复杂锻件和结构件、内燃机活塞

① 括号中的代号为 GB/T 3190—1982 的铝合金牌号。

2. 铸造铝合金

（1）Al – Si 系铸造铝合金

Al – Si 系铸造铝合金通常称为硅铝明，硅铝明包括简单硅铝明（Al – Si 二元合金）和复杂铝硅明（Al – Si – Mg – Cu 等多元合金）。$w_{Si} = 11\% \sim 13\%$ 的简单硅铝明（ZL102）铸造后几乎全部是共晶组织，这种合金流动性好，铸件热裂倾向小，耐蚀性能高，有较低的膨胀系数，焊接性良好，适用于铸造复杂形状的零件。该合金的缺点是铸造时吸气性高，结晶时产生大量分散缩孔使铸件的致密度下降。一般情况下 ZL102 共晶组织由 α 固溶体和粗针状硅组成，如图 9-5a 所示，使合金的力学性能降低。生产上常采用变质处理，即浇注前向合金液中加入 2% ~ 3% 的变质剂（常用钠盐混合物：2/3NaF + 1/3NaCl）以细化组织，提高强度及塑性。变质处理使共晶点左移得到亚共晶组织，为细小均匀的共晶体和初生 α 固溶体，如图 9-5b 所示。

 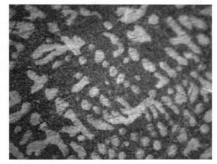

a) 未变质处理　　　　　　　　　b) 变质处理后

图 9-5　ZL102 铸造铝合金的铸态组织

复杂硅铝明具有耐磨性、耐蚀性、耐热性好的特点，可用于制造发动机活塞、轮毂等零件，如图 9-6 所示。

（2）Al – Cu 系铸造铝合金

Al – Cu 系铸造铝合金的强度较高，耐热性好，但铸造性能不好，有热裂和疏松倾向，耐蚀性较差。ZL201 的室温强度高，塑性比较好，可制作在 300℃以下工作的零件，常用于铸造内燃机汽缸头、活塞等零件。ZL202 塑性较低，多用于高温下不受冲击的零件。ZL203 经淬火时效后，强度较高，可作结构材料，铸造受中等载荷和形状较简单的零件。

a) 轮毂

b) 发动机活塞

图9-6 铸造铝硅合金汽车零件

（3）Al - Mg 系铸造铝合金

Al - Mg 系铸造铝合金强度高，密度小，有良好的耐蚀性，但铸造性能不好，耐热性低。Al - Mg 系铸造铝合金可进行时效处理，通常采用自然时效。多用于制造承受冲击载荷，在腐蚀性介质中工作的，外形不太复杂的零件，如舰船配件、氨泵泵体等。

（4）Al - Zn 系铸造铝合金

Al - Zn 系铸造铝合金价格低，铸造性能优良，经变质处理和时效处理后强度较高，但耐蚀性差，热裂倾向大。常用于制造汽车、拖拉机的发动机零件及形状复杂的仪器零件，也可用于制造日用品。

铸造铝合金的铸件，由于形状较复杂，组织粗糙，化合物粗大，并有严重的偏析，因此它的热处理与变形铝合金相比，淬火温度应高一些，加热保温时间要长一些，以使粗大析出物完全溶解并使固溶体成分均匀化。淬火一般用水冷却，并多采用人工时效。

常用铸造铝合金的牌号、化学成分、力学性能及应用见表9-4。

表9-4 常用铸造铝合金的牌号（代号）、化学成分、力学性能及应用（GB/T 1173—2013）

牌号（代号）	化学成分（质量分数,%）						铸造方法与热处理状态	力学性能			应用举例
	Si	Cu	Mg	Mn	其他	Al		R_m /MPa	A （%）	HBW	
ZAlSi7Mg （ZL101）	6.5 ~ 7.5	—	0.25 ~ 0.45	—	—	余量	J, T5 S, T5	205 195	2 2	60 60	形状复杂的构件，如飞机、仪表的零件，抽水机壳体，工作温度不超过185℃的汽化器等
ZAlSi12 （ZL102）	10.0 ~ 13.0	—	—	—	—	余量	J, F SB, JB, T2 J, T2	155 135 145	2 4 3	50 50 50	形状复杂的构件，如仪表、抽水机壳体，工作温度不超过200℃，要求高气密性、承受低载荷零件
ZAlSi5Cu1Mg （ZL105）	4.5 ~ 5.5	1.0 ~ 1.5	0.4 ~ 0.6	—	—	余量	J, T5 S, T5 S, T6	235 215 225	0.5 1.0 0.5	70 70 70	形状复杂，在225℃以下工作的零件，如风冷发动机的气缸头、机匣、液压泵壳体等
ZAlSi12Cu2Mg1 （ZL108）	11.0 ~ 13.0	1.0 ~ 2.0	0.4 ~ 1.0	0.3 ~ 0.9	—	余量	J, T1 J, T6	195 255	— —	85 90	要求高温强度及低膨胀系数的内燃机活塞及其他耐热零件
ZAlSi9Cu2Mg （ZL111）	8.0 ~ 10.0	1.3 ~ 1.8	0.4 ~ 0.6	0.1	Ti: 0.1 ~ 0.35	余量	J, F SB, T6 J, T6	205 255 315	1.5 1.5 2	80 90 100	250℃以下工作的承受重载的气密零件，如大马力柴油机缸体、活塞等

（续）

牌号（代号）	化学成分（质量分数,%）						铸造方法与热处理状态	力学性能			应用举例
	Si	Cu	Mg	Mn	其他	Al		R_m/MPa	A（%）	HBW	
ZAlCu5Mn（ZL201）	—	4.5～5.3	—	—	Ti：0.15～0.35	余量	S，T4 S，T5 S，T7	295 335 315	8 4 2	70 90 80	在175～300℃或以下工作的零件，如支臂、活塞等
ZAlCu4（ZL203）	—	4.0～5.0	—	—	—	余量	J，T4 J，T5	205 225	6 3	60 70	中等载荷，形状较简单的零件，如托架和工作温度低于200℃并要求加工性能好的小零件
ZAlMg10（ZL301）	—	—	9.5～11.0	—	—	余量	S，T4	208	9	60	在大气或海水中工作的零件，承受大震荡载荷、工作温度不超过150℃的零件
ZAlMg5Si（ZL303）	0.8～1.3	—	4.5～5.5	—	—	余量	S，J，F	143	1	55	腐蚀介质，中等载荷作用零件，在严寒大气中及工作温度低于200℃的零件，如海轮配件和各种壳体
ZAlZn11Si7（ZL401）	6.0～8.0	—	0.1～0.3	—	Zn：9.0～13.0	余量	J，T1 S，T1	245 195	1.5 2	90 80	工作温度不超过200℃，机构形状复杂的汽车、飞机零件，也可制作日用品

注：铸造方法为S表示砂型铸造，J表示金属型铸造，B表示变质处理。

9.2 铜及铜合金

铜是人类最早认识并使用的金属，也是人类第一种用于制造工具的金属。从人类文明开始直至今日，铜为社会进步做出了巨大的贡献。在电气化和信息化高度发展的今天，铜及铜合金已经深深地渗入到生产和生活的各个方面，成为促进社会飞速发展的重要金属。

9.2.1 纯铜

纯铜是玫瑰红色金属，表面形成氧化铜膜后，外观呈紫红色，故常俗称为紫铜。纯铜的密度为 8.96g/cm³，熔点为 1083℃。具有良好的导电性、导热性及抗大气腐蚀性，因其为面心立方晶格，故塑性好，易进行冷、热加工。

工业纯铜中含有铅、铋、氧、硫、磷等杂质，w_{Cu} = 99.70% ～ 99.95%。根据杂质的含量，工业纯铜可分为3种：T1、T2、T3。"T"为铜的汉语拼音字首，编号越大，纯度越低。

纯铜主要用于制作电工导体以及配制各种铜合金。利用纯铜良好的导电性，制造电缆、电线、网线；利用纯铜的导热性，制造罗盘、航空仪表等；利用纯铜良好的塑性，采用热加工和冷加工的方法制造管、棒、线、带、箔等。纯铜的强度低，不宜用作结构材料。

9.2.2 铜合金的成分、组织特点、分类及牌号

1. 成分

铜合金是在铜中加入适量的锌、锡、铅、铝、硅等合金元素形成的合金，常用的铜合金有铜锌合金、铜锡合金、铜铝合金、铜铅合金。

2. 组织特点

铜合金的组织也是根据相图确定的，铜合金相图较复杂，这里不用相图分析铜合金的组织。一般地，铜合金中合金元素含量较少时，其组织为单相固溶体，合金元素含量较多时，其组织为双相。如黄铜，当 w_{Zn} <32%时，合金的组织由单相面心立方晶格的 α 固溶体构成，称为单相黄铜，其显微组织如图9-7所示。当 w_{Zn} >32%后，合金组织为 α + β′，称为双相黄铜，其显微组织如图9-8所示。

图9-7　单相黄铜显微组织

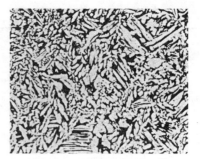

图9-8　双相黄铜显微组织

3. 分类

铜合金按化学成分可分为黄铜、青铜及白铜（铜镍合金）三大类，在机器制造业中，应用较广的是黄铜和青铜。黄铜是以锌为主要合金元素的铜－锌合金。其中不含其他合金元素的黄铜称普通黄铜（或简单黄铜），含有其他合金元素的黄铜称为特殊黄铜（或复杂黄铜）。青铜是以除锌和镍以外的其他元素作为主要合金元素的铜合金。按其所含主要合金元素的种类可分为锡青铜、铅青铜、铝青铜、硅青铜等。

铜合金按生产方法可分为压力加工产品和铸造产品两类。

4. 牌号

1）加工黄铜：普通加工黄铜代号表示方法为"H"+铜的平均质量分数（%）。例如，H68表示含铜的质量分数为68%、余量为锌的黄铜。特殊加工黄铜代号表示方法为"H"+主加元素的化学符号（除锌以外）+铜及各合金元素的质量分数（%）。例如，HPb59－1表示含铜的质量分数为59%，含铅的质量分数为1%、余量为锌的黄铜。

2）加工青铜：代号表示方法是"Q"+第一主加元素的化学符号及质量分数+其他合金元素质量分数。例如，QAl5表示含铝的质量分数为5%、余量为铜的加工铝青铜。

3）铸造铜合金：铸造黄铜与铸造青铜的牌号表示方法相同，它是："Z"+铜元素化学符号+主加元素的化学符号及质量分数+其他合金元素化学符号及质量分数。例如，ZCuZn38，表示含锌的质量分数为38%、余量为铜的铸造普通黄铜；ZCuSn10Pb5表示含锡的质量分数为10%、含铅的质量分数为5%、余量为铜的铸造锡青铜。

9.2.3　铜合金的热处理

铜合金的热处理相对比较简单，主要是退火，部分牌号的合金需要进行淬火和回火热处理。

退火主要有再结晶退火、成品退火和坯料退火。再结晶退火用于两次冷轧之间，可消除冷轧后合金产生的纤维组织及硬化，消除变形应力、恢复合金塑性，使冷轧加工可继续进行。

成品退火是指冷轧到成品尺寸后，通过控制退火温度和保温时间来得到不同状态和性能的最终热处理。成品退火时在再结晶温度以上的退火，可控制晶粒组织获得具有较好的深冲压性能的制品。成品退火时在再结晶温度以下的退火，可消除应力。

坯料退火是指热轧后的坯料通过再结晶退火，消除轧制时不完全变形所产生的硬化，或通过较高温度的退火，使组织均匀。

铜合金的热处理工艺与合金成分密切相关。例如，黄铜具有良好的耐海水和大气腐蚀的能力，并且单相黄铜优于双相黄铜。但经冷加工的黄铜制品存在残留应力，如果处在潮湿大气和海水中，特别是在含氨的介质中，易发生应力腐蚀开裂，也称"季裂"。因此，冷加工后的制品要进行去应力退火。而铍青铜主要用来制作精密仪器、仪表的重要弹簧、膜片和其他弹性元件、钟表齿轮，还可以制造高速、高温、高压下工作的轴承、衬套、齿轮等耐磨零件，也可以用来制造换向开关、电接触器等。铍青铜一般是淬火状态供应，用它制成零件后可不再淬火而直接进行时效处理。

9.2.4　常用铜合金的牌号、成分、性能及应用

1. 黄铜

普通黄铜主要供压力加工用，按加工特点分为冷加工用 α 单相黄铜与热加工用 α + β′ 双相黄铜两类。H90（及 H80）为 α 单相黄铜，有优良的耐蚀性、导热性和冷变形能力，并呈金黄色，故有金色黄铜之称。常用于镀层、制作艺术装饰品、奖章、散热器等。H68（及 H70）为 α 单相黄铜，按成分称为七三黄铜。它具有优良的冷、热塑性变形能力，适宜用冷冲压（深拉延、弯曲等）制造形状复杂而要求耐蚀的管、套类零件，如弹壳、波纹管等，故又有弹壳黄铜之称。H62（及 H59）为 α + β′ 双相黄铜，按成分称为六四黄铜。它的强度较高，并有一定的耐蚀性，广泛用来制作电气上要求导电、耐蚀及适当强度的结构件，如螺栓、螺母、垫圈、弹簧及机器中的轴套等，是应用广泛的合金，有商业黄铜之称。

特殊黄铜是在普通黄铜基础上，再加入其他合金元素所组成的多元合金，常加入的元素有锡、铅、铝、硅、锰、铁等。特殊黄铜也可依据加入的第二合金元素命名，如锡黄铜、铅黄铜、铝黄铜等。合金元素加入黄铜后，一般能或多或少地提高其强度。加入锡、铝、锰、硅后还可提高耐蚀性与减少黄铜应力腐蚀破裂的倾向。某些元素的加入还可改善黄铜的工艺性能，如加硅改善铸造性能，加铅改善切削加工性能等。

图 9-9 所示为黄铜制造的强力滑动轴承，其上镶嵌有许多小圆形自润滑材料，可用于矿山机械、轧钢机械等粉尘较大、不便润滑环境下的轴承。图 9-10 所示为铸造黄铜阀门，适合于耐蚀耐磨的化工设备。

图 9-9　黄铜制造的强力滑动轴承

图 9-10　铸造黄铜阀门

常用普通黄铜与特殊黄铜的牌号、代号、化学成分、力学性能及应用见表 9-5。

2. 青铜

（1）锡青铜

w_{Sn} < 8% 的锡青铜称为压力加工锡青铜，w_{Sn} > 10% 的锡青铜称为铸造锡青铜。

锡青铜在铸造时有流动性差，偏析倾向大及易形成分散缩孔等特点。锡青铜铸造因极易形成分散缩孔而收缩率小，能够获得完全符合铸模形状的铸件，适合铸造形状复杂的零件，但铸件的致密程度较低，若制成容器在高压下易漏水。

锡青铜在大气、海水、淡水以及水蒸气中耐蚀性比纯铜和黄铜好，但在盐酸、硫酸及氨水中的耐蚀性较差。

锡青铜中还可以加入其他合金元素以改善性能。例如，加入锌可以提高流动性，并可以通过固溶强化作用提高合金强度。加入铅可以使合金的组织中存在软而细小的黑灰色铅夹杂物，提高

表 9-5　常用普通黄铜与特殊黄铜的牌号、代号、化学成分、力学性能及应用（GB/T 5231—2022）

组别	代号或牌号	化学成分（质量分数,%）		力学性能[①]			主要应用
		Cu	其他	R_m/MPa	A（%）	HBW	
普通黄铜	H90	89.0~91.0	余量 Zn	$\dfrac{245}{392}$	$\dfrac{35}{2}$	—	双金属片、供水和排水管、证章、艺术品
	H68	67.0~70.0	余量 Zn	$\dfrac{294}{392}$	$\dfrac{40}{13}$	—	复杂的冷冲压件、散热器外壳、弹壳、导管、波纹管、轴套
	H62	60.5~63.5	余量 Zn	$\dfrac{294}{412}$	$\dfrac{40}{10}$	—	销钉、铆钉、螺钉、螺母、垫圈、弹簧、夹线板
特殊黄铜	HSn62-1	61.0~63.0	Sn：0.7~1.1，余量 Zn	$\dfrac{249}{392}$	$\dfrac{35}{5}$	—	与海水和汽油接触的船舶零件（又称海军黄铜）
	HSi80-3	79.0~81.0	Si：2.5~4.0，余量 Zn	$\dfrac{300}{350}$	$\dfrac{15}{20}$	—	船舶零件，在海水、淡水和蒸汽（<265℃）条件下工作的零件
	HMn58-2	57.0~60.0	Mn：1.0~2.0，余量 Zn	$\dfrac{382}{588}$	$\dfrac{30}{3}$	—	海轮制造业和弱电用零件
	HPb59-1	57.0~60.0	Pb：0.8~1.9，余量 Zn	$\dfrac{343}{441}$	$\dfrac{25}{5}$	—	热冲压及切削加工零件，如销、螺钉、螺母、轴套（又称易削黄铜）

① 力学性能中分母的数值，对压力加工黄铜来说是指硬化状态（变形程度 50%）的数值，对铸造黄铜来说是指金属型铸造时的数值；分子数值，对压力加工黄铜为退火状态（600℃）时的数值，对铸造黄铜为砂型铸造时的数值。

锡青铜的耐磨性和切削加工性。加入磷，可以提高合金的流动性，并生成 Cu_3P 硬质点，提高合金的耐磨性。

（2）铝青铜

铝青铜是以铝为主加元素的铜合金，一般 $w_{Al}=5\%~10\%$。铝青铜的力学性能和耐磨性均高于黄铜和锡青铜，它的结晶温度范围小，不易产生化学成分偏析，而且流动性好，分散缩孔倾向小，易获得致密铸件，但收缩率大，铸造时应在工艺上采取相应的措施。

铝青铜的耐蚀性优良，在大气、海水、碳酸及大多数有机酸中具有比黄铜和锡青铜更高的耐蚀性。

为了进一步提高铝青铜的强度和耐蚀性，可添加适量的铁、锰、镍元素。铝青铜可制造齿轮、轴套、蜗轮等高强度、耐磨的零件以及弹簧和其他耐蚀元件。

（3）铍青铜

铍青铜一般 $w_{Be}=1.7\%~2.5\%$。铍青铜可以进行淬火时效强化，淬火后得到单相 α 固溶体组织，塑性好，可以进行冷变形和切削加工，制成零件后再进行人工时效处理，获得很高的强度和硬度（$R_m=1200~1400\mathrm{MPa}$，$A=2\%~4\%$，330~400HBW），超过其他所有的铜合金。

铍青铜的弹性极限、疲劳极限都很高，耐磨性、耐蚀性、导热性、导电性和低温性能也非常好，此外，还具有无磁性、冲击时不产生火花等特性。在工艺方面，它承受冷热压力加工的能力很好，铸造性能也好。但铍青铜价格昂贵。

常用青铜合金的牌号、化学成分、力学性能及应用见表 9-6。

表 9-6　常用青铜合金的牌号、化学成分、力学性能及应用（GB/T 5231—2022）

组别	牌号	化学成分（质量分数,%）		力学性能[①]			主要应用
		第一主加元素	其他	R_m/MPa	A（%）	HBW	
压力加工锡青铜	QSn4-3	Sn：3.5~4.5	Zn：2.7~3.3，余量 Cu	$\dfrac{350}{550}$	$\dfrac{40}{4}$	$\dfrac{60}{160}$	弹性元件、管配件、化工机械中耐磨零件及抗磁零件
	QSn6.5-0.1	Sn：6.0~7.0	P：0.1~0.25，余量 Cu	$\dfrac{350~450}{700~800}$	$\dfrac{60~70}{7.5~12}$	$\dfrac{70~90}{160~200}$	弹簧、接触片、振动片、精密仪器中的耐磨零件

（续）

组别	牌号	化学成分（质量分数,%）		力学性能[1]			主要应用
		第一主加元素	其他	R_m/MPa	A（%）	HBW	
铸造锡青铜	ZCuSn10P1	Sn: 9.0 ~ 11.5	P: 0.8 ~ 1.1, 余量 Cu	$\frac{220}{310}$	$\frac{3}{2}$	$\frac{80}{90}$	重要的减磨零件，如轴承、轴套、涡轮、摩擦轮、机床丝杆螺母
	ZCuSn5Pb5Zn5	Sn: 4.0 ~ 6.0	Zn: 4.0 ~ 6.0, Pb: 4.0 ~ 6.0, 余量 Cu	$\frac{200}{200}$	$\frac{13}{13}$	$\frac{60}{65}$	中速、中等载荷的轴承、轴套、涡轮及1MPa压力下的蒸汽管配件和水管配件
特殊青铜	ZCuAl10Fe3	Al: 8.5 ~ 11.0	Fe: 2.0 ~ 4.0, 余量 Cu	$\frac{490}{540}$	$\frac{13}{15}$	$\frac{100}{110}$	耐磨零件（压下螺母、轴承、涡轮、齿圈）及在蒸汽、海水中工作的高强度耐蚀件，250℃以下的管配件
	ZCuPb30	Pb: 27.0 ~ 33.0	余量 Cu	—	—	$\frac{—}{25}$	大功率航空发动机、柴油机曲轴及连杆的轴承
	QBe2	Be: 1.8 ~ 2.1	Ni: 0.2 ~ 0.5, Al: 0.15, 余量 Cu	$\frac{500}{850}$	$\frac{40}{3}$	$\frac{90}{250}$	重要的弹簧与弹性元件，耐磨零件以及在高速、高压和高温下工作的轴承

① 力学性能数字表示意义同表 9-5 注①。

9.3 钛及钛合金

钛及钛合金在强度、耐热性、耐蚀性等方面优于铝及铝合金，在航空、航天、化工、导弹及舰艇等方面得到较广泛的应用。但由于钛在高温时异常活泼，钛及其合金的熔炼、浇铸、焊接和热处理等都要在真空或惰性气体中进行，加工条件严格，成本较高，使它的应用受到一定限制。

9.3.1 纯钛

钛是银白色金属，熔点为1680℃，密度为$4.5g/cm^3$，比铝重但比钢轻。钛有很好的强度，约为铝的6倍，故比强度高。钛的塑性高、耐热性高，且热膨胀系数较小，在高温工作条件下或热加工过程中产生的热应力小。钛在硫酸、盐酸、硝酸和氢氧化钠等碱溶液中，在湿气及海水中具有优良的耐蚀性。但钛不能抵抗氢氟酸的侵蚀作用。钛在大气中十分稳定，表面生成致密的氧化膜，使它保持金属光泽。但当加热到600℃以上时，氧化膜就失去保护作用。钛有两种同素异构体，在882.5℃以下的稳定结构为密排六方晶格，用 α - Ti 表示；在882.5℃以上直到熔点的稳定结构为体心立方晶格，用 β - Ti 表示。

工业纯钛按杂质含量不同可分为4个等级，即TA1、TA2、TA3、TA4。其中"T"为钛的汉语拼音字首，编号越大则杂质越多。工业纯钛可制作在350℃以下工作的强度要求不高的零件，主要用于飞机的蒙皮、构件和耐蚀的化学装置，反应器，海水淡化装置等。

工业纯钛不能进行热处理强化，实际使用中主要采用冷变形的方法对其进行强化，其热处理工艺主要有再结晶退火和消除应力退火

9.3.2 钛合金的成分、组织特点、分类及牌号

1. 成分

为了进一步提高强度，可在钛中加入合金元素。合金元素溶入 α - Ti 中形成 α 固溶体，溶入 β - Ti 中形成 β 固溶体。铝、碳、氮、氧、硼等元素使 α/β 同素异构体转变温度升高，称为 α 稳定化元素；而铁、钼、镁、铬、锰、钒等元素使同素异构体转变温度下降，称为 β 稳定化元素；锡、锆等元素对转变温度影响不明显，称为中性元素。

2. 组织特点、分类及牌号

根据钛合金使用状态（退火组织）的组织可分为三类：α钛合金、β钛合金、（α+β）钛合金，以及含有少量β相的近α钛合金。三种钛合金牌号分别以TA、TB、TC加上编号表示。

按钛合金的性能特点分类，钛合金包括低强钛合金、中强钛合金、高强钛合金。

9.3.3 钛合金的热处理

1. 消除应力退火

目的是消除钛合金零件加工或焊接后的内应力。退火温度一般为450～650℃，保温1～4h，空冷。

2. 再结晶退火

目的是消除加工硬化。对于纯钛一般用550～690℃，而钛合金用750～800℃，保温1～3h，空冷。

3. 淬火和时效

淬火和时效的目的是提高钛合金的强度和硬度。α钛合金一般不进行淬火和时效处理。β钛合金和含稳定化元素较多的（α+β）钛合金，淬火温度一般选在α+β两相区的上部范围，一般为760～950℃，保温5～60min，水中冷却。淬火后部分α保留下来，β相变成介稳定的β相，加热时效时，介稳定β相析出弥散的α相，使合金的强度和硬度提高。如TC4淬火时效后的组织为块状α+β+针状α，Ti-6Al-4V（TC4）合金时效处理后的组织如图9-11所示。钛合金热处理加热时应防止污染和氧化，并严防过热。β晶粒长大后，无法用热处理方法挽救。

图9-11　Ti-6Al-4V（TC4）合金时效处理后的组织

9.3.4 常用钛合金的牌号、成分、性能及应用

1. α钛合金

由于α钛合金的组织全部为α固溶体，因而具有很好的韧性及塑性。在冷态也能加工成某种半成品，如板材、棒材等。它在高温下组织稳定，抗氧化能力较强，热强性较好。在高温（500～600℃）时的强度性能为三类合金中较高者。但它的室温强度一般低于β和（α+β）钛合金。典型牌号为TA7，成分为Ti-5Al-2.5Sn，主要用于制造导弹的燃料罐、超音速飞机的涡轮机匣等。

2. β钛合金

全部是β相的钛合金在工业上很少应用。因为这类合金比重较大，耐热性差及抗氧化性能低。当温度高于700℃时，合金很容易受大气中的杂质气体污染，生产工艺复杂，因而限制了它的使用。但全β钛合金由于是体心立方结构，合金具有良好的塑性，为了利用这一特点，发展了一种介稳定的β相钛合金。典型牌号为TB2，成分为Ti-5Mo-5V-8Cr-3Al，一般在350℃以下使用，适于制造压气机叶片、轴、轮盘等重载的回转件等。

3. （α+β）钛合金

（α+β）钛合金兼有α和β钛合金两者的优点，耐热性和塑性都比较好，并且可进行热处理强化，这类合金的生产工艺也比较简单。因此，（α+β）钛合金的应用比较广泛，其中以TC4（Ti-6Al-4V）合金应用最广、最多。适于制造400℃以下要求一定高温强度的发动机零件，以及低温下使用的火箭、导弹的液氢燃料箱部件等。

图9-12所示为钛合金汽车发动机增压涡轮，图9-13所示为精密锻造航空发动机叶片。

图 9-12 钛合金汽车发动机增压涡轮

图 9-13 精密锻造航空发动机叶片

工业纯钛与常用钛合金的牌号、化学成分、力学性能及应用见表 9-7。

表 9-7 工业纯钛与常用钛合金的牌号、化学成分、力学性能及应用（GB/T 3620.1—2016，GB/T 2965—2007）

组别	合金牌号	化学成分（质量分数,%）	热处理	室温力学性能		高温力学性能			应用
				R_m /MPa	A（%）	试验温度 /℃	R_m /MPa	σ_{100h} /MPa	
工业纯钛	TA3	Ti（杂质微量）	退火	500	18	—	—	—	热交换器、飞机蒙皮、舰船零件等
α 钛合金	TA6	Ti – 5Al	退火	685	10	350	420	390	火箭、飞船的高压容器（<500℃）、发动机叶片、导弹燃料缸等
	TA7	Ti – 5Al – 2.5Sn	退火	785	10	350	490	440	
（α + β）钛合金	TC2	Ti – 4Al – 1.5Mn	退火	685	12	350	420	390	发动机叶片、火箭发动机外壳及冷却喷管、舰船耐压壳体等
	TC4	Ti – 6Al – 4V	退火	895	10	400	620	570	
β 钛合金	TB2	Ti – 5Mo – 5V – 8Cr – 3Al	时效	1370	7	—	—	—	发动机叶片、弹簧、紧固件等

9.4 镁及镁合金

近 20 年来，汽车和通信电子产品对镁及其镁合金需求量急剧增长，世界镁的产量以每年 3.5% 的速度递增，随着汽车飞机等的轻量化发展趋势，镁合金的应用日益受到重视。

9.4.1 纯镁

纯镁是一种轻金属，熔点为 650℃，密度为 1.74g/cm³，比铝轻。绝对强度较低（150MPa 左右），比强度较高，屈服强度和弹性模量较低。在大气中有足够的耐蚀性，在氢氟酸、碱和矿物油中也耐蚀，但在淡水、海水中耐蚀性差。镁的性能可用合金化来加以改善。镁具有密排六方晶格、其滑移系较少，冷变形较困难。升高温度到 250℃ 以上，变形较容易，因而有较好的塑性。镁和镁合金在 300 ~ 500℃ 可以挤压、轧制和锻造，在 230 ~ 350℃ 可进行温加工。

根据 GB/T 5153—2016，工业纯镁的牌号以 Mg 加数字的形式表示，Mg 后的数字表示 Mg 的质量分数。如 Mg99.95、Mg99.50、Mg99.00 等。纯镁的主要用途为制造镁合金和其他合金的合金元素，也用在烟火工业和化学、石油工业部门。

9.4.2 镁合金的成分、组织、性能特点、分类及牌号

1. 成分

镁合金中的合金元素主要是 Al、Zn、RE、Li、Ag、Zr、Th、Mn 及微量元素 Ni 等。它们在镁合金中有固溶强化、沉淀强化、细晶强化等作用。目前用得最多的镁合金有 Mg – Mn 系、Mg – Al – Zn 系、Mg – Zn – Zr 系、Mg – RE – Zr 系合金。

2. 组织特点

镁合金的组织由其相图确定，有单相固溶体，也有双相（固溶体 + 析出相）。一般铸造镁合

金的组织为双相。图9-14所示为镁-铝-锌合金AZ91D的组织。其中白色为固溶体，黑色为晶界上析出的Mg17Al12相。

图9-14 镁-铝-锌合金AZ91D的组织

3. 性能特点及应用

镁合金铸件抗拉强度与铝合金铸件相当，一般可达250MPa，最高可达600MPa以上。屈服强度、断后伸长率与铝合金也相差不大。镁合金的比强度高于铝合金、钢铁及工程塑料，弹性模量大，消震性好，承受冲击载荷能力比铝合金大，耐有机物和碱的腐蚀性能好。另外，它还有高的导热和导电性能、无磁性、屏蔽性好和无毒的特点。镁合金熔点比铝合金熔点低，压铸成形性能好，压铸件壁厚最小可达0.5mm。

镁合金是航空器、航天器和火箭导弹制造工业中使用的最轻金属结构材料。主要用于制造低承载力的要求重量轻、耐蚀性好、耐一定冲击的零件，如飞机机翼长桁、襟翼、蒙皮、壁板、舱门和舵面等零件。也用于制造汽车各类压铸件，如离合器壳体、阀盖、仪表板、变速箱体、转向盘、转向支架、制动支架、座椅框架、车镜支架等。

4. 分类及牌号

工业中应用的镁合金分为变形镁合金和铸造镁合金两大类。许多镁合金既可做铸造合金，又可做变形镁合金。经锻造和挤压后，变形合金比相同成分的铸造合金有更高的强度，可加工成形状更复杂的部件。这种分类没有明显的界定，有的铸造镁合金也可以锻造。

根据GB/T 5153—2016和GB/T 19078—2016，变形镁合金及铸造镁合金的牌号表示方法相同，都是以英文字母加数字、英文字母的形式表示。前面的英文字母是其最主要的合金组成元素代号，其后的数字表示其最主要的合金组成元素的含量。最后的英文字母为标识代号，用以标识各具体组成元素相异或元素含量有微小差别的不同合金。元素代号：铝A、铜C、锰M、锌Z、锆K、铁F、镍N、稀土E、铬R、锡T等。如AZ91D，其中的A、Z分别表示含量最高的元素为Al，次高含量的元素为Zn，其中的9、1分别表示Al的质量分数为9%，Zn的质量分数为1%。

9.4.3 镁合金的热处理

镁合金常用的热处理类型有退火（一般温度为340~420℃）、固溶处理+时效。镁合金的组织为固溶体和金属化合物强化相，如镁锌合金中的Mg_2Zn_3相、镁铝合金中的$Mg_{17}Al_{12}$相、镁稀土合金中的$Mg_{12}RE$相等。

9.4.4 常用镁合金的牌号、成分、性能及应用

1. 变形镁合金

变形镁合金的主要合金系为：Mg-Zn-Zr系，Mg-Al-Zn系、Mg-RE-Zr系、Mg-Mn系和Mg-Li系。

（1）Mg-Zn-Zr系

这类镁合金是热处理强化变形镁合金，属于高强度镁合金。典型合金为ZK61M，其热处理工艺为固溶处理和人工时效，或热变形（挤压或锻造）后直接进行人工时效。挤压棒材经过固溶处理和人工时效，组织为α固溶体基体上分布块状或棒状强化相$MgZn_2$，如图9-15所示。其屈服强度R_e为343MPa、抗拉强度R_m为363MPa，断后伸长率A为9.5%。

ZK61M的缺点是焊接性差，不能做焊接件。由于其强度高，耐蚀性好，无应力腐蚀倾向，且热处理工艺简单，能制造形状复杂的大型构件，如飞机上的机翼长桁、翼肋等，其使用温度不超过150℃。图9-16所示为镁合金发动机支架。

在镁锌锆合金系中加入稀土金属可改善合金质量，减少铸锭疏松，降低热裂倾向，提高耐腐

蚀性，提高强度，可以取代部分中等强度铝合金，用于制造飞机受力构件。

图 9-15 ZK61M 镁合金的组织

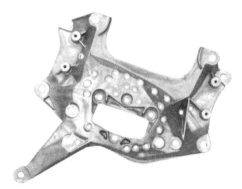

图 9-16 镁合金发动机支架

（2）Mg – Mn 系合金

镁锰合金一般在退火状态下使用，其组织是在固溶体基体上分布着少量 β – Mn 颗粒。随着锰含量增高，合金的强度略有提高。这类合金经过挤压成形，强度有所提高。镁锰合金有良好的耐蚀性、焊接性和高温塑性。典型的合金为 M2M（$w_{Mn} = 1.3\% \sim 2.5\%$），经过 $340 \sim 400℃$ 退火，其 $R_{p0.2} = 98MPa$，$R_m = 206MPa$，$A = 4\%$。可生产板材、型材和锻件，用于制造飞机蒙皮、壁板及润滑系统的附件。

（3）Mg – RE 系及 Mg – Th 系耐热镁合金

Nd、Y、Sc 和 Th、Mn 等元素可显著提高镁合金的工作温度，从低于 150℃ 提高到 $300 \sim 350℃$。重要的合金有 Mg – Nd 系，可利用 Mg_9Nd 的沉淀强化作用。镁钍系的沉淀强化相为 $Mg_{23}Th_6$。

（4）Mg – Li 合金

镁锂合金密度为 $1.3 \sim 1.65g/cm^3$，属于超轻型结构合金，Li 在镁中的固溶度 5.5%，随 Li 含量增加强度变化不大，其显微组织是单相密排六方的 α 固溶体。在 $w_{Li} = 5.5\% \sim 10\%$ 范围是 α + β 复相组织，由于 β 相为体心立方，其强度较低，但室温和低温塑性很好。$w_{Li} > 10\%$ 为 β 单相组织，强度低，室温和低温塑性很高。为了提高镁锂合金强度，需进一步进行合金化，加入强化元素 Al、Zn、Mn、Th、Nd 和 Ce 等。

常用变形镁合金的牌号、化学成分、力学性能及应用见表 9-8。

2. 铸造镁合金

铸造镁合金中主要合金系为 Mg – Zn – Zr 系、Mg – Al – Zn 系、Mg – RE – Zr 系、Mg – Th – Zr 系、Mg – Al – Ag 系等。铸造镁合金大多含稀土元素，以提高镁合金熔体的流动性，降低微孔率，减轻疏松和热裂倾向，并提高耐热性。

（1）镁铝锌铸造合金

镁铝合金中一般铝质量分数要高于 7%，以产生足够的 $Mg_{17}Al_{12}$ 强化相保证合金的强度。加入少量锌可提高合金元素的固溶度以提高合金的屈服强度。加入少量锰是为提高耐蚀性。含高锌的镁铝锌合金有更好的铸造性能。常用的镁铝锌铸造合金为 AZ81A，固溶及时效处理后力学性能为 $R_{p0.2} = 118MPa$，$R_m = 250MPa$，$A = 3.5\%$，用于制造发动机、仪表和其他结构上承受载荷的零件。

（2）镁锌锆铸造合金

镁锌合金中有沉淀强化相 Mg_2Zn_3、$MgZn_2$，加入少量锆后可细化合金的晶粒，改善力学性能。加入镉和银后增大了固溶强化作用。ZK51A 合金铸件直接进行人工时效，其 $R_{p0.2} = 167MPa$，$R_m = 275MPa$，$A = 7.5\%$。ZE41A 合金在 ZK51A 基础上加入 $0.7\% \sim 1.7\%$（质量分数）稀土金属以改善 ZK51A 的显微疏松和焊接性，提高其高温强度，可在 170～200℃ 工作，用于飞机的发动机和导弹各种铸件。

表 9-8　常用变形镁合金的牌号、化学成分、力学性能及应用 （GB/T 5153—2016）

牌号	化学成分（质量分数，%）					状态	力学性能			应用
	Al	Zn	Mn	其他	Mg		R_m/MPa	$R_{p0.2}$/MPa	A（%）	
M2M	≤0.2	≤0.3	1.3～2.5	—	余量	板材退火	170	90	3.0	飞机蒙皮、壁板
ME20M	≤0.2	≤0.3	1.3～2.2	Ce：0.15～0.35	余量	板材热轧	205	110	10.0	
AZ40M	3.0～4.0	0.2～0.8	0.15～0.50	—	余量	板材退火	235	—	12.0	汽车、摩托车、光学仪器等的仪表框架、壁板、仪表电动机壳、操纵系统支架等
AZ41M	3.7～4.7	0.8～1.4	0.30～0.60	—	余量	板材退火	245	—	12.0	
AZ61M	5.5～7.0	0.5～1.5	0.15～0.50	—	余量	锻件退火	260	—	8.0	
AZ62M	5.0～7.0	2.0～3.0	0.20～0.50	—	余量	挤压棒材	300	—	10.0	
AZ80M	7.8～9.2	0.2～0.8	0.15～0.50	—	余量	挤压棒材	300	—	8.0	
ZK61M	≤0.05	5.0～6.0	≤0.1	Zr：0.3～0.9	余量	挤压棒材	320	—	6.0	机翼长桁、翼肋、仪表板骨架等高强度件

注：主要元素代号说明：A 为铝，E 为稀土，K 为锆，M 为锰，Z 为锌。

（3）镁稀土锆系耐热铸造合金

以稀土金属为主要合金元素的铸造镁合金，具有良好的高温强度，用于在 200～300℃ 工作的零件。镁钕系的 Mg_9Nd 有稳定的沉淀强化效应，在高温下仍能保持高的强度。加入一定量锆后可以进一步细化晶粒，保证显微组织和性能的稳定，并可改善耐蚀性，形成镁稀土锆系合金。ZM6 经固溶及时效处理，室温下 $R_{p0.2}=157MPa$，$R_m=245MPa$，$A=4\%$。在 200℃ 强度仍保持较高水平，其 $R_{p0.2}=108MPa$，$R_m=196MPa$，可在 250℃ 长期工作。

常用铸造镁合金的化学成分、力学性能及应用见表 9-9。

表 9-9　常用铸造镁合金的化学成分、力学性能及应用 （GB/T 19078—2016）

牌号	化学成分（质量分数,%）					力学性能			应用
	Al	Zn	Mn	其他	Mg	R_m/MPa	$R_{p0.2}$/MPa	A（%）	
ZK51A	—	3.8～5.3	—	Zr：0.3～1.0	余量	235	140	5	飞机发动机匣、整流仓、电动机壳等温度较高的零件
ZE41A	—	3.7～4.8	≤0.15	Zr：0.3～1.0，RE：1.0～1.75	余量	200	135	2.5	
AZ91D	8.5～9.5	0.45～0.9	0.17～0.4	—	余量	240	110	6	
ZC63A	—	5.5～6.5	0.25～0.75	Cu：2.4～4.3	余量	195	125	42	
AZ81A	7.5～8.0	0.5～0.9	0.15～0.35	—	余量	240	90	8	飞机的发动机和导弹要求强度较高的各种铸件

注：采用砂型铸造。

9.5　轴承合金

9.5.1　轴承合金的性能要求

轴承合金是指用于制造轴承轴瓦及内衬的材料。将轴承合金铸在钢质轴瓦上，形成一层薄而均匀的内衬，也叫双金属轴瓦。轴承在工作时，承受轴传给它的一定压力，并和轴颈之间存在摩擦，因而产生磨损。由于轴的高速旋转，工作温度升高，故对用作轴承的合金，首先要求它在工作温度下具有足够的抗压强度和疲劳强度，良好的耐磨性和一定的塑性及韧性，其次还要求它具有良好的耐蚀性、导热性和较小的膨胀系数。

9.5.2 轴承合金的组织特点

为了满足上述要求，轴承合金的组织应该是在软的基体上分布着硬质点，如图 9-17 所示，或者在硬基体上分布着软质点。当机器运转时，软基体受磨损而凹陷，硬质点就凸出于基体上，减小轴与轴瓦间的摩擦系数，同时使外来硬物能嵌入基体中，使轴颈不被擦伤。软基体能承受冲击和振动，并使轴与轴瓦很好地磨合。采取硬基体上分布软质点，也可达到上述目的，这种组织承载能力较大，但磨合性差。

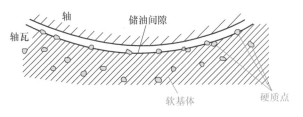

图 9-17　轴承合金结构

9.5.3 常用轴承合金的牌号、成分、性能及应用

常用的有锡基或铅基轴承合金，也称为巴氏合金。它们的强度较低，需镶铸在钢的轴瓦上，形成薄而均匀的内衬，作成双金属轴承。其编号方法为："Z + 基体元素符号 + 主加元素符号及质量分数 + 辅加元素及质量分数"，其中"Z"是"铸"的汉语拼音字首。例如 ZSnSb11Cu6 表示含 w_{Sb} = 11.0%、w_{Cu} = 6% 的锡基轴承合金。此外，用作轴承的还有铜基合金、铝基合金。

1. 锡基轴承合金（锡基巴氏合金）

锡基轴承合金的组织特点为软基体 + 硬质点，如 ZSnSb11Cu6 的组织为 Sb 溶于 Sn 中的暗色 α 固溶体 + 白色块状硬质点 SnSb + 白色放射状硬质点 Cu_3Sn，如图 9-18 所示。它具有良好的磨合性、抗咬合性、嵌藏性和耐蚀性，浇注性能也很好，因而普遍用于汽车发动机、气体压缩机、汽轮机和涡轮机等高速重载设备的轴承和轴瓦。锡基轴承合金的缺点是疲劳强度不高，工作温度较低（一般不大于 150℃），价格高。

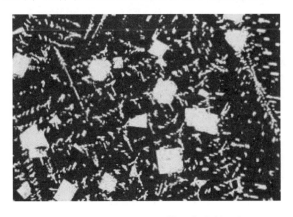

图 9-18　ZSnSb11Cu6 轴承合金的组织

2. 铅基轴承合金（铅基巴氏合金）

铅基轴承合金也是软基体硬质点，它的硬度、强度、韧性都比锡基轴承合金低，但摩擦系数较大，价格较便宜，铸造性能好。常用于制造承受中、低载荷的轴承，如汽车、拖拉机的曲轴、连杆轴承及电动机、风机轴承，但其工作温度不能超过 120℃。

3. 铜基轴承合金

铜基轴承合金有铅青铜和锡青铜等，属于硬基体 + 软质点的轴承合金。如铅青铜 ZCuPb30，由于固态下 Pb 不溶于 Cu，其组织为硬的 Cu 基体上分布着软的 Pb 颗粒。铅青铜具有高的强度、导热性和塑性，摩擦因数小，可制作高速、高载荷的柴油机轴承，它不必做成双金属，可直接做成轴承或轴套。

4. 铝基轴承合金

铝基轴承合金具有比重小、导热性好、疲劳强度高和耐蚀性好的优点。它原料丰富，价格便宜，广泛用在高速、高载荷条件下工作的轴承。按化学成分可分为铝锡系、铝锑系和铝石墨系三类。铝基轴承合金的缺点是膨胀系数较大，抗咬合性低于巴氏合金。它一般用 08 钢作衬背，一起轧成双合金带使用。

除上述轴承合金外，用作轴承的还有多层复合材料、粉末冶金含油轴承等。例如，将锡锑合金、铅锑合金、铜铅合金、铝基合金等之一与低碳钢带一起轧制，复合而成双金属，再在双层减磨合金表面上镀上一层软而薄的镀层，构成三层减磨材料。再如，船舶用的水润滑轴承采用铜合金作衬套，橡胶作内衬复合而成。

常用轴承合金的牌号、化学成分、力学性能及应用见表 9-10。

表 9-10　常用轴承合金的牌号、化学成分、力学性能及应用（GB/T 8740—2013，GB/T 1174—2022）

种类	合金牌号	化学成分（质量分数,%)				铸造方法	力学性能（不小于）			应用举例
		Sn	Pb	Cu	其他		R_m /MPa	A (%)	HBW	
锡基	ZSnSb12Pb10Cu4	余量	9.0 ~ 11.0	2.5 ~ 5.0	Sb：11.0 ~ 13.0	J	94.2	—	29.2	适用于一般中载、中速发动机轴承，但不适用于高温部分
	ZSnSb11Cu6	余量	0.35	5.5 ~ 6.5	Sb：10.0 ~ 12.0	J	87.0	—	28	适于重载、高速的汽轮机、涡轮机、内燃机、透平压缩机等
	ZSnSb4Cu4	余量	0.35	4.0 ~ 5.0	Sb：4.0 ~ 5.0	J	64.3	—	19.3	韧性要求高、浇注层较薄的重载、高速轴承，如涡轮机、航空发动机轴承
铅基	ZPbSb16Sn16Cu2	15.0 ~ 17.0	余量	1.5 ~ 2.0	Sb：15.0 ~ 17.0	J	58	—	23.8	承受小冲击载荷的高速轴承、轴衬，如汽车、轮船的轴承、轴衬
	ZPbSb15Sn10	9.0 ~ 11.0	余量	0.7	Sb：14.0 ~ 16.0	J	66.4	—	26.8	中载、中速、中冲击载荷机械的轴承，如汽车、拖拉机曲轴、连杆的轴承
	ZPbSb15Sn5	4.0 ~ 5.5	余量	0.5 ~ 1.0	Sb：14.0 ~ 15.5	J	42	—	23.7	低速、轻载机械轴承，如水泵、空压机轴承、轴套
铜基	ZCuPb30	1.00	27.0 ~ 33.0	余量	—	J	—	—	25	高速、高压下工作的航空发动机、高压柴油机轴承
	ZCuSn5Pb5Zn5	4.0 ~ 6.0	4.0 ~ 6.0	余量	Zn：4.0 ~ 6.0	S J	200	13	60	用于常温下受稳定载荷的轴承，如减速机、起重机、发电机、离心机、压缩机
铝基	ZAlSn6Cu1Ni1	5.5 ~ 7.0	—	0.7 ~ 1.3	余量 Al, Ni：0.7 ~ 1.3	S J	110 130	10 15	35 40	高速、高载荷机械轴承，如汽车、拖拉机、内燃机轴承

重 点 内 容

1. 常用有色金属的基本知识

1）铝合金。

成分：Al - Cu、Al - Mg、Al - Si、Al - Zn 等。

组织特点：单相 α 固溶体；双相 α + (α + θ)。

热处理：复杂的铝合金铸件可采用去应力退火，高强度铝合金可采用淬火 + 时效处理。

性能特点及应用范围：铝合金强度大，导电导热，耐大气腐蚀。单相 α 铝合金的塑性较高，属于变形铝合金；双相 α + (α + θ) 的液态流动性较高，属于铸造铝合金。铝合金主要用于轻型结构件（航空航天、交通运输、家电等）。

铝合金的牌号、组织、性能及应用举例见表 9-11。

表 9-11 铝合金的牌号、组织、性能及应用举例

类型	牌号	组织	性能	应用举例
防锈铝合金	5A05 (LF5)	α	塑性好、耐蚀	油管、焊接油箱等
硬铝合金	2A11 (LY11)	α + θ	强度较高	骨架、螺旋桨叶片螺栓等
超硬铝合金	7A04 (LC4)	α + θ	强度高	飞机大梁、起落架等
锻铝合金	2A70 (LD7)	α + θ	强度高、热塑性高	内燃机活塞等
铸造铝合金	ZAlSi12 (ZL102) ZAlMg10 (ZL301)	α + (α + θ)	铸造性好、耐蚀	仪表、抽水机壳体等

注：牌号一栏中，括号内的代号为 GB/T 3190—1982 的铝合金牌号。

2）铜合金。

成分：Cu – Zn（黄铜）、Cu – Sn（锡青铜）、Cu – Al（铝青铜）等。

组织特点：铜合金组织一般为单相 α 或双相 α + β'，较少，铸造铜合金组织复杂。

热处理：铜合金的热处理主要是退火，部分牌号的合金需要进行淬火和回火。

性能特点及应用范围：铜合金耐蚀耐磨，弹性高，导电性、导热性好，主要用于化工设备的轴及齿轮、弹性元件、电气开关、接触器等。

铜合金的牌号、组织、性能及应用举例见表 9-12。

表 9-12 铜合金的牌号、组织、性能及应用举例

类型	牌号	组织	性能	应用举例
黄铜 Cu – Zn	H68	α	塑性好	散热器外壳、弹壳等
	H62	α + β'	塑性好、强度较高	螺钉、垫圈、弹簧等
锡青铜 Cu – Sn	QSn4 – 3	α	塑性好	弹性元件、管配件等
	QSn6.5 – 1	α + β'	塑性好、强度高	弹簧、接触片等

扩展阅读

于细微处见真知——铝合金淬火时效的发现

20 世纪初的一天，德国化学家威姆研制了一种比铝坚硬的含铜、镁和锰的铝合金，他试图通过淬火工艺进一步提高合金的强度，虽然合金强度确实有所增加，但不同试样的实验结果存在较大差异，他开始怀疑所用仪器和测量精度有问题。接下来他花了几天时间仔细检查仪器，在此期间，试样一直放在工作台上。当威姆把仪器再次准备好进行试验时，他惊讶地发现试样硬度竟然比之前高很多，仪器显示的合金强度几乎比以前翻了一番！

威姆决定弄清楚其中的奥秘，他一次次重复试验，终于发现合金的强度都是在淬火后的 5 ～ 7 天连续增加的。这使威姆偶然地发现了铝合金淬火后的自然时效现象。威姆当时并不知道时效期间金属内部发生了什么变化，但他通过试验发现了合金的最佳成分，拟订了热处理的条件，并取得了专利权。之后他把专利权卖给了德国的一家公司，这家公司在 1911 年生产了第一批新合金，并将其命名为"杜拉铝"。后来，这种合金被称之为"硬铝"。如果威姆当时没有创新思维，没有去认真细致地进行反复探索测试，铝合金淬火后时效强化的热处理发明不知会推迟多少年，铝合金飞机又不知会在什么时候才能代替木质飞机。

思 考 题

1. 铝合金按性能分为哪几类？

2. 变形铝合金分为哪几类？主要性能特点是什么？

3. 铸造铝硅合金的变质处理的目的是什么？变质处理后组织及力学性能有什么变化？

4. 铝合金的淬火与钢相比有什么不同？什么是铝合金的时效处理？

5. 下列零部件应采用何种铝合金制造？

（1）飞机用铆钉；（2）发动机缸体；（3）汽车轮毂；（4）飞机起落架。

6. 简述铜合金的分类、主要性能特点和应用。

7. 试解释 H62 黄铜强度高而塑性低的原因。

8. 试解释 H68 黄铜塑性高于 H62 黄铜的原因。

9. 滑动轴承合金的组织、性能有什么特点？常用的轴承合金有哪些种类？

10. 铜基轴承合金与锡基轴承合金相比，有哪些优缺点？

11. 说明下列牌号的材料类别、字母和数字的含义，并举例说明其用途。

1070、1A99、2A01、2A12、2A50、ZAlSi12、H68、HSn62-1、ZCuZn16Si4、QSn4-3、ZCuSn10Zn2、ZSnSb11Cu6、ZPbSb16Sn16Cu2。

第 10 章

新型金属材料

传统金属材料主要采用常规工艺制造各种机械零件、工程构件以及工具等，新型金属材料是指通过特殊成形方法或通过成分设计而制成的具有更高强度、韧性、硬度、塑性等力学性能或其他特殊性能的材料。如非晶态金属就是将熔融金属或合金通过特殊装置，以高于 $10^6℃/s$ 的速度冷却，得到的具有高强度、高导磁性、高耐蚀性的金属材料。再如高温合金是通过成分设计得到的耐热性优良的金属材料，包括铁基奥氏体耐热钢、镍基合金、钴基合金等。本章主要介绍用作结构件的粉末烧结合金、非晶态合金、高温合金、单晶合金、超塑性合金、形状记忆合金等新型金属材料。

10.1 粉末烧结合金

粉末烧结合金是采用粉末冶金技术将粉末烧结制成的具有一定形状的金属材料或零件。粉末冶金是一门比较古老的技术，人们用此法在 1870 年制成了多孔性含油轴承，在 1909 年制成钨丝，1927 年制出硬质合金，后来制出了磁性材料。我国从 1958 年以来粉末冶金工业发展迅速，无论在数量或品种上都有明显增长，1971 年铁基机械零件产品的产量为 1966 年的 10 倍。近年来，我国粉末冶金产业和技术都呈现出高速发展的态势，是我国机械通用零部件工业中增长最快的行业之一，每年粉末冶金行业的产值以 35% 的速度递增。

与传统材料工艺相比，粉末冶金材料和工艺具有以下特点：①粉末冶金工艺是在低于基体金属的熔点下进行的，因此可以获得熔点、密度相差悬殊的多种金属、金属与陶瓷、金属与塑料等多相非均质的特殊功能复合材料和制品；②用特殊方法制备的金属或合金粉末细小均匀，保证了材料的组织均匀，性能稳定，且粉末不受合金元素和含量的限制，可提高强化相含量，从而发展新的材料体系；③粉末原料直接成形为少余量、无余量的毛坯或净形零件，减少机加工量，可以有效地提高材料利用率，降低成本。

粉末冶金技术是一种少、无切削工艺，可减少零件的加工量，节约材料并提高劳动生产率，目前在各种机械零件、工具、电磁元件、耐热工件等的制造方面有较广泛的应用，但其模具和金属粉末成本较高，受压制设备及烧结设备的限制，批量小或制品尺寸过大时不宜采用。

10.1.1 粉末烧结合金的成分特点

粉末烧结合金的成分范围很广，基本各种成分的合金均可用粉末冶金工艺制造，但用得最多的是其他工艺无法制造或难以制造的材料与零件。

1）高熔点金属材料。主要包括难熔金属材料，如 W、Mo 及某些金属化合物、耐热合金材料，如铁基、镍基、钴基耐热合金等。

2）高硬度材料。主要包括高速工具钢、硬质合金等工具材料，铁基和铜基制动片等摩擦材料。

3）多孔材料。主要包括易偏析的铅基、锡基、铜基轴承合金材料、铜基过滤器等。

4）复合材料。主要包括金属基和陶瓷基等各种复合材料。

10.1.2 粉末烧结合金的制备方法

粉末冶金的生产工艺流程为制粉、压制、烧结等主要工序及整形、浸渍、复压、复烧等后续工序。对于一般的粉末冶金制品，烧结工序后即可使用。若对成品尺寸精度要求非常严格，精密度要求又高，则需进行后续处理。粉末冶金工艺流程如图 10-1 所示。

1. 制粉

粉末的性质如粒度、形状、硬度、塑性、纯度等影响压制、烧结过程，从而影响粉末烧结合金的质量。而粉末的性质与其制备方法有关。制粉方法主要有：

（1）球磨法

是采用直径为 10～20mm 的钢球或硬质合金球对金属进行研磨，适用于制备脆性金属粉末。

（2）漩涡研磨法

是通过螺旋桨的作用产生高速涡旋气流，使金属颗粒自行相互碰撞而粉碎，适用于软金属粉。

（3）气体雾化法

是目前用得较多的制粉方法，特别适用于合金粉制备，图 10-2 为气体雾化法制粉示意图。将熔化的金属液体通过小孔缓慢下流，用高压气体或液体喷射，通过机械力与急冷作用使金属溶液雾化，结果得到颗粒大小不同的金属粉末。此法成本低，产量高，主要用于铝粉与合金钢粉的生产。

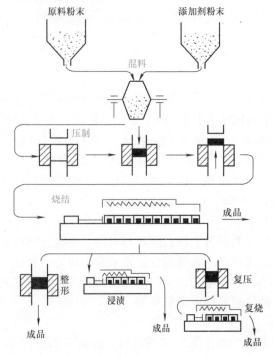

图 10-1 粉末冶金工艺流程

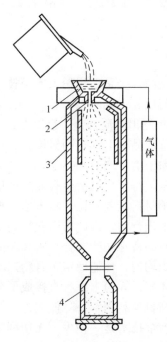

图 10-2 气体雾化法制粉示意图
1—金属溶液容器 2—喷气嘴
3—雾化塔 4—盛粉桶

（4）气相沉积法

主要用于低熔点金属如锌、铅，将其金属气体冷凝而获得。

（5）液相沉积

是将金属羰基物如 $Fe(CO)_5$、$Ni(CO)_4$ 液体加热到 180～250℃，产生热离解而得到高纯度超细铁或镍的粉末。

（6）电解法

是采用金属盐的水溶液电解析出或熔盐电解析出，获得高纯金属块或海绵状金属，再用机械法破碎。

（7）还原法

是最常用的金属粉末生产方法之一。如铁粉，国内外都采用固体还原法，把氧化铁粉与煤粉或焦炭粉，按一定比例装入耐热罐，入炉（常用隧道窑）加热到 $900 \sim 1200℃$，可得海绵铁，然后磨碎成铁粉（纯度大于97%）。如制造钨、钼、钴粉时常用气相还原法，采用高温 H_2 或 CO 气体将金属氧化物进行还原。

制备出金属或合金粉末后，将所需的粉末及一定的成形剂充分混合后即可进行压制。

2. 压制

压制过程是将粉末装入已设计好的模具型腔内，通过机械施压，在压力作用下，粉末之间相互挤压，使粉粒产生弹性变形、塑性变形、破碎，粉粒间结合力增加，压坯密度、强度也提高。坚固的压坯便于生产过程中的运输与半成品的加工。对于某些硬质材料，往往要加入石蜡、橡胶来增加压制时粉末间的连接与压坯强度。

3. 烧结

制成的压坯必须烧结，即通过高温加热使粉粒间产生原子扩散而紧密结合成坚实的合金晶体。正确控制烧结温度对制品性能非常重要，较高的烧结温度可促进粉粒间原子扩散，从而使烧结体硬度、强度升高，但过高的烧结温度将导致出现过多液相从表面渗出。纯铁粉末制品烧结温度为 $1000 \sim 1200℃$，钨、钴硬质合金烧结温度在 $1380 \sim 1490℃$。保温时间也影响制品质量，延长保温时间，显微组织中孔隙减少，密度不断提高。烧结时粉粒表面易氧化造成废品，必须在真空或还原性气氛中进行，硬质合金与某些磁性材料采用真空或 H_2。铁、铜常用炉煤气、分解氨等。

经过制粉、压制、烧结等工序制出粉末烧结制品后，可进行锻造或冲压整形等再加工工序，使其孔隙度接近于零。铁粉制品、铝制品、工具材料及耐热材料目前广泛采用粉末锻造工艺，制造齿轮、凸轮、连杆及各种工具，可显著提高使用寿命，如锻造后粉末冶金高速钢刀具比未经锻造的高 $1 \sim 2$ 倍。有些零件还要进行其他后续处理，如含油轴承的浸油处理，铁粉制零件的渗碳与氮化，工具材料的退火、淬火与回火等。

10.1.3　粉末烧结合金的组织及性能特点

1. 组织

粉末烧结合金经过正常烧结后，在显微组织中呈现出晶粒与晶界，而原来粉末颗粒的周界完全消失，图10-3所示为 W – Ni5 – Cu2 烧结合金的组织，组织中的小黑点为烧结后遗留的空隙。由于烧结温度高，保温时间长，一般情况下组织比较粗大，可通过相变再结晶进行细化。由于粉末烧结体的原材料纯度高，组织中非金属夹杂量少。一般情况下粉末烧结合金（如铁基、铜基材料）显微组织可根据合金相图来确定。

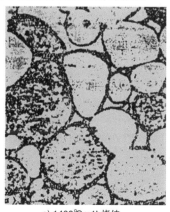 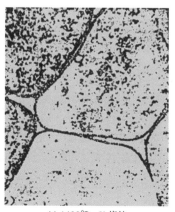

a) 1400℃×1h烧结　　　　b) 1400℃×6h烧结

图 10-3　W – Ni5 – Cu2 烧结合金的组织

对于在铸造成形时易发生比重偏析的合金，如轴承合金等，采用粉末冶金方法可避免此现象。图10-4所示为轴承合金 Cu – 10Pb 铸造组织与粉末冶金组织的对比，图10-4a 所示为铸造组织，晶界上黑色的析出物聚集，分布不均，而图10-4b 中粉末冶金组织的黑色析出物分布均匀。

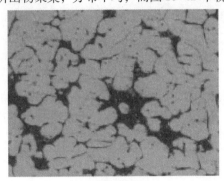 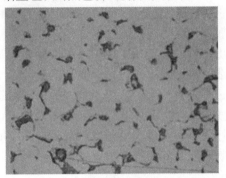

a) 铸造组织 　　　　　　　　　　　　　　　b) 粉末冶金组织

图10-4　轴承合金 Cu – 10Pb 铸造组织与粉末冶金组织的对比

对硬质合金与陶瓷材料，由于其中大量难熔化合物的存在，其组织必须借助专门相图来分析，常用的硬质合金 WC – 6% Co 组织为钴基固溶体 + 大量颗粒状 WC，钨钴类硬质合金的组织如图10-5 所示。钴基固溶体为 WC 溶于 Co 内的固溶体，为基体相，呈黑色。WC 为三角形、四边形及不规则形状的白色颗粒，为硬化相。

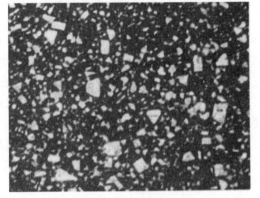

图10-5　钨钴类硬质合金的组织

2. 性能

粉末烧结合金的性能主要包括密度、孔隙度、强度、硬度等。其性能受多种因素的影响，如粉末性质（粒度、粒度性质、粒度分布、纯度等）、成形条件（压力、温度、压坯形状、模具精度等）、烧结条件（加热温度、烧结温度、烧结时间等）。其中成形压力、烧结温度与时间是影响烧结体密度的主要因素，因而强烈影响制品的力学性能，造成粉末烧结材料与相同成分的熔铸材料在力学性能上的差异。由于孔隙的存在，使烧结合金抗拉强度、伸长率、冲击值、疲劳强度因应力集中显著下降，但孔隙的存在便于储存润滑油，可提高材料的耐磨性。

10.1.4　粉末烧结合金的应用

粉末烧结合金由于其工艺、性能及经济上的特点而被大量用作机械结构材料、工具零件和耐热零件。

1. 结构材料

（1）烧结碳钢

把铁粉与石墨的混合料经 700 ~ 1500MPa 的压力冷压成形后于 1100 ~ 1400℃保温 1 ~ 4h，以发生炉煤气为保护气氛烧结，石墨会充分扩散与铁形成碳钢。烧结碳钢随含碳量不同，其组织与性能也不同（组织中珠光体量不同）。烧结碳钢的抗拉强度高达 700MPa，硬度与耐磨性比铁基材料有所提高，可进行热处理和表面硬化处理，适于制造齿轮等零件。

（2）烧结合金钢

高强度合金钢粉末材料中常用合金粉有铜、镍、铬、锰、钼等，可采用各合金粉末的混合料，也可采用合金钢的雾化粉末。其制造工艺过程与铁基或碳钢粉末烧结材料相同。烧结合金钢

可进行淬火 + 回火、渗碳、氮化等热处理。我国铁 – 镍 – 锰 – 钨 – 碳系粉末烧结合金钢广泛用作缝纫机零件、液压泵转子、液压泵齿轮、锁配件及转动盘、齿轮等，图 10-6 所示为粉末冶金合金钢齿轮等零件。烧结不锈钢常用作过滤器及一些要求耐蚀、耐热等特殊用途的齿轮、测量仪器、轴承等。

（3）烧结轴承合金

轴承合金在铸造成形时易发生比重偏析，采用粉末冶金方法可避免此现象，其性能比铸造合金优越。如 60Cu – 40Pb 烧结轴承合金的密度达 $9.55 g/cm^3$，抗压强度为 28MPa，广泛用于飞机、汽车等车辆轴承。粉末烧结法还可制成铜基、铁基含油轴承，我国生产的含油轴承主要有铁 – 石墨系与青铜 – 石墨系两种。图 10-7 所示为青铜 – 石墨系含油轴承。

图 10-6　粉末冶金合金钢齿轮等零件

图 10-7　青铜 – 石墨系含油轴承

粉末冶金技术还可制造青铜过滤器等多孔性材料及铜基、铁基制动片、离合器片等摩擦材料。

2. 工具材料

（1）烧结硬质合金

烧结硬质合金又称烧结碳化物，是以高硬度、耐高温、耐磨的金属碳化物（WC、TiC、TaC、NbC 等）为主要成分，用抗机械冲击和热冲击的金属（Co、Ni、Mo 等）为粘合剂，用粉末冶金法烧结而成的。常用的硬质合金的组织为基体相固溶体 + 大量颗粒状碳化物硬化相。烧结硬质合金具有高硬度、高热硬性，适合用作高速切削钢件。

（2）烧结高速钢

高速钢工具材料一般用熔铸法制成钢锭，再经轧制、加工成形或精密铸造成刀具。但易出现粗大碳化物及偏析，采用粉末冶金技术可避免这些缺陷。用雾化法制出高速钢粉粒，经二次加压或热等静压法成形，在真空或 H_2 保护气氛中于 1150 ~ 1200℃烧结。国内外粉末高速钢主要有两种：W18Cr4V 和 W6Mo5CrV2。粉末高速钢坯料可锻造、退火、淬火和回火。

3. 耐热材料

（1）难熔及耐热金属材料

钨、钼等及其合金熔点较高，作为耐热材料应用于导弹等结构件、加热体元件、热电偶丝，这些金属难以通过熔铸成形，可进行粉末烧结成形。烧结钨棒坯在 1300 ~ 1700℃有较好的延展性，锻造后经冷拔成丝，可制成各种发热体。

（2）耐热合金

铸造铁、钴、镍基耐热合金往往在晶界处有大量混合物，且机械加工比较困难，金属消耗量大，常用粉末冶金技术制造。

4. 摩擦材料和减摩材料

（1）摩擦材料

由高摩擦因数组元、高耐磨组元和高机械强度的组元组成的一种粉末冶金复合材料，用作离合器和制动材料。根据基体金属不同，分为铁基材料和铜基材料，其辅助组元为润滑组元和摩擦组元。润滑组元有石墨、铅、硫化物等，占摩擦材料的 5% ~25%，可改善材料的抗粘、抗卡性能；摩擦组元有 Al_2O_3、SiC、SiO_2 等，主要用于提高材料的摩擦因数，改善耐磨性能。

（2）减摩材料

是具有低摩擦因数和高耐磨性能的粉末冶金制品，分为铁基材料和铜基材料。这种材料具有优良的自润滑性能，能在缺油甚至无油润滑的条件下工作，主要用于制造滑动轴承。减摩材料可利用烧结金属的多孔性，浸渗和储存润滑油，也能利用各种粉末状的固体润滑剂以形成新的固体润滑相。

10.2　非晶态合金

1934 年德国人克雷默采用蒸发沉积法发明了附着在玻璃冷基底上的非晶态金属薄膜，而非晶态合金是 1960 年由美国加利福尼亚大学的多尔教授最先研究的，20 世纪 70 年代发展到制造实用合金，是一种性能优异的金属材料。在一定条件下，金属和合金能形成非晶态，其内部结构和熔融状态完全一样、原子无规则排列。这种结构与玻璃的结构类似，所以非晶态合金亦称为金属玻璃。非晶态合金在 500℃ 以上时就会发生结晶化过程，因而使材料的使用温度受到限制，制造成本较高也是限制非晶态金属广泛使用的一个重要问题。

10.2.1　非晶态合金的成分及结构特点

1. 成分

许多金属和合金都能形成非晶态。能形成非晶态的合金大致可以分为两大类：一种是过渡族金属－类金属系，其类金属（Si、B、P 等）的组分约占 15% ~25%；另一种是金属－金属系，其溶质金属的组分一般约占 25% ~50%。但有些超出这个成分范围的合金在急冷下也能形成非晶态的结构，甚至纯金属也可用原子沉积法或在大于 $10^{12}K/s$ 冷却速率下用熔体急冷法得到非晶态金属。绝大多数非晶态合金的约化玻璃转变温度 T_{rg}（即玻璃转变温度 T_g 与合金熔化温度 T_m 之比 T_g/T_m）在 0.4 ~0.6 范围内，从原子尺寸考虑，非晶态合金中两种组元原子半径（r_1 和 r_2）之比需满足 $r_1/r_2 < 0.88$，或 $r_1/r_2 > 1.12$ 的条件。

2. 结构

非晶态合金的结构是合金液体结构的冻结，即原子短程有序、远程无序排列的非晶态，即致密的无序结构。但严格来讲，在结构有序化方面非晶固体比液体高。非晶态合金的结构从微观看是不均质的，但从宏观看是均质的，原子排列紊乱，原子间的间隙大，由于没有原子排列的规则面，所以没有滑移面，本身也不存在位错。

非晶体与晶体都是由气态、液态凝结而成的固体，由于冷却速度不同造成结构的不同，晶体、非晶体与气体原子的结构对比示意图如图 10-8 所示。

非晶态合金的结构是液体原子排列原封不动地固化的结构，但非晶态合金加热到一定温度下保温较长时间会产生晶化，这个温度叫晶化温度。如钯－硅合金在 250℃ 时效 460min，用暗场电子显微镜观察，非晶态晶体中已存在有大约 50nm 大小的晶粒。铁系非晶态合金晶化温度较高，为 650℃。非晶态合金使用温度必须低于其晶化温度，才能保持非晶态的各种优点。

10.2.2　非晶态合金的制备方法

非晶态合金的制备方法主要采用液态淬火法、沉积法，见表 10-1。

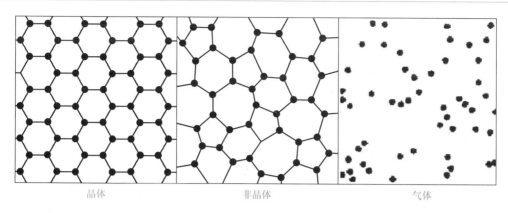

图 10-8　晶体、非晶体与气体原子的结构对比示意图

表 10-1　非晶态合金的制备方法

制备方法			冷却速度	结构	形状及尺寸	特点
液态淬火法	单辊法	外圆法	$10^6 \sim 10^9 ℃/s$	液态结构冻结	厚度 $10 \sim 80 \mu m$ 薄带	可大量制备连续非晶态合金
		内圆法				
	双辊法				线径 $10 \sim 20 \mu m$ 粉末	利用静水压制备非晶态合金
	雾化法					
沉积法	气相	蒸镀法	$10^{12} \sim 10^{15} ℃/s$	原子无规则堆积	厚 $0.1 \sim 10 \mu m$	冷速高、真空惰性气体中
		溅射法			厚 $10^{-4} \sim 1 \mu m$	
	液相	电沉积法			厚 $0.1 \sim 100 \mu m$ 薄膜	方法简便，适合少数合金
		化学沉积法				

1. 液态淬火法

当金属或合金熔体在快速冷却条件下，晶粒的产生与长大受到抑制，即使冷却到理论结晶温度以下也不结晶。被过冷的熔体处于亚稳态，进一步冷却时，熔体中原子的扩散能力显著下降，最后被冻结成固体。为避免固化过程中结晶，冷却速度应高于 $10^6 ℃/s$，每种金属或合金都有各自的临界冷却速度。纯金属的非晶化需要更快的冷却速度，因而纯金属很难制成非晶态。

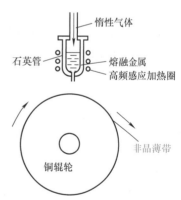

图 10-9　单辊法制造非晶薄带示意图

液态淬火法分为单辊法、双辊法、雾化法等。单辊法和双辊法是制造非晶薄带最常用的方法，图 10-9 所示为单辊法制造非晶薄带示意图。将金属或合金试样放入石英坩埚中，在氩气保护下用高频感应加热使其熔化，再用气压将熔融金属从管底部的扁平口喷出，落在高速旋转的铜辊轮上，经过急冷立即形成很薄的非晶薄带。

2. 沉积法

蒸镀法是将金属材料在真空下气化，再沉积在冷底板上而获得非晶材料。这种方法的衬底必须具有很低的温度，有时要低到液氮温度（−196℃）才能避免形成晶核，这是至今获得非晶态纯金属（如铁、钴、镍等）唯一的方法。这种方法所得的非晶材料不够稳定，在 $40 \sim 50 ℃$ 即会晶化。

溅射法是通过高能惰性气体离子碰撞，把原材料中的原子打出来再沉积。其沉积固化过程是一个原子接一个原子排列堆积，增长速度很慢，使用上有困难，仅在大规模集成电路上有应用，此法所得非晶薄膜稳定性较高。

电沉积法和化学沉积法可获得较大面积的非晶态薄膜，但仅适用于少数几种合金，如 Ni – P、Ni – B、Fe – P 等。

制造非晶态合金必须恰当地选择成分，若合金成分设计不当，即使急冷也得不到非晶材料。实用意义较大的是铁、镍、钴等金属与硼、磷、硅等非金属组成的合金。

10.2.3 非晶态合金的性能及应用

1. 非晶态合金的性能

非晶态合金除了具有金属的光泽和韧性外，还具有一般金属不具备的优良力学性能、化学性能、物理性能等。非晶态合金的主要性能及应用见表 10-2。

表 10-2　非晶态合金的主要性能及应用

性能特点	主要性能	应　用
强韧性高	屈服强度 $E/50 \sim E/30$，硬度 $500 \sim 1400HV$	刀具材料、复合材料、弹簧材料
耐蚀性好	耐酸、碱及晶间腐蚀	过滤器、电极、混纺等材料
软磁性好	矫顽力 $0.002Oe$，高导磁率、低磁损	磁屏蔽、磁头、变压器、热传感器
磁致伸缩系数低	饱和磁致伸缩系数 60×10^{-6}	振子材料、延迟材料等
其他	耐辐照损伤，超导性、声波特性等	超导材料、钎焊材料

注：E——弹性模量，$1Oe = 79.557A/m$。

（1）力学性能

非晶态合金有较高的强度和硬度。如非晶态铝合金抗拉强度为 1140MPa，而超硬铝为 520MPa；铁系非晶态合金屈服强度约为 4000MPa，而马氏体超高强度钢屈服强度为 1800 ~ 2000MPa。非晶态合金强度远远超过实际使用的合金（晶体）的强度。

非晶态合金缺口敏感性很低，韧性很高。非晶态合金薄带可反复弯曲，即使弯 180° 也不会断裂，因此可冷轧和弯曲加工，可编织成各种网状物。

（2）化学性能

非晶态合金具有远优于现用不锈钢的耐蚀性能，非晶态合金耐蚀性好的原因是能迅速形成致密、均匀、稳定的高纯度表面钝化膜。由于非晶态合金组织结构均匀，不存在晶界、位错成分偏析等腐蚀形核部位，因此其钝化膜非常均匀。

（3）物理性能

铁基非晶态合金具有高导磁率、高磁感、低铁损和低矫顽力等特性，所以非晶态合金用作磁性材料是其重要应用领域。高导磁率、高磁感、低铁损的非晶材料多为铁基非晶态合金，如 Fe81B13Si4C2 非晶态合金。

2. 非晶态合金的应用

由于非晶态合金具有上述种种优良性能而成为一种有广阔应用前景的新材料，但由于它的生产方式有限，必须急冷操作，板厚取决于合金的非晶态形成能力及装置的冷却能力，所以应用受一定限制。非晶态合金主要用作变压器及电动机铁芯材料，与硅钢片相比，磁损降低 1/4 以下，可大大节约能量；非晶态合金不仅磁性能好，且耐磨性好，可用作磁头材料；非晶态合金还可用作焊料，如磷镍合金（P11%，质量分数）、铜磷合金（P7%，质量分数）用激冷法制成非晶态合金可防止生成脆性磷化物，从而制得柔软、强韧、组织致密、结合力强的焊料；非晶态合金用作高强材料、高耐蚀性材料也极有希望。

10.3　高温合金

高温合金也称耐热合金，是能在650℃以上高温下长期使用的合金，它要求有较高的高温强度、高温抗蠕变性及耐高温氧化和高温腐蚀性。高温合金的历史比较短，1940 年前后英美研制出高温合金使燃气涡轮发动机和喷气发动机问世。我国 1956 年开始研制高温合金，并用于歼 5 飞机火焰筒，20 世纪 60 年代研制出发动机用高温合金，20 世纪 70 年代后大量引进及研究英美的发动机及高温合金材料。随着高温合金的发展，喷气式飞机正在向高速巨量运输发展。除了喷气式发动机之外，很多设备也都是在高温下运转的，如石油化学工业的乙烯裂化炉温度为 1000～1100℃，石脑油进行水蒸气重整处理温度为 800～950℃，发电用燃气涡轮机温度为 1000～1100℃等，这些都离不开高温合金。

10.3.1　高温合金的成分、组织及性能特点

1. 成分

高温合金的主要成分有三种：铁基高温合金、镍基高温合金、钴基高温合金。铁基高温合金中 Fe 的质量分数为 50%，Ni 的质量分数大于 20%，Cr 的质量分数大于 12%，添加元素 W、Mo、Al、Ti、Nb 等。镍基高温合金是在镍的基础上添加 Cr、Co、W、Mo、Ti 等合金元素，其中 Ni 的质量分数一般大于 50%，Cr 的质量分数大于 10%。钴基高温合金中 Co 的质量分数一般为 35%～37%，Ni 的质量分数为 5%～25%，Cr 的质量分数在 2%～25%，还含有一定的 W 和少量的 Mo、Ti、Nb、Ta 等。

高温合金中除主元素外，对 O、H、N、Sn、Sb、Bi、Pb、As 等都有要求，高温合金分析元素达 20 多种，单晶高温合金分析元素高达三十几种，Bi、Se、Te、Tl 等含量 $\leqslant 1 \times 10^{-6}\%$（质量分数）。高温合金在成分方面要控制杂质元素 P、S、Si，以防止合金元素的偏析，要加入 Mg 元素进行微合金化，以提高高温强度。

2. 组织

高温合金经固溶处理后的组织为单相固溶体，经固溶处理及时效处理后的组织为固溶体及弥散分布的强化相。如图 10-10 所示为 GH4049 镍基高温合金的显微组织，为黑色奥氏体基体上分布着白色大正四方体及小球状析出物的强化相 $Ni_5(Al, Ti)$。高温合金的组织在晶粒度、夹杂物大小及分布、疏松、晶界状态、断口分层等方面均有较高要求。

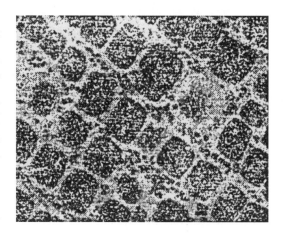

图 10-10　GH4049 镍基高温合金显微组织

3. 性能

高温合金具有较高的高温强度，良好的抗高温氧化及抗高温热腐蚀性能，良好的疲劳性能、韧性和塑性，有良好的高温持久及蠕变性能。

10.3.2　高温合金的分类及牌号

1. 高温合金分类

高温合金按照基体类型按成分可以分为三类：铁基高温合金、镍基高温合金和钴基高温合金；按生产工艺不同，主要有变形高温合金和铸造高温合金，此外还有焊接用高温合金、粉末冶金高温合金等；铸造高温合金按组织不同分为等轴晶高温合金、定向凝固柱状晶高温合金、单晶高温合金等。

2. 高温合金牌号

变形高温合金指可用压力加工方法成形的高温合金，以汉语拼音字母"GH" +1 位数字的分类号 +3 位数字的序号表示，分类号中 1、2、3、4 分别表示固溶强化铁基合金、时效硬化铁基合金、固溶强化镍基合金、时效硬化型镍基合金。如 GH3030 表示序号为 030 的固溶强化型镍

基高温合金。

铸造高温合金中的等轴晶高温合金、定向凝固高温合金、单晶高温合金的牌号表示方法为前缀字母＋1 位数字的分类号＋2 位数字的序号表示。等轴晶高温合金、定向凝固高温合金、单晶高温合金的前缀字母分别为"K""DZ""DD"。分类号中的 2、4、6 分别表示铸造铁基、镍基、钴基高温合金。如 K412 表示 12 号铸造镍基等轴晶高温合金。

焊接高温合金和粉末冶金高温合金的牌号表示方法为前缀字母＋4 位数字序号表示，焊接高温合金前缀为 HGH，粉末冶金高温合金前缀为 FGH。

10.3.3　常用高温合金的性能及应用

1. 铁基高温合金

铁基高温合金即耐热钢，以钢为主并加入大量的镍、铬、钴等提高抗氧化、抗腐蚀性和耐热性。

（1）变形铁基高温合金

变形铁基高温合金可以是铁素体基体，也可以是奥氏体基体，因面心立方结构比体心立方结构的原子结合力强，故常用的为奥氏体耐热钢。其热处理为固溶处理或固溶＋时效，组织为奥氏体或奥氏体＋化合物。主要用来制造工作温度高、要求高抗腐蚀能力的零件，如发动机燃烧室、发动机的涡轮盘、叶片和高温下的紧固件等。

（2）铸造铁基高温合金

铸造铁基高温合金含有较多的镍和铬，有较好的高温性能，用铸造方法可制造形状复杂的高温零件，如涡轮导向叶片等。铸造高温合金通过铸造成形，可省去大量切削加工，从而提高生产率并节约昂贵的合金材料。因不需要变形加工，可大幅度提高合金化程度。如 GH2150〔铁为基本元素，其他合金元素的质量分数为：≤0.08% C，（14% ~16%）Cr，（45% ~50%）Ni，（4.5% ~6.0%）Mo，（2.5% ~3.5%）W，（1.8% ~2.4%）Ti，（0.8% ~1.3%）Al〕，在中温下具有较高的高温强度，良好的抗氧化及抗热腐蚀性能，在固溶和退火状态下具有较好的塑性和焊接性，可用于 500 ~700℃下承受较大应力的构件，如机匣燃烧室外套等。

2. 镍基高温合金

镍的室温强度不高，高温强度更低，且在 300℃以上会剧烈氧化，通常在镍中加入铬、钨、钼等制成镍基合金，提高其高温强度和高温抗氧化性。镍基高温合金也可分为变形镍基高温合金和铸造镍基合金。

（1）变形镍基高温合金

变形镍基合金中主加元素为铬，在工件表面形成 Cr_2O_3，提高工件表面抗氧化能力，一定量的钨、钼起固溶强化及提高再结晶温度的作用，一定量的钒、铌、铝、钛等碳化物形成元素和金属间化合物形成元素起弥散强化作用。热处理方法主要为固溶处理或固溶＋时效处理。

经固溶处理的合金组织为单相固溶体，有较好的塑性，可冷压成形，冷压和焊接加工后常进行退火处理，消除应力、稳定尺寸。用来制造形状复杂、受力不大、要求有好的抗氧化能力的高温零件，如发动机燃烧室、火焰筒等。

固溶＋时效处理的合金中含有大量的强化相形成元素钒、铝、钛，组织为奥氏体＋大量化合物强化相，如 GH4049〔Ni 为基本元素，其他合金元素的质量分数为：≤0.07% C，（9.5% ~11%）Cr，（14% ~16%）Co，（4.5% ~5.5%）Mo，（5% ~6%）W，（1.4% ~1.9%）Ti，（3.7% ~4.4%）Al，（0.015% ~0.025%）B，0.02% Ce〕，其组织（图 10-10）中的白色四边形及点状强化相 Ni_5（Al，Ti）质量分数高达 49%，因此其室温及高温强度、韧性均较高，但塑性低，导热性差且加工硬化现象严重，切削加工性差，常用电解加工工艺。这类合金主要用来制造高温受力零件和涡轮叶片等。

（2）铸造镍基合金

这类耐热合金含铝、钛较多，强化相 Ni_5Al、Ni_5Ti、Ni_5（Al，Ti）较多。如 K417，铝、钛总质量分数高达 11%，强化相质量分数高达 67%，奥氏体仅起黏结作用，将大量强化相黏结起来。铸造镍基高温合金使用温度比时效强化镍基合金的高，本身已有大量强化相，不需时效，可在铸态下使用。铸造镍基合金具有较高抗氧化性、高温强度，可用作 950℃ 左右工作的导向叶片。为进一步提高抗氧化性，可采用渗铝等表面处理。

3. 钴基高温合金

钴基高温合金是在 20 世纪 50 年代前半期用于飞机燃气涡轮发动机的主要材料。钴基高温合金含较高的铬（质量分数为 20% 以上）、镍、钨，因此具有好的抗高温腐蚀性和热疲劳性能，使用温度较高。但是随着越来越多的高温高强度镍合金的出现，钴基合金更多地被镍基合金取代。

铁基、镍基、钴基三类高温合金相比，镍基高温合金具有较高的抗高温氧化性，同时又有较高的高温强度，目前应用占绝对优势，现在的喷气发动机和燃气涡轮发动机叶片主要使用镍基合金。钴基高温合金由于抗高温腐蚀和热疲劳性能好，所以在温度较高条件下有时采用，如发动机温度最高的喷嘴。铁基高温合金高温强度高，在中等温度下的受力零件中经常使用，如锅炉管道、汽轮机叶轮等。

图 10-11　镍基高温合金燃气轮机涡轮零件

图 10-11 所示为镍基高温合金燃气轮机涡轮零件。

高温合金中镍基合金和钴基合金最高使用温度可达 1100～1300℃。在高于 1300℃ 温度下可采用超耐热合金，如铌基合金、钼基、钽基、钨基合金或高温陶瓷。如钨合金作为结构材料，使用温度可达 2000℃ 以上，可用于原子能火箭发动机喷嘴及核能工业领域。

10.4　耐热单晶合金

单晶合金是晶粒粗大到只有一个晶粒的合金，是用特殊方法制备而成。实际应用的单晶合金有三类：单晶半导体（硅、砷化镓）、单晶磁性材料（磁石、磁心等）、耐热单晶合金。这里主要介绍机械工程结构零件所用的耐热单晶合金。

10.4.1　耐热单晶合金的成分结构及性能特点

单晶合金主要用作耐热零件，因此必须是耐热合金，而且最好是镍基合金。镍基高温合金通常含有 Cr、Co、W、Mo、RE、Al、Ti、Nb、Ta、Hf、C、B、Zr 和 Y 等十余种合金元素。这些元素在合金中起着不同的作用，如固溶强化、第二相强化和晶界强化等。如美国研制的单晶镍基耐热合金 PWA1480 的主要成分为：10%Cr、5%Co、4%W、1.5%Ti、5%Al、12%Ta。

单晶合金的结构特点是没有晶界，可提高合金的高温蠕变强度和热疲劳强度，避免在高温和高应力作用下沿晶界开裂。另外，耐热单晶合金在拉伸、持久、蠕变、疲劳等力学行为上均表现出明显的各向异性。因此，单晶合金主要用于制造高温受力零件，如燃气涡轮发动机的涡轮叶片。

10.4.2　耐热单晶合金的制备方法

定向凝固技术是制备单晶耐热合金最为有效的方法。耐热合金熔体在定向凝固过程中，为达到单一方向生长单晶的目的，必须满足两个条件：一是未凝固的熔体有足够的过热度，保证在界面前沿有正的温度梯度，并在凝固过程中固液界面保持平直；二是避免型壳壁面激冷形核或凝固界面前沿内生形核。

单晶耐热合金的制造原理如图 10-12 所示。这里所用的铸模是用熔模法制的陶瓷铸模，下部有铸模板，中部有一个称为选择器的颈部。首先将铸模加热到比合金熔点还高的高温，然后注入熔融合金，随着温度下降，有一些柱状晶从连接铸模板处向上生长，其后取下铸模进行冷却，于是在中部的选择器处有一支柱状晶向上部生长，即在铸模上部成为单晶，此时最重要的是尽可能快地保持固液界面的温度梯度，并慢慢进行凝固。必须注意使铸模和熔融合金保持干净，因为杂质会引起多晶化。因此采用电子束熔解等方法要比采用易于渗入杂质的高频溶解法好。

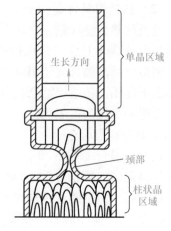

图 10-12　单晶耐热合金的制造原理

10.4.3　耐热单晶合金的性能及应用

单晶合金的研制依赖于合金熔炼、单晶制备装置及机械加工等方面。耐热单晶合金具有优异的蠕变、疲劳、氧化及腐蚀抗力等综合性能，被广泛应用于航空发动机和工业燃气轮机的叶片材料，也可作为热交换器、加热炉部件等一般耐热材料。

10.5　超塑性合金

所谓超塑性是指合金在较小的应力作用下，产生较大的塑性变形，伸长率达 100% ~ 1000% 的现象。利用超塑性可方便加工，减少工序，因此不仅在锻压、轧制、挤压等压力加工工艺中，而且在粉末成形、焊接、切削等几乎所有金属加工方面，超塑性的应用日益受到重视，其应用范围已从有色合金发展到钢、铸铁等黑色金属，这将给金属加工技术带来重大变革，并进一步促进新型结构零件的研制。

10.5.1　超塑性合金的成分、组织及性能特点

1. 成分

目前，已经发现 200 多种合金具有超塑性，其中既有有色金属，也有钢铁材料。有色合金中的铝基合金、镁基合金、钛基合金、铜基合金、锌铝合金等的超塑性都有较多研究，钢铁材料中铁铬镍合金、低碳钢、不锈钢的超塑性也有研究。其中研究最早、工艺最成熟的锌铝合金在工业上具有广泛的实际应用。超塑性合金的成分特点大多为共析或共晶成分，也有固溶体成分。

2. 组织

超塑性合金的组织大多为共析或共晶两相组织，或为单相固溶体组织，其晶粒为大小及强度大体相同的等轴晶粒，超塑性变形后晶粒大小及形状不变，仍为等轴晶，无残留应力，可保证零件和精度。

3. 性能

所有超塑性合金都比一般金属材料具有更高的伸长率，产生超塑性时，材料对温度和变形速度非常敏感。部分微细晶粒超塑性合金见表 10-3。

10.5.2　超塑性产生的类型

超塑性的产生与合金的显微组织、变形时的温度、变形速度有关，只有恰当配合，才能产生超塑性。尽管成分、组织状态等有很大不同，按其产生条件不同，超塑性主要分以下两种：

表 10-3　部分微细晶粒超塑性合金

合金成分	温度/℃	延伸率（%）	m^*
Al – 33% Cu	440 ~ 530	500	0.9
Al – 33% Cu – 7% Mg	420 ~ 480	600	0.72
Al – 25% Cu – 5% Si	500	1310	0.43
Al – 33% Cu – 0.5% Zr	480	2000	0.5
Al – 6% Mg – 0.4% Zr	400 ~ 520	900	0.6
Mg – 32% Al（共晶）	350 ~ 400	2100	0.8
Mg – 6% Zn – 0.5% Zr	270 ~ 310	1000	0.6
Cu – 10% Al – 3% Fe	800	720	0.6
Cu – 40% Zn	450 ~ 550	300	0.5
Fe – 25% Cr – 6% Ni	870 ~ 980	600	—
低碳钢	725 ~ 900	350	0.5 ~ 0.6
不锈钢（Ni<7.5%）	20 ~ 30	70	—
Sn – 35% Pb（共晶）	20	700	0.6
Sn – 5% Bi	20	1000	0.68
Zn – 0.2% Al	30	45	0.8
Zn – 4.9% Al	200 ~ 360	300	0.5
Ti – 6% Al – 4% V	800 ~ 1000	1000	0.85
Ti – 5% Al – 2.5% Sn	900 ~ 1100	450	0.72
Co – 10% Al	1200	850	0.47

注：m^* 为应变速度敏感指数。

1. 微细晶粒超塑性

将具有微细晶粒（直径小于 10μm）的金属材料。在一定的变形温度（$0.5T_{熔}$ 左右）和一定的应变速率条件下，进行变形时可得到超塑性，称为微细晶粒超塑性，它是在恒温下进行的，也称为恒温超塑性或组织超塑性。

2. 相变超塑性

材料在发生同素异构转变过程中，利用周期性温度或周期性形变能产生极大的伸长率，这种超塑性称为动态相变超塑性。合金在马氏体相变过程中，加上应力也能出现很大的塑性变形，这种超塑性称为相变诱发超塑性。相变诱发超塑性目前已被用在强化 Fe – Cr – Ni、Fe – Mn – C 系钢的形变热处理中。

10.5.3　超塑性在金属加工技术中的应用

利用超塑性可方便加工。微细晶粒超塑性常用于压力加工，相变超塑性多用于热处理、焊接。

1. 超塑性压力加工

利用超塑性进行压力加工，对形状复杂和变形量很大的零件都可以一次直接成形，成形方式有气压成形、液压成形、板材成形、管材成形、无模拉拔等多种方式。其优点是流动性好，填充性好。需要设备功率小，材料利用率高，成形件表面精度高。缺点是需要一定的成形温度和持续时间，对设备、模具润滑、材料保护等有一定要求。用超塑性进行压力加工的成形材料一般为微细晶粒超塑性材料，目前应用的材料品种不多，有 Zn – AH 系合金、Ti 基合金、Al 基合金以及 Ni 基合金等。

微细晶粒超塑性合金都是在晶粒开始粗大化的温度，也就是在 $0.5T_{熔}$（K）附近产生超塑性，所以在这个温度范围进行各种塑性加工能得到很好的加工效果，如 Zn – Al 系合金加工温度在 200 ~ 400℃之间，Al 基合金在 400 ~ 500℃之间。

2. 超塑性焊接

相同超塑性合金或超塑性合金与其他金属的压焊，在较低的压力下很容易实现。利用轧制与挤压的方法也能轻易地生产出超塑性合金和其他金属压焊的板、管等加工产品。此技术可使两块或两块以上的板材一次制成所需复杂断面形状的构件。应用较多的为 Ti – 6Al – 4V 板材作直升机的防火壁、机翼的夹层结构等。这种工艺大大简化了零件设计，减少了大批机械紧固件，即使用钛材代替铝材，也能使质量减轻，成本降低。

相变超塑性在焊接方面也可应用，将两块金属材料进行接触，施加很小的负荷和加热冷却循环，即可使接触面完全粘合，得到牢固的焊接。这种焊接由于加热温度低（固相加热，超过相变 $50 \sim 100 ℃$），没有一般熔化焊的热影响区和压焊的大变形区，焊后不经热处理可直接使用。相变超塑性焊接材料可以是钢材、铸铁、铝合金等。焊接对偶可以是同种材料，也可是异种材料。加热速度一般用 $50 \sim 150 ℃/s$，温度循环次数可以是 $4 \sim 5$ 次或更多。所加压力一般 $(1/30 \sim 1/10)$ R_m，如低碳钢焊接压力为 20MPa，铸铁为 10MPa，铝合金压力要高些，大于 20MPa。

3. 相变超塑性在热处理中的应用

相变超塑性在热处理领域也得到多方面的应用，例如钢材的形变热处理、等温锻造、渗碳、渗氮、渗金属等都可应用相变超塑性增加效果，有效地细化晶粒，改善性能。在相变超塑性处理时每一次通过相变点（A_1 或 A_2）的热循环，由于新相形成，晶粒可得到一次细化，经多次热循环可获得极细的晶粒。晶粒细化程度与加热速度、冷却速度、加热温度上限、作用应力、处理次数等有关。

相变超塑性在渗碳等表面热处理中也有应用。渗碳钢在有外加应力下经循环加热通过相变点 A_1 或 A_3 时，材料处于活化状态具有极大扩散能力，利用此特点可极大提高渗入效率，缩短浸渗时间。

10.6 形状记忆合金

具有初始形状的合金制品，变形后被加热到一定的温度时，它又可以变回到原来的形状，这种现象为形状记忆。如将 Ti50Ni50 合金的直线状细丝在室温下弯曲，它像铅一样软，能任意变形，但变形后将其浸入 90℃ 热水中，就会立即恢复原来的直线状。形状记忆合金在较低的温度下变形，加热后可恢复变形前的形状，这种只在加热过程中存在的形状记忆现象称为单程记忆效应。某些合金加热时恢复高温形状，冷却时又能恢复低温形状，称为双程记忆效应。

具有形状记忆特殊功能的合金称为形状记忆合金，它是一种神奇的功能材料，除了具有记忆特性外，还具有塑性好、变形量大的特点，而且随温度升降可反复动作很多次，耐疲劳性好。因此形状记忆合金在智能机械、航空航天、生物医疗等领域具有独特的应用。

10.6.1 形状记忆合金的成分特点

形状记忆合金主要有 Au – Cd、Ag – Cd、Cu – Zn、Cu – Zn – Al、Cu – Zn – Sn、Cu – Zn – Si、Cu – Sn、Cu – Zn – Ga、In – Ti、Au – Cu – Zn、NiAl、Fe – Pt、Ti – Ni、Ti – Ni – Pd、Ti – Nb、U – Nb 和 Fe – Mn – Si 等，其中发现较早（20 世纪五六十年代）的形状记忆合金为 Au – Cd、In – Ti、Ti – Ni 合金系。目前已开发成功的形状记忆合金有 Ti – Ni 基形状记忆合金、铜基形状记忆合金、铁基形状记忆合金等。

10.6.2 形状记忆合金的记忆原理

1. 热弹性马氏体相变

形状记忆效应源于热弹性马氏体相变，这种马氏体一旦形成，就会随着温度下降而继续生长，如果温度上升它又会减少，以完全相反的过程消失。两项自由能之差作为相变驱动力。两项自由能相等的温度 T_0 称为平衡温度。当温度低于 T_0 时产生马氏体相变，温度高于平衡 T_0 时发生逆相变。马氏体相变不仅由温度引起，也可以由应力引起，这种由应力引起的马氏体相变叫做应力诱发马氏体相变。

2. 马氏体相变与形状记忆

马氏体相变过程的晶体结构变化与形状记忆效应如图 10-13 所示。试样从母相（高温）淬火至低温得到孪生马氏体，在外力作用下马氏体的变形是通过有利取向长大、不利取向缩小而实现的，最后得到变形马氏体。变形马氏体加热到一定温度以上转变为母相，恢复母相的形状。图中的虚线表示应力诱发的马氏体相变及形状记忆效应。

10.6.3　形状记忆合金的处理方法

为使形状记忆合金元件记住其形状，要进行一定的形状记忆处理（热处理），处理工艺受合金种类、使用目的、元件形状等多种因素影响，这里以 Ti – Ni 合金为例介绍其形状处理工艺。

1. 中温处理

将轧制或拉丝后充分加工硬化的合金成形为给定形状，在 400～500℃ 温度下保温一定时间（几分钟到几小时），使之记住形状的工艺。

2. 低温处理

将处于高温退火状态的合金成形为给定形状，在 200～300℃ 温度下保温一定时间，使之记住形状的工艺。这种退火软状态下的成形有利于得到复杂的原始形状。但形状恢复特性低于中温处理。

3. 时效处理

将合金在 800～1000℃ 温度下固溶处理后淬火，成形为一定形状后，在 400℃ 左右的温度下时效几小时让其记住形状的工艺。该工艺的形状恢复特性与中温处理相似，但合金的强度较高。

10.6.4　形状记忆合金的应用

1. 在航空航天方面的应用

如用一个小型形状记忆合金驱动器，控制直升机水平旋翼叶片边缘上小翼片的位置，平衡叶片距，使各叶片能精确地在同一平面旋转，直升机的振动和噪声可大大降低。图 10-14 所示为用钛 – 镍形状记忆合金制造的天线工作示意图。用形状记忆合金制造的月球天线，在高温环境下做成天线的巨伞形状，在低温下把它压缩变形成一个小铁球，使它的体积缩小到原来的千分之一，方便运送，到月球后受太阳的强烈照射使它恢复原来的形状，伞形天线打开，向地球发送宇宙信息。

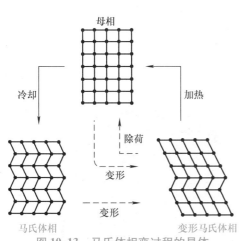

图 10-13　马氏体相变过程的晶体
结构变化与形状记忆效应

图 10-14　用钛 – 镍形状记忆合金制造的天线工作示意图

2. 在机械电子产品中的应用

形状记忆合金可用于各种机械装置的零件，如紧固铆钉、管接头、接线柱等。图 10-15 所示为形状记忆合金紧固铆钉的动作过程。把形状记忆合金铆钉的尾部形状处理成开口状，紧固前把铆钉浸泡在干冰或液态空气中，低温下将其尾部拉直，插入

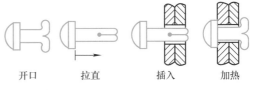

图 10-15　形状记忆合金紧固铆钉的动作过程

紧固孔，经一定时间后，温度回升到室温，铆钉恢复其原状，尾部叉开把物体紧固。特别是形状

记忆管接头零件，由于具有密封可靠、自动连接、双向拆装等功能，用于喷气式战机、核潜艇、水上快艇的管路连接及大口径海底输油管道的连接很有优势。

形状记忆合金也可用于各种自动控制机械装置的驱动元件等。图 10-16 所示为形状记忆合金驱动的自动干燥箱动作示意图。连通装有干燥剂的干燥机构和干燥室的内闸门，平常开着进行吸湿，经一定时间后需关闭内闸门，打开外闸门，并加热把干燥剂吸收的水分排出，经充分排湿后，停止加热，关闭外闸门，打开内闸门继续吸湿。形状记忆合金线圈驱动内外闸门的开闭，干燥剂加热器用作驱动源。图 10-17 所示为具有相当于肩、肘、腕、指等 5 维自由度的形状记忆合金微型机器人。其指和腕是靠 TiNi 合金线圈的伸缩，而肘和肩是靠直线状 TiNi 合金丝的伸缩，分别实现开闭和屈伸动作，每个元件通过直接接通由脉冲宽度控制的电流，来调节其位置和动作速度。这种机器人的结构小巧玲珑，动作柔软自如，适于抓取盛液体的纸杯等柔软物体。

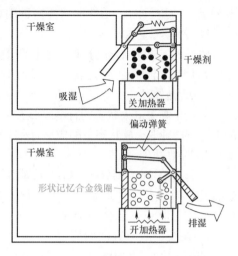

图 10-16　形状记忆合金驱动
的自动干燥箱动作示意图

3. 在生物医疗方面的应用

TiNi 形状记忆合金在生物医疗方面也具有广泛的应用，如用作牙齿校形丝、脊柱侧弯校形棒、各种骨连接器、血管夹、血管扩张元件等。图 10-18 所示为形状记忆合金用于骨骼的固定。

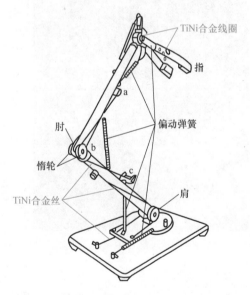

图 10-17　形状记忆合金微型机器人

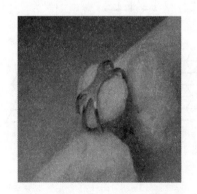

图 10-18　形状记忆合金用于骨骼的固定

重点内容

新型金属材料的基本知识：了解粉末烧结合金、非晶态合金、高温合金、耐热单晶合金、超塑性合金、形状记忆合金的成分特点、制备方法、组织、性能、应用等。

扩 展 阅 读

精心打造"晶心"——航空发动机单晶涡轮叶片

航空发动机相当于飞机的心脏，制造难度很大，特别是高速重载新型航空发动机的制造，属于高端制造技术，长期以来只有美、英、法、俄等少数国家掌握了这项技术。而发动机涡轮叶片是发动机的核心部件，其转速约为 300r/s，叶片承受的离心力相当于其本身质量的 1 万倍，相当于一个涡轮叶片挂着 5 辆小轿车，这就要求叶片需要具有很高的强度，而且涡轮叶片属于发动机热端部件，工作温度为 1040℃，需要耐受较高温度，因此对涡轮叶片的制造要求非常高，发动机涡轮盘及单晶涡轮叶片如图 10-19 所示。我国 2023 年采用新型单晶镍基高温合金，利用单晶合金没有晶界且具有高强度的特点，采用电加工及数控加工技术，在叶片表面用飞秒激光打出很多细密排列的气孔（图 10-20），并在叶片内部注入高压冷却空气，进行气膜冷却，使熔点 1300多℃的高温合金能在 1700 多℃的燃烧室工作。我国科技工作者精耕细作，用单晶合金制造飞机发动机的核心叶片零件——"晶心"，他们攻克了加工叶片上数不清的孔径为 100～700μm、空间斜度为 15°～90°的异形气膜孔等技术难题，解决了涡轮叶片大批量产的瓶颈，打破了国际先进装备制造的壁垒。单晶涡轮叶片技术的掌握意味着我国将大大提高大推重比发动机的生产能力，并将大大提高原有发动机的使用寿命，从而助推具有中国"心"的飞机遨游蓝天。

图 10-19 发动机涡轮盘及单晶涡轮叶片　　　　图 10-20 单晶涡轮叶片的气孔

思 考 题

1. 粉末冶金法制造的合金零件与常规合金零件在制备工艺、性能、应用方面有什么区别？
2. 粉末冶金法主要适于哪些零件的制造？
3. 制备非晶态金属或合金的基本条件是什么？可用哪些方法？
4. 简述非晶态合金的主要性能及应用。
5. 高温合金有哪些种类？其性能及应用的区别是什么？
6. 用什么方法可得到单晶合金？常用的单晶合金有哪些？其主要应用范围是什么？
7. 简述金属超塑性在材料加工技术中的应用。
8. 简述形状记忆合金的应用范围，试用形状记忆合金设计一种自动装置。

第**11**章

非金属材料

非金属材料具有优良的理化性能及力学性能，而且资源丰富、能耗低，近几十年来发展迅速，广泛用于国民经济的各个领域。如工程塑料可用于制造机械行业的手轮、手柄、齿轮、齿条和导轨等，化工行业的容器、管道、阀门和密封件等，汽车、飞机等交通运输行业的车门把手、保险杠、仪表壳等。陶瓷材料及复合材料在耐热零件、高强度零件制造中占有非常重要的地位。非金属材料种类较多，本章主要介绍非金属材料中的工程塑料、合成橡胶、工业陶瓷、复合材料等。

11.1 塑料

塑料是以天然或合成树脂为主要成分，并加入适量的添加剂，在一定的温度和压力下通过注射、挤压、模压、吹塑等方法制成的在常温下能保持其形状不变的有机高分子材料。塑料的品种繁多，功能各异，分为通用塑料和工程塑料。本节在介绍塑料基本知识的基础上，主要介绍机械工程中常用的工程塑料。

11.1.1 塑料的基本知识

1. 塑料的成分

塑料的主要成分为树脂，另外还含有改善性能或工艺的各种添加剂，如填充剂、增塑剂、稳定剂、固化剂、着色剂、润滑剂等。塑料中各组分的作用如下：

1）树脂。在塑料中起黏结各组分的作用，所以也称为黏料。它是塑料的主要组分，约占塑料质量的40%～100%，其决定了塑料的类型（热塑性或热固性）和基本性能，因此塑料的名称也多用其原料的树脂名称来命名。如聚氯乙烯塑料、酚醛塑料、ABS塑料等。

2）填充剂。又称填料，是塑料中重要的组分，占塑料质量的25%～50%。填料不仅可以降低塑料的成本，同时还可以改善塑料的性能。如玻璃纤维可提高塑料的机械强度，石棉可增加塑料的耐热性，云母可增强塑料的电绝缘性能，石墨、二氧化钼可提高塑料的耐热性等。常用的粉状填料有木粉、云母粉、滑石粉、石墨粉、炭粉、各种金属粉（如铁粉、铝粉）及金属氧化物粉（如氧化铝、二氧化硅）等；纤维状填料有玻璃纤维、石棉纤维、碳纤维等；片状填料有木片、玻璃布、棉布、麻布等。

3）增塑剂。增加树脂塑性、改善加工性能、赋予制品柔韧性的一种添加剂。增塑剂的增塑机理是插入到聚合物大分子间，削弱聚合物大分子间的作用力。因而能降低聚合物的软化温度和熔融温度，减小熔体黏度，增加其流动性，从而改善聚合物的加工性能和制品的柔韧性。

4）稳定剂。包括热稳定剂和光稳定剂两类。热稳定剂（铅盐、金属皂、有机锡、亚磷酸酯等）以改善聚合物的热稳定性为目的，防止材料加工过程中受热降解。光稳定剂（水杨酸酯、二苯甲酮等）能够抑制或减弱光降解作用，提高材料耐光性。

5）润滑剂。是指为防止塑料在成型过程中黏在模具或其他设备上所加入的少量物质，润滑剂还可使塑料制品表面光亮美观。常用的润滑剂有硬脂酸及其盐类、有机硅等，其用量为0.5% ~ 1.5%（质量分数）。

6）固化剂。又称硬化剂或交联剂，其主要作用是在高聚物分子间产生横跨链，使大分子交联，使高分子链的线性结构转变成体型结构。酚醛树脂的固化剂常用六次甲基四胺，环氧树脂的固化剂常用胺类和酸酐类化合物，聚酯树脂的固化剂常用过氧化物。

塑料的添加剂除上述几种外，还有发泡剂、抗静电剂、阻燃剂、着色剂、防鼠剂、防蚊剂、防霉菌剂等。加工过程中可根据塑料品种和使用要求的不同加入所需要的某些添加剂。

2. 塑料的分类

（1）按塑料的热性能分类

1）热塑性塑料。这类塑料在特定温度范围内加热时软化，可塑造成型，冷却后变硬。再次加热又软化，冷却又硬化，可多次重复。常用的热塑性塑料有聚乙烯、聚氯乙烯、聚丙烯、聚苯乙烯及其共聚物 ABS、聚甲醛、聚碳酸酯、聚苯乙烯、聚四氟乙烯、聚砜等。它们的优点是加工成型简便，具有较高的力学性能。缺点是耐热性和刚度比较差。

2）热固性塑料。这类塑料初加热时软化，可塑造成型，但固化后的塑料既不溶于溶剂，也不再受热软化，只能塑制一次。常用的热固性塑料有聚氨酯、环氧树脂、酚醛树脂、氨基树脂、不饱和聚酯、呋喃树脂等。这类塑料具有耐热性能高，受压不易变形等优点，缺点是塑性差，强度不高，但可加入填料来提高强度。

（2）按塑料使用范围分类

1）通用塑料。通用塑料是指产量大、用途广、价格低而受力不大的塑料品种。主要有聚乙烯、聚氯乙烯、聚苯乙烯、聚丙烯、酚醛塑料和氨基塑料等。通用塑料具有轻便、美观、绝缘、耐腐蚀的优点，是一般工农业生产和日常生活不可缺少的塑料，常用作薄膜、软管、餐具、玩具及化工容器、管道、电工绝缘件等。

2）工程塑料。工程塑料具有较高的强度和刚度，耐热、耐寒、耐蚀和电绝缘性能良好，可取代金属材料作为机械零件。这类塑料主要有聚碳酸酯、聚酰胺（即尼龙）、聚甲醛、聚砜和ABS 等，可制造工程零部件、工业容器和设备等。具有更高强度和耐热性的特种工程塑料，如聚四氟乙烯、环氧塑料和有机硅塑料等都能在 100 ~ 200℃ 的温度下工作，主要应用于国防军工领域，如舰船、飞机内部结构件、天线支架等。

3. 塑料的组织

塑料的内部显微组织可用扫描电子显微镜进行观察。图 11-1 所示为聚氯乙烯（PVC）的扫描电子显微镜照片，内部由许多圆球形的初级粒子组成，这些粒子是从氯乙烯（VC）中沉析出的聚合 PVC 大分子线团不断聚拢并长大而成的。再如 ABS 塑料，它是丙烯腈（A）、丁二烯（B）、苯乙烯（S）的三元共聚物，其透射电子显微镜照片如图 11-2 所示。聚丁二烯橡胶粒子像一个个小岛均匀分散在丙烯腈 – 苯乙烯二元共聚物的基体上，并以化学链和二元共聚物相接，由于橡胶粒子可分散应力集中，故 ABS 抗冲击性较好。

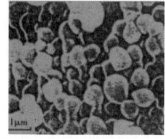

图 11-1　聚氯乙烯（PVC）的扫描
电子显微镜照片（1000 ×）

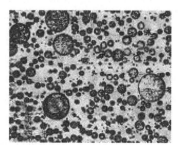

图 11-2　ABS 塑料透射电子
显微镜照片（900 ×）

4. 塑料的性能及应用

（1）拉伸性能

塑料质轻，比强度高。一般塑料的密度在 $0.9 \sim 2.3\text{g/cm}^3$ 之间，是钢铁的 $1/8 \sim 1/4$，铝的 $1/2$。热塑性塑料有一定的抗拉强度，较高塑性，工程塑料中的聚酰胺、聚碳酸酯等分子链有侧基原子团时强度较高；热固性塑料塑性很差。塑料的弹性模量比金属小得多，有结晶态分子链时弹性模量较高。

（2）硬度

塑料的硬度较低，常用洛氏硬度 HRD 测定。塑料的强度高时一般硬度也高，工程塑料的硬度不比普通塑料高，但由于其摩擦因数低且具有自润滑特性，因此具有优良的减磨、耐磨性能。如工程塑料中的聚酰胺、聚甲醛可用来制作耐摩擦的齿轮。

（3）冲击韧度

塑料的冲击韧度与其强度和伸长率有关，不同塑料的冲击韧度差别较大，如普通塑料聚苯乙烯冲击韧度 a_K 为 $1.2 \sim 1.6\text{J/cm}^2$，而聚碳酸酯冲击韧度为 $6.5 \sim 7.5\text{J/cm}^2$。

（4）耐蚀性

一般塑料对酸碱等化学药品均有良好的耐腐蚀能力，特别是聚四氟乙烯的耐化学腐蚀性能最好，能耐"王水"等强腐蚀性电解质的腐蚀，被称为"塑料王"。酚醛塑料、硬聚苯乙烯也具有很强的耐腐蚀性，可制作盛浓硫酸和磷酸的化工容器。

（5）电绝缘性

由于内部没有自由电子，塑料具有优异的电绝缘性能。

通用塑料的力学性能较低，但由于其轻便、美观、耐蚀，广泛用于工农业生产和日常生活中的薄膜、软管、餐具、玩具、化工容器、管道、电工绝缘件等。

工程塑料具有较高的力学性能及良好的耐蚀性绝缘性，而且质量轻，可代替金属材料用于各种有轻量化要求的机械设备零件，如汽车、办公机械、医疗器械等的齿轮、轴、轴套等耐磨件和飞机、轮船内部的结构件。

5. 塑料的成型工艺

塑料的成型是将各种形态（粉状、粒状、液态、糊状或碎料）的塑料原料制成具有一定的形状和尺寸的制品过程。主要成型方法有注射成型、吹塑成型、挤出成型和压制成型等。

（1）注射成型

注射成型是将颗粒或粉末状塑料原料置于注射机的料斗内，通过推杆把塑料原料推入加热区，经分流梭将熔融的塑料原料自喷嘴高速注入温度低的闭合

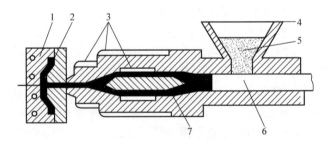

图 11-3　注射成型示意图
1—模具　2—制品　3—加热器　4—料斗
5—粒状塑料　6—推杆　7—分流梭

模具中，冷却后脱模，得到所需的塑料制品，如图 11-3 所示。这种方法生产效率高、易于实现自动化，可制作复杂和精密的塑料制品。

（2）吹塑成型

将成型好的适当大的中空塑料坯件放置于模具中闭合模具，如图 11-4a 所示；往坯件中通入压缩空气，使具有良好塑性的坯料吹胀而紧贴于模壁内侧，如图 11-4b 所示；待冷却后打开模具，得到中空制品，如图 11-4c 所示。吹塑成型主要用来制取薄壁、小口径的空心制品以及塑料薄膜等。

（3）压制成型

压制成型通常用于热固性塑料的成型。是将粉末状、粒状或纤维状的热固性塑料原料放入成型温度下的模具型腔中，然后闭模加压，在温度和压力作用下，热固性塑料原料转为熔融的黏流态并充满型腔，随后发生交联固化反应，得到塑料制品。压制成型示意图如图 11-5 所示。

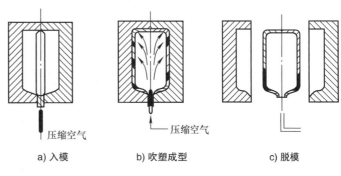

a) 入模　　　b) 吹塑成型　　　c) 脱模

图 11-4　中空塑料坯件吹塑成型示意图

（4）挤出成型

将粉末状或颗粒状塑料原料从料斗加入料筒中，由旋转的螺杆将原料送到预热区并受到压缩，使原料进入已加热的模具的模孔，挤出的制品经定型冷却后由牵引机拉开，最后按所需长度截断，得到所需的制品。挤出成型示意图如图 11-6 所示。

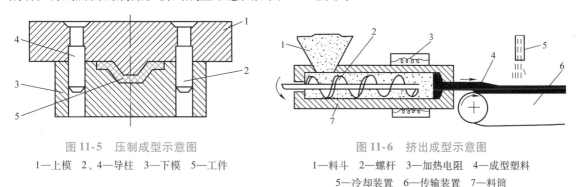

图 11-5　压制成型示意图
1—上模　2、4—导柱　3—下模　5—工件

图 11-6　挤出成型示意图
1—料斗　2—螺杆　3—加热电阻　4—成型塑料
5—冷却装置　6—传输装置　7—料筒

塑料也可用喷涂、浸渍、粘贴等工艺覆盖于其他材料的表面，而塑料的表面也可镀覆金属层。

11.1.2　常用工程塑料的性能及应用

工程塑料是近几十年发展起来的新型工程材料，具有质量轻、比强度高、韧性好、耐腐蚀、消声、隔热及良好的减磨、耐磨和电性能等特点，是一种原料易得、加工方便、价格低廉的有机合成材料，其发展速度超过了金属材料。

1. 工程塑料的性能特点及应用

工程塑料与通用塑料相比，强度、硬度、耐磨性、耐高温性能大大提高。

工程塑料与金属材料相比，优点主要有：①比强度和比模量较高，原因是虽然其强度和弹性模量较低，但其密度小；②塑料摩擦磨损性能远远优于金属，原因是虽然其硬度比金属低，但其摩擦因数较小；③大多数塑料对酸、碱、盐等介质具有良好的抗腐蚀能力。缺点主要有：①工程塑料在室温下受载后便会产生蠕变，载荷大时甚至出现蠕变断裂；②塑料的耐热性、导热性很差、热膨胀系数大。

工程塑料主要用于飞机、汽车、电子电器、家用电器、办公机械、医疗器械等要求轻型化的设备。可用作比强度要求高的零件，如车门把手、保险杠、外护板、操纵杆等；也可用作耐磨性能要求高的零件，如轴承、轴套、齿轮、凸轮、机床导轨、高压密封圈等，如图 11-7 所示。

2. 常用工程塑料的代号、成分、性能及应用

（1）聚酰胺（PA）

PA 又称尼龙，是由二元胺和二元酸通过缩聚反应制得的，也可由内酰胺通过自聚制得。PA

是最重要的工程塑料，尤其是经过玻璃纤维增强后，强度更高，应用范围更广。在五大工程塑料（聚酰胺、聚碳酸酯、聚甲醛、改性聚苯醚、热塑性聚酯）中产量居首位。其主要品种有 PA6、PA66、PA11、PA12、PA1010、PA610、PA612、单体浇注 PA。此外还有改性 PA，如纤维增强 PA。第一个数字表示

a) 齿轮　　　　　　b) 轴套

图 11-7　工程塑料零件

二元胺中的碳原子数，后一个数字表示二元酸中的碳原子数，碳原子数越多，制品越柔顺。

　　PA 有较高的抗拉强度，良好的冲击韧性、耐油性、耐磨性、自润滑性，具有低的摩擦因数和良好的耐蚀性能、对化学试剂稳定等优点。PA 的缺点是热膨胀系数较大，约为金属的 5～7 倍，吸水性也较大，抗蠕变性能差，制品尺寸的稳定性较差，耐热性也不够高，一般只能在 100℃ 以下使用，不适宜制作精密零件。PA 含有极性基团，有不同程度的吸水性，在成型加工前必须进行干燥处理，不适宜制作电器绝缘材料。PA 的电阻随温度升高而降低，耐化学性、耐溶剂性、耐油性好，阻透性能优异。吸湿性高，且吸湿后强度比干燥时增大，同时变形性也增大。

　　PA 广泛用于制造各种机械、化工、电器零部件，如轴承、齿轮、凸轮、泵叶轮、风扇叶片、高压密封圈、耐油密封垫片、阀门零件、高压油管、储油容器、各种衬套、电池箱、家用电器和绳索等。在汽车工业中，PA 还常用来制作保险杠、挡泥板、制动管、引擎罩、车窗门手柄以及仪表板支架及组件等。此外，PA 纤维还可代替丝织晶，其薄膜可用作包装材料。

　　（2）聚碳酸酯（PC）

　　PC 具有很好的抗拉强度，良好的冲击韧性，较好的耐化学腐蚀性、尺寸稳定性和介电性能，良好的耐高、低温性能，无毒、无味、无臭，具有自熄性，模塑收缩率很小，透明性好，片厚 2mm 时透光率 90%，被誉为"透明金属"。PC 的缺点是疲劳强度较低，容易产生应力腐蚀开裂。

　　PC 应用广泛。在机械工业上，可代替金属制作各种零件，如齿轮、轴承、凸轮、蜗杆等，特别是代替钢材使用。在航空、电子、仪表工业中用于制作风窗玻璃、座舱罩、防弹玻璃、灯罩、信号灯，仪器仪表的观察窗、防护面罩，电话、通信设备零件如拨号盘、微调器盘、接线板、线圈骨架、绝缘套、计数器齿轮，以及电动工具外壳等。

　　（3）聚甲醛（POM）

　　POM 是由甲醛或三聚甲醛聚合而成的一种塑料，尤其是具有优良的摩擦磨损性能和自润滑性，对金属的摩擦因数小，且其静、动摩擦因数相同，并具有刚度大，强度、硬度高，不容易蠕变和吸水性小等特点，具有较好的韧性，温度和湿度对其冲击韧度影响不大，有优良的电绝缘性能、耐化学药品性能、耐热性能。POM 的缺点是成型时热稳定性较差，阻燃性、耐候性不太理想。

　　POM 因具有良好的物理、化学和力学性能，广泛用于机床、化工、农机、电子等，可用来代替锌、铜、铝等有色金属和不锈钢，主要制造受摩擦的各种工业零件，例如轴承、齿轮、凸轮、辊子、阀杆等。还能在一些情况下取代铸铁和钢冲压件，适用于制作滑动部件、精密机械部件和耐热水性部件，如轴承、齿轮、叶轮、凸轮、衬套、垫圈、活塞环、导轨、管件、手柄、把手等。

　　（4）ABS 塑料

　　ABS 塑料是丙烯腈、丁二烯和苯乙烯的三元共聚物，具有硬、韧、刚的特性，成型性能好，抗冲击性能、抗蠕变性与耐磨性较好，摩擦因数很低，有良好的耐油性和尺寸稳定性。可通过改变单体的含量来调整性能，增加丁二烯可以提高弹性和韧性，增加苯乙烯可以改善电性能和成型能力，增加丙烯腈可以提高耐热性、耐蚀性和表面硬度。ABS 塑料的缺点是耐候性较差，耐热

性也不够理想。ABS 塑料可用于制作中等载荷和转速下的轴承。

（5）聚苯醚（PPO，曾称 PPE）

PPO 具有优良的抗蠕变性、尺寸稳定性，耐应力松弛、耐水及耐蒸汽性、抗疲劳等，高温下抗蠕变性好，电绝缘性好，难燃、离火后自熄。PPO 的缺点是熔融流动性差，成型加工困难，所以多使用改性聚苯醚（MPPO），利用聚苯乙烯对 PPO 进行改性，改性后能显著改善 PPO 的成型加工性能。MPPO 中聚苯乙烯的含量对其热性能有明显的影响，随着聚苯乙烯含量的增加，MP-PO 的热变形温度和玻璃化转变温度均有所下降。

MPPO 主要用于航空、航天及其他部门制造电子电气仪表外壳、底座和连接件，各种仪器设备的结构件，如计算机、电传机、复印机、打印机及雷达的外壳、基座，多头接插件、开关、继电器，变压器骨架和外罩，印制电路板，热水系统的计量仪表等。

（6）聚对苯二甲酸丁二醇酯（PBT）

PBT 的力学性能、电性能、耐热性和耐化学药品性能优异，耐水性也很好。容易进行阻燃处理，制品表面光洁，尺寸稳定，机械加工性能好。PBT 最大的优点是长期耐热性好，对有机溶剂有很强的耐应力开裂性。缺点是不耐强酸、强碱及苯酚类化学药品。

PBT 主要用于制造接插件，高电压的电器电子部件、开关，汽车点火器周围的部件等。利用其耐热性，用于制作汽车的外装部件（能与钢板一体烘漆）。玻璃纤维增强制品在工程方面的应用可与聚酰胺、聚甲醛、聚碳酸酯、酚醛塑料等相竞争，以取代铜、锌、铝及铸铁等金属材料。

（7）聚对苯二甲酸乙二醇酯（PET）

PET 具有高强度、高刚性、好的耐热性、优良的尺寸稳定性、耐化学药品性等综合性能，在电器电子部件、机械、汽车部件等领域得到了广泛应用。尤其是近年来，由于 PET 优良的性能、较低的生产成本和较高的性能价格比，在轿车用塑料中所占比例不断增加。

（8）聚四氟乙烯（PTFE，简称 F-4）

PTFE 具有优良的耐高、低温性能，优异的耐腐蚀性和极好的电绝缘性能，极小的摩擦因数和极佳的自润滑性，为其他合成材料所不及，故有"塑料王"之称。PTFE 的不足之处是机械强度和硬度比较低，在外力作用下易发生蠕变；热导率低，热膨胀系数大；加工成型性能差。

PTFE 主要用于制造各种耐腐蚀和耐高温的零部件。如用多孔性 F-4 板材制作的各种强腐蚀介质的过滤器，高温输液管道、容器、泵、阀等各种耐腐蚀零件。在机械工业方面，PTFE 主要用于制作减摩密封零件如活塞环、轴承、导轨等。在电工、无线电技术方面，PTFE 用作高频电子仪器的绝缘，高频电缆、电容器线圈、电机槽等的绝缘，用 PTFE 乳液浸渍玻璃制成的层压板用于制作印制电路板等。在医疗方面，PTFE 可用于制作代用血管、人工心肺装置、消毒保护器等。玻璃纤维、石墨、青铜粉、二硫化钼等填料填充 PTFE 可以制作无油润滑压缩机的活塞环、密封环，高速轴承保持器、计量泵的 V 形圈和 O 形圈等。

（9）聚砜（PSF）

PSF 抗蠕变性好，在热塑性工程塑料中具有最高的耐蠕变性；刚度大、耐磨、热稳定性、耐热老化性好，在较宽的温度和频率范围内具有良好的介电性能，难燃自熄，对酸、碱、盐稳定。其不足之处是在有机溶液如酮类、卤代烃、芳香烃等的作用下会发生溶解或溶胀，成型加工性较差。

PSF 在工业上主要用来制造高强度、耐热、抗蠕变的结构件，以及耐腐蚀零部件和电器绝缘件等，例如齿轮、凸轮、真空泵叶片，仪器仪表零件，飞机上的热空气导管和窗框，热水阀、冷冻系统器具，食品生产和传送设备零件，炊具、酒类过滤器，肉类加工机械的零部件，电视机、收音机和电子计算机的线路板，各种电气设备（电钻、电池组等）的壳体，汽车上的护板、分速器盖、仪表盘、风扇罩和挡泥板等。

（10）聚酰亚胺（PI）

PI 刚度大，机械强度高，具有优异的耐热性，可在 -240~260℃下长期使用，在无氧气存在的环境中长期使用温度可达300℃以上。有优良的摩擦磨损性能、尺寸稳定性及介电性能，耐辐射、韧性好、冷流小、化学稳定性好、阻燃。聚酰亚胺的缺点是成型困难。

PI 可用来制作在高温、高真空、自润滑条件下使用的各种机械零部件，例如轴承、轴套、齿轮、压缩机活塞环、密封圈、鼓风机叶轮等。PI 也可用来制作导线包皮、柔性印制电路板、集成电路和功率晶体管的绝缘部件，以及高温下工作的其他电气设备零件。

（11）聚苯硫醚（PPS）

PPS 耐化学药品性突出，耐腐蚀性强，可与氟塑料相媲美，机械强度大，高温高湿下尺寸稳定，耐磨性好，能超薄成型。PPS 应用于原子能、航空、航天、汽车、机械等领域，可制作运动器械，电子等设备的零部件，近年来用于制造汽车发动机进气歧管、活塞环、排气循环阀等耐温部件。

（12）聚醚醚酮（PEEK）

PEEK 是一种耐高温塑料，连续使用温度可达240℃以上，负载使用温度高达310℃，具有较为均衡的韧性、强度、硬度和负载特性，耐磨损和摩擦性能优异，耐油、阻燃、耐辐照性好，除硫酸外几乎耐所有的化学药品。PEEK 可用于制作飞机上耐热、耐有机溶剂的连接件，汽车轴承支架、活塞密封、发动机的传动零部件，精密机械、电子设备等的零部件。

（13）液晶聚合物（HCP）

HCP 国外称之为"超级工程塑料"，具有许多优良的特性，刚度高，线胀系数低，耐热性、吸振性、摩擦性能优良、尺寸稳定性好、阻燃性显著、熔体的黏度低、成型加工性能好，并具有抗老化和耐酸碱腐蚀等特点。HCP 可用于机械、电子工业，在医药工业上可代替不锈钢制作医用消毒器件。

常用工程塑料的种类、代号、性能及应用见表 11-1。

表 11-1 常用工程塑料的种类、代号、性能及应用

序号	种类（代号）	密度/(g/cm³)	抗拉强度/MPa	缺口冲击韧度/(J/cm²)	使用温度/℃	性能特点	应用举例
1	聚酰胺（PA，尼龙）	1.05~1.36	45~90	0.3~2.68	<100	强度、韧性、耐磨性、耐蚀性、成型性好，导热性较差，吸水性高	尼龙610、66、6 等，制造小型零件（齿轮、蜗轮等）；芳香尼龙制作高温下耐磨的零件，绝缘材料和宇宙服等
2	聚碳酸酯（PC）	1.18~1.2	65~70	6.5~8.5	-100~130	强度高，冲击韧度及抗蠕变性能好，耐热性、耐磨性及尺寸稳定性较高，透明度高，吸水性小	垫圈、垫片、套管、电容器等绝缘件；仪表外壳、护罩；航空及宇航工业中制造信号灯、挡风玻璃、座舱罩、帽盔等
3	聚甲醛（POM）	1.41~1.43	58~75	0.65~0.88	-40~100	具有高的刚度和硬度、极佳的耐疲劳性和耐磨性、较小的蠕变性和吸水性，易受强酸侵蚀、熔融加工困难	轴承、凸轮、滚轮、辊子、齿轮、阀门上的阀杆、螺母、垫圈、法兰、仪表板、汽化器、各种仪器外壳、箱体、容器、泵叶轮、叶片、滑轮等

（续）

序号	种类 （代号）	密度 /（g/cm³）	抗拉强度/ MPa	缺口冲 击韧度 /（J/cm²）	使用 温度/℃	性能特点	应用举例
4	ABS 塑料	1.05 ~ 1.08	21 ~ 63	0.6 ~ 5.3	-40 ~ 90	较高强度和冲击韧度，良好的耐磨性和耐热性，加工性好，耐高、低温性能差	齿轮、轴承、仪表盘壳及容器、管道、飞机舱内装饰板、窗框、隔声板等，也可作轿车车身及挡泥板、扶手等汽车零件
5	聚四氟乙烯 （塑料王， PTFE， 简称 F - 4）	2.1 ~ 2.2	21 ~ 28	1.6	-180 ~ 260	优异的耐化学腐蚀性和耐高、低温性能，摩擦因数小，吸水性小，硬度、强度低，成本较高	减摩密封零件、化工耐蚀零件与热交换器以及高频或潮湿条件下的绝缘材料，如化工管道、电气设备、腐蚀介质过滤器等
6	聚苯醚 （PPO）	1.06 ~ 1.10	55 ~ 68	2.72	-127 ~ 121	力学性能与 PC、PA、POM 相当，使用温度范围宽，尺寸稳定性好，耐蚀性好，成型加工困难	绝缘支柱、高频骨架、各种线圈架、齿轮、轴承、凸轮、泵叶轮、叶片、水泵零件、水箱零件、高温用化工管道、紧固件等
7	聚对苯二甲酸丁二醇酯 （PBT）	1.31 ~ 1.38	58	4.4 ~ 5.4	-170 ~ 190	成型性和表面光亮度好，韧性和耐疲劳性好，摩擦因数低，磨耗小，耐化学药品、耐油、耐有机溶剂性好	电子工业中的接插件、线圈骨架、插销、小型电动机罩等
8	聚甲基丙烯酸甲酯 （有机玻璃， PMMA）	1.17 ~ 1.2	50 ~ 77	0.16 ~ 0.27	-60 ~ 80	透光率高，强度、韧性较高，耐紫外线、防大气老化，易成形，硬度不高，不耐磨	飞机座舱盖、炮塔观察孔盖、仪表灯罩及光学镜片、防弹玻璃、电视和雷达标图的屏幕、汽车风窗玻璃、仪器设备的防护罩等

11.2　橡胶

橡胶是具有高弹性的高分子化合物，在较小的外力下能产生较大变形，外力取消时又恢复变形。橡胶具有良好的耐磨、绝缘和隔声性能，广泛应用于各领域。

11.2.1　橡胶的基本知识

1. 橡胶的成分

橡胶由生胶、配合剂、增强剂组成。生胶是橡胶的主要成分，不同的生胶制成的橡胶性能不同。配合剂有硫化剂、硫化促进剂、增塑剂、防老化剂、着色剂等，可提高橡胶的使用性能及加工性能。增强剂主要有纤维织物、帘布、钢丝等，以增强橡胶制品的强度，防止变形。

2. 橡胶的分类

橡胶主要分为天然橡胶、合成橡胶两种。合成橡胶分为通用合成橡胶和特种合成橡胶。

1）天然橡胶。由橡胶树采集胶乳经凝固、干燥、加压制成生胶，再制成橡胶制品。天然橡胶具有较好的耐磨性和弹性、扯断强度及伸长率，抗拉强度达 25 ~ 35MPa。天然橡胶的缺点是耐热性较差，耐油性、耐溶剂性极差，一般能耐弱酸、弱碱，但能被强酸所腐蚀。主要用作轮胎、鞋底、软管、胶带等。

2）合成橡胶。合成橡胶是以石油、天然气为原料，以二烯烃和烯烃为单体聚合而成的高分子材料。通用合成橡胶主要有丁苯橡胶、丁二烯橡胶、氯丁橡胶，特种合成橡胶主要有丁腈橡胶、氟橡胶、硅橡胶等。合成橡胶具有耐高温、耐油及耐多种化学药品侵蚀的特性，可用于汽车、航空及导弹、火箭等领域。

3. 合成橡胶的性能特点及应用

合成橡胶是人工合成的高弹性材料，在伸长的状态下，分子链呈现出高的抗拉强度，而伸长小时有低的抗拉强度。由于交链，材料形变后能恢复到其原先的形状。合成橡胶有优良的弹性、阻尼性、耐磨性，广泛用作弹性材料、密封材料、传动材料和绝缘材料，用于制造轮胎、胶带、胶管、输油管、电绝缘制品等。

11.2.2　常用合成橡胶材料的性能及应用

常用合成橡胶材料的性能及应用见表11-2。

表11-2　常用合成橡胶材料的性能及应用

名称及代号	使用温度/℃	抗拉强度/MPa	性能特点	应用
丁苯橡胶（SBR）	80～120	15～20	较好的耐磨性、耐热性、抗老化性、耐臭氧性，质地均匀、价格低廉，应用广、产量大，但是使用温度低	汽车轮胎、胶带、胶管、胶板、胶布等
顺丁橡胶（BR）	120	18～25	优异的耐磨性、抗老化性、耐寒性和高弹性，易与金属黏合，硬度大，不易加工，最高使用温度为120℃	制作轮胎、三角胶带、橡胶弹簧、减振器、运输带、耐热胶管、电绝缘制品
氯丁橡胶（CR）	120～150	25～27	具有密度大、耐油、耐溶剂、耐氧化、抗老化、耐酸碱、耐热、耐燃烧和透气性等特点，但耐寒性较差	制作电线包皮、胶管、运输带、垫圈、油罐衬里、黏结剂、汽车门窗嵌条等
乙丙橡胶（FPM）	150	10～25	优异的耐臭氧性、抗老化性、电绝缘性、化学稳定性（不适用于浓硝酸），价格低。回弹性、耐磨性、耐油性与丁苯橡胶相近，使用温度范围宽，可在−60℃下使用。黏着性差，硫化速度慢	车辆配件、蒸汽胶管、胶带、耐热运输带、密封圈、散热软管、化工设备衬里、电线绝缘层等
硅橡胶	−100～300	4～10	优异的耐高、低温性能（−100～300℃），良好的耐候性、耐臭氧老化性和电绝缘性。但力学强度较低，价格高	制作耐高温、低温橡胶制品，如管道接头，高温下使用的垫圈、密封件、电线绝缘层
氟橡胶（FPM）	300	20～22	优异的耐腐蚀性、耐高温性（可达300℃）、耐臭氧性和大气老化性，可加工性、耐寒性差，价格高	制作耐蚀件、高级密封件，高真空橡胶件、特种电线和电缆护套等
聚硫橡胶	−55～115	20～35	耐磨性最好，优良的耐油性，但耐水、酸碱的性能差，最高使用温度为80℃	制作胶辊、实心轮胎、耐磨制品、特种垫圈等

11.3　陶瓷

陶瓷是各种无机非金属材料的通称，传统上主要是指用天然黏土烧制成的陶器和瓷器，也包括玻璃、搪瓷、耐火材料、砖瓦、水泥、石灰、石膏等人造无机非金属材料。近20年来，随着材料科学的进步，通过人工合成化合物方法研制出了许多高性能的工程陶瓷。

11.3.1　陶瓷的基本知识

1. 陶瓷的分类及成分

陶瓷按材料来源可分为普通陶瓷（又称传统陶瓷）和工程陶瓷（又称特种陶瓷或新型陶瓷）；按用途可分为日用陶瓷和工业陶瓷；按性能分为高强度陶瓷、高温陶瓷、耐酸陶瓷等。

普通陶瓷的主要成分为黏土。按照性能特点和用途，可分为日用陶瓷、建筑陶瓷、电器绝缘陶瓷（高压电瓷）、化工陶瓷、多孔陶瓷等。

工程陶瓷是一些具有各种特殊力学、物理或化学性能的陶瓷。按化学成分主要有氧化物陶瓷（如 Al_2O_3、MgO、CaO、BeO、ZrO_2 等）、碳化物陶瓷（如 SiC、WC、BC、TiC 等）、氮化物陶瓷（如 Si_3N_4、BN 等）等。按照性能特点和应用，可分高温陶瓷、压电陶瓷、磁性陶瓷、电光陶瓷等，在机械工程中应用较多的是高温陶瓷。

2. 陶瓷的组织结构

从狭义上来讲，陶瓷通常包括陶瓷、瓷器。从广义上来讲，陶瓷还包括砖瓦、耐火材料、玻璃、珐琅、各种元素的碳化物、氮化物、硼化物、硅化物、氧化物等无机非金属材料以及水泥和石墨。尽管陶瓷的类别各不相同，然而其显微结构可归结为三种相，即晶相、玻璃相和气相。它们各自的数量、形状及分布对陶瓷的性能起着决定性的作用。图 11-8 和图 11-9 所示分别为陶瓷的内部组成示意图及陶瓷内部组成显微照片。

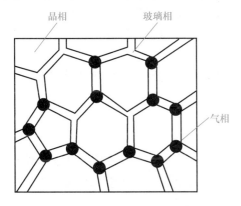

图 11-8　陶瓷的内部组成示意图

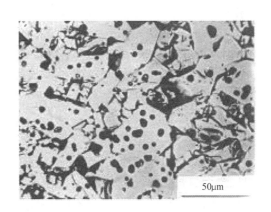

图 11-9　陶瓷内部组成显微照片

（1）晶相

晶相是陶瓷的主要组成相，它由某些固溶体或化合物组成，一般是多晶体，同金属一样，存在晶粒与晶界，细化晶粒及亚晶的存在同样可以提高陶瓷的强度并影响其他性能。晶相可以是离子键为主的离子晶体，如 Al_2O_3、MgO 等，也可以是共价键为主的共价键晶体，如金刚石、SiO_2 等，但多数为二者的混合型。从晶格结构上看，常见的有硅酸盐结构和氧化物结构两类。

（2）玻璃相

陶瓷在烧结过程中，有些原料如 SiO_2 等已处于溶化状态。但在熔点附近，SiO_2 的黏度很大，原子迁移困难，所以当液态 SiO_2 冷却到熔点以下时不能排列成晶体状态，而形成过冷液体。当过冷液体继续冷却到玻璃化转变温度 T_g 时则凝固为非晶态的玻璃相。其主要作用是将分散的晶相黏结在一起，降低烧结温度，抑制晶体长大以及填充气孔、空隙等。但玻璃相的熔点低、热稳定性差、机械强度低于晶相，所以工业陶瓷中玻璃相应控制在 20% ~40%。

（3）气相

气相是陶瓷组织中的气孔。它常以孤立状态分布于玻璃相中，或以细小气孔存在于晶界或晶内。气相是应力集中的地方，并导致陶瓷强度和抗电击穿能力降低、透明度变差，但当要求比重小、质量轻或绝缘性好时，却希望保留一定量气相（一般约占陶瓷体积的 5% ~10%）。

3. 陶瓷的性能特点及应用

1）力学性能。由于陶瓷材料的结合键为共价键和离子键及其混合键，而且键的能量很高，所以它的弹性模量和硬度都很高。弹性模量比金属高几倍，比塑料则高出几十倍。一般陶瓷的硬度为 1000 ~ 5000HV，而淬火钢只有 500 ~ 800HV，高分子材料最硬则不超过 20HV。陶瓷的理论强度很高，但由于其组织中存在晶界，使实际强度大大降低，在常温下几乎没有塑性，受载时不发生塑性变形就在较低的应力下断裂。陶瓷韧性极低或脆性极高，阻碍其应用，所以改善陶瓷韧性的研究非常重要。

2) 热性能。陶瓷是工程上常用的耐高温材料，多数金属在 1000℃ 以上即丧失强度，而陶瓷工作温度高达到 1400℃ 左右，陶瓷的热膨胀系数和导热性一般低于金属，且抗震性较差。

3) 电性能。陶瓷中无自由运动的电子，具有极高的电阻率，是传统的绝缘材料，有些陶瓷具有半导体特性，可用作整流器元件。

4) 化学性能。陶瓷的组织结构稳定，因此不仅抗氧化而且对大多数酸、碱、盐物质具有良好的抗腐蚀能力。

普通陶瓷由于制造工艺简单，成本低廉，应用非常广泛。普通陶瓷除了用作餐具、茶具及工艺美术品外，由于其热稳定性好、外观光泽好，在建筑装饰、卫生洁具方面广泛应用；由于其耐蚀性好，在食品化工管道、耐蚀容器及试验器皿方面广为应用；由于其具有优良的电绝缘性、耐热性、硬度等，可用作电工绝缘件、热电偶套管等。

工程陶瓷由人工合成的高纯度、高硬度原料制成，具有更高的硬度、耐热性及耐蚀性，而具有较高的硬度，可用于高温结构件、耐蚀耐磨件、工具件等。

4. 陶瓷的制备

陶瓷制备的基本工艺是原料的制备、坯料的成形、制品的烧结等三大步骤。

1) 原料的制备。普通陶瓷的主要原料为黏土、石英、长石，原料矿物经过拣选、破碎等工序后，进行配料，然后再经过混合、磨细等加工，得到规定要求原料。对于工程陶瓷，原料的纯度和粒度都有更高的要求，一般采用人工合成的化学或化工原料。

2) 坯料的成形。成形的目的是将坯料加工成一定形状和尺寸的半成品，使坯料具有必要的机械强度和一定的致密度。主要的成形方法主要有压制成形、注射成形、注浆成形、等静压成形等。成形后的坯件的强度不高，常含有较高的水分，必须进行干燥。

3) 制品的烧结。干燥后的坯件加热到高温进行烧成或烧结，目的是通过一系列物理化学变化，成瓷并获得要求的性能（强度、致密度等）。

下面简要介绍陶瓷的主要成形方法。

(1) 压制成形

将陶瓷粉料装入模具内，在一定的压力（一般为 40 ~ 100MPa）作用下，粉料产生移动、变形、粉碎而逐渐靠拢，所含气体同时被挤压排出，形成较致密的具有一定形状、尺寸的压坯，然后开模取出坯体。图 11-10 所示为压制成形示意图。

该法操作方便，生产周期短，效率高，易于实现自动化生产，坯体致密度较高，尺寸较精确，烧结收缩小，制品强度高。但成形坯体密度不太均匀，所需的设备、模具费用较高。适宜大批量生产形状简单（圆截面形、薄片状等）、尺寸较小（高度为 0.3 ~ 60mm、直径为 5 ~ 50mm）的制品。

(2) 注浆成形

将陶瓷原料粉体悬浮于水中制成料浆，注入多孔质模型内，借助模型的吸水能力将料浆中的水吸出，从而在模型内形成坯体，如图 11-11 所示。

注浆成形设备简单、投资较少，但制品质量差，生产效率低。适于制造大型、薄壁及形状复杂的制品。

(3) 注射成形

将陶瓷粉和有机黏结剂混合后，加热混炼并制成粒状粉料，经注射机，在 130 ~ 300℃ 温度

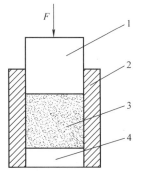

图 11-10　压制成形示意图

1—冲头　2—模具筒

3—陶瓷粉　4—模底

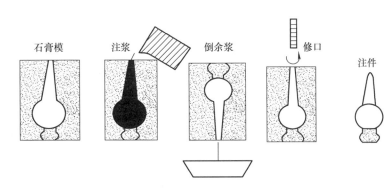

图 11-11　注浆成形示意图

下注射到金属模腔内，冷却后黏结剂固化成形，脱模取出坯体。陶瓷注射成形是结合塑料的注射成形技术发展起来的，与塑料的注射成形相似。

注射成形的坯体密度均匀，烧结体精度高，且工艺简单、成本低。但生产周期长，金属模具设计困难，费用昂贵。适于形状复杂、壁薄（0.6mm）、带侧孔制品（如汽轮机陶瓷叶片等）的大批量生产。图 11-12 所示为氧化锆陶瓷注射成形零件。

（4）等静压成形

把陶瓷粒料或粉料置于有弹性的软模中，使其受到液体或气体介质传递的均衡压力而被压实成形的一种新型压制成形方法，其成形示意图如图 11-13 所示。等静压成形可分为冷等静压成形与热等静压成形两种。陶瓷的等静压成形与粉末冶金的等静压成形相似。

等静压成形坯体密度高且均匀，烧结收缩小，不易变形，制品强度高、质量好，适于形状复杂、较大且细长制品的制造。但等静压成形设备成本高。

图 11-12　氧化锆陶瓷注射成形零件

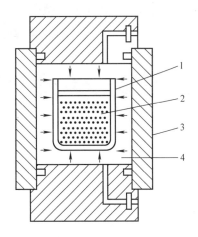

图 11-13　等静压成形示意图

1—橡胶模　2—粉料

3—高压容器　4—压力传递介质

11.3.2　常用工程陶瓷的性能及应用

工程陶瓷具有比一般陶瓷更好的耐高温、耐冲刷、耐腐蚀、高耐磨、高强度、低蠕变速率等一系列优异性能，可以承受金属材料和高分子材料难以胜任的严酷工作环境，在能源、航天航空、机械、汽车、冶金、化工、电子、医药、食品等行业有广阔的应用前景，往往在高温下作为结构材料使用，因而又叫高温结构陶瓷。

1. 工程陶瓷的性能特点及应用

工程陶瓷的原料为人工合成的各种氧化物、氮化物、碳化物等，且原料粉的粒度极细，其内部结构细小致密，各方面性能优于普通陶瓷。

1）高强度。工程陶瓷强度很高，特别是氧化锆陶瓷，室温抗弯强度可达 $1000 \sim 1500\text{MPa}$。

2）高硬度、高耐磨性。工程陶瓷的硬度高，有的还具有自润滑性，摩擦因数小，耐磨性好。

3）耐蚀性极好。工程陶瓷能耐几乎所有的无机酸（氢氟酸除外）和30%以下的烧碱溶液。还可以耐很多熔融的有色金属的侵蚀。

4）质量轻。氧化铝密度一般只有 3.6g/cm^3 左右，碳化硅为 2.7g/cm^3 左右，氧化锆为 6g/cm^3 左右。

5）耐热性能好。工程陶瓷的耐热性很高，目前工程陶瓷的最高使用温度可达1400℃以上。

6）绝缘性好。工程陶瓷具有优良的电绝缘性。

工程陶瓷可用于航空飞机、宇宙飞船等尖端技术领域中的高温结构件，如发动机燃烧室、燃烧室喷嘴、火箭尾部喷嘴等；可用于高温高强度件，如高温轴承、发动机转子叶片等；可用于汽车发动机，如丰田公司研究的全陶瓷发动机可以在超过3300℃的温度下工作，因陶瓷发动机不需要冷却系统，可以减轻很大一部分重量，从而提高燃料使用效率，降低油耗；可用于耐蚀耐磨件，如化工管道、阀门、柴油机气缸、活塞等；可用于机械行业的高硬度件，如切削刀具、轴承套圈、轴承滚珠等；可用于军工行业，制作防弹背心，军用飞机驾驶员座舱的防护层等。图11-14所示为工程陶瓷制作的高温喷嘴、高温阀门、高温轴承。

a) 高温喷嘴　　　　　　　b) 高温阀门　　　　　　　c) 高温轴承

图 11-14　工程陶瓷工件

2. 常用工程陶瓷的性能及应用

（1）氧化铝陶瓷（Al_2O_3）

其力学性能、使用温度和耐蚀性随氧化铝含量的增加而提高。氧化铝陶瓷具有很高的热硬性，它比硬质合金还硬，而且能耐 $1200 \sim 1450$℃的高温，在机械工业中常用作刀具材料，进行高速切削。其缺点主要是抗弯强度和冲击韧性差，切削时容易崩刃。目前一般制成多边形不重磨刀片，主要用于半精加工和精加工有色金属、铸铁以及各种钢料。在 Al_2O_3 基体中添加某些高硬度、难熔碳化物（如 TiC 等）和其他金属元素（如 Ni、Mo 等），可提高其抗弯强度，扩大其应用范围。

（2）其他高熔点的氧化物陶瓷

BeO、CaO、ZrO_2、CeO_2、UO_2、MgO 等的熔点均在2000℃左右，甚至更高，具有一些特殊

的性能。如氧化镁陶瓷耐高温，抗熔融金属腐蚀，可用作坩埚，熔炼高纯度 Fe、Cu、Mo、Mg、V、Th 及其合金。氧化锆陶瓷耐高温，耐腐蚀，室温下为绝缘体，但 1000℃以上为导体，可用于制作高频电炉的坩埚和氧传感器的电子元件等。由于铍的吸收中子截面小，氧化铍陶瓷还可用作核反应堆的中子减速剂和反射材料。

（3）碳化物陶瓷（SiC、B_4C）

碳化物陶瓷最大的优点是高温强度高，在 1400℃时，其抗弯强度保持在 500～600MPa，而其他陶瓷在此温度下强度已显著降低。其次是导热性好，仅次于氧化铍陶瓷。热稳定性、耐蚀性、耐磨性也相当好。碳化物陶瓷主要用于制造火箭尾喷管的喷嘴，浇注金属的浇道口、炉管、燃气轮机叶片、高温轴承、热交换器及核燃料包封材料等。

（4）氮化硅陶瓷（Si_3N_4）

氮化硅陶瓷除具有陶瓷的共同特点外，其线胀系数比其他陶瓷材料小，并有良好的抗热震性和耐热疲劳性能，在空气中使用在 1200℃以上温度中仍能保持其强度，除氢氟酸外，可耐各种无机酸的腐蚀，并具有很好的绝缘性。氮化硅陶瓷主要用于制造形状复杂、尺寸精度要求高的零件，如各种潜水泵、船用泵、化工球阀的阀芯等，也可以用于制造刀具材料。

近年来出现的在 Si_3N_4 中添加一定数量 Al_2O_3 构成的新型陶瓷材料称为赛伦陶瓷，它可用常压烧结法达到或接近热压烧结氮化硅陶瓷的性能，是目前强度最高，并且有优异化学稳定性、耐磨性、热稳定性的陶瓷。

（5）氮化硼陶瓷（BN）

氮化硼陶瓷属共价晶体，其晶体结构与石墨相近，为六方晶系，故有"白石墨"之称。它具有良好的耐热性和导热性，在惰性气体中温度达到 2800℃时仍非常稳定，导热率与不锈钢相当，而膨胀系数比金属和其他陶瓷低得多。抗热震性和热稳定性均较好，高温绝缘性好，在 200℃时仍是绝缘体。化学稳定性高，能抗多种熔融金属侵蚀。硬度比其他陶瓷低，可进行切削加工，并具有自润滑性。常用于制造热电偶套管、熔炼半导体金属的坩埚和冶金用高温容器及管道、高温轴承、玻璃制品成形模、高温、高频电绝缘材料、半导体的散热绝缘零件以及高温轴衬耐磨材料。

常用工程陶瓷的种类、性能及应用见表 11-3。

表 11-3　常用工程陶瓷的种类、性能及应用

种类	抗弯强度 /MPa	抗拉强度 /MPa	断裂韧度/ $(MPa \cdot m^{1/2})$	性能特点	应用举例
氧化铝陶瓷（Al_2O_3，刚玉瓷）	250～490	140～150	4.5	强度、硬度高，耐高温，可在 1500℃下工作，优良的电绝缘性和耐蚀性，缺点是脆性大，抗急冷急热性差	用作高温坩埚、测温热电偶的绝缘套管、内燃机火花塞、切削高硬材料的刀具等
氧化锆陶瓷（ZrO_2）	180	148.5	2.4	耐热性高，耐蚀性好，热导率小，硬度高	用作高温坩埚、高温喷嘴、阀芯、密封件、刀具、模具等
碳化硅陶瓷（SiC）	530～700	—	3.4～4.3	高温强度很高，工作温度达 1700℃，抗蠕变性好、耐磨性及耐蚀性高，导热性好	火箭尾部喷嘴、高温轴承、轴套、轧钢导轮、热电偶套管等
氮化硅陶瓷（Si_3N_4）	200～300	141	2.0～3.0	具有好的耐蚀性，硬度高，耐磨性、电绝缘性能和抗急冷、急热性能好	泵的密封件、高温轴承、输送铝液的电液泵管道、阀门、燃气轮机叶片、刀具、转子发动机中的刮片等
氮化硼陶瓷（BN）	53～109	110	—	具有良好的耐热性，抗急冷、急热性好。热导率与不锈钢相当，热稳定性好	用作高温轴承、刀具、玻璃制品的成形模具等

注：表中 SiC 陶瓷和 Si_3N_4 陶瓷的性能数据为反应烧结法制备的材料。

11.4 复合材料

复合材料是由两种或更多种物理和化学性质不同的物质人工制成的一种多相固体材料，它既保留原组分材料的特性，又具有原单一组分材料所无法获得的或更优异的特性，近几十年来发展迅速。

11.4.1 复合材料的基本知识

1. 复合材料的成分、分类及表示方法

复合材料是由两种或两种以上的金属、高分子聚合物和陶瓷人工合成的多相材料，其相分为基体和增强相两类，基体起黏结的作用，增强相起提高强度的作用。

复合材料按性能分为功能复合材料和结构复合材料，机械行业用的多为结构复合材料。

复合材料按基体可分为非金属基（包括陶瓷和高分子材料）和金属基两类。

复合材料按照增强相的性质和形态，分为细粒复合材料、短切纤维复合材料、连续纤维复合材料、晶须复合材料、层叠复合材料、骨架复合材料以及混杂复合材料等。部分种类复合材料结构如图 11-15 所示。

a) 层叠复合材料　　b) 连续纤维复合材料　　c) 细粒复合材料　　d) 短切纤维复合材料

图 11-15　部分种类复合材料结构

复合材料的表示方法是根据增强材料与基体材料的名称来表示的。一般将增强材料的名称放前面，基体材料名称放后面，之间加"/"而成，如碳纤维增强铝合金复合材料，常写成 C_f/Al 复合材料，SiC 颗粒增强铝合金复合材料，常写成 SiC_p/Al 复合材料（下脚注"f""w""p"表示纤维、晶须和颗粒）。

2. 复合材料的组织

复合材料的微观组织为基体的形态和增强相的形态。图 11-16a 所示为质量分数为 4% 碳短纤维和质量分数为 8% 氧化铝纤维混杂增强的 ZL109（ZAlSi2Cu1Mg1Ni1）复合材料的组织，图中直径较细的是碳纤维，直径较粗的纤维是氧化铝纤维。可以看到，总体上纤维分布比较均匀，照片上针状的表明纤维平行或基本平行于观察面，椭圆形或圆形的表明纤维垂直或基本垂直于观察面。图 11-16b 所示粉末冶金法制备的含有质量分数为 15% 的 75μm 碳化硅颗粒增强铝合金（ZAlSi7Mg）的低倍组织，图中基体组织为等轴晶粒状的铝合金固溶体，多边形大颗粒状为碳化硅。

3. 复合材料的性能特点

（1）比强度和比刚度高

增强剂多是强度很高的纤维，所以复合材料的比强度和比弹性模量高于其基体材料。

（2）抗疲劳性能好

复合材料基体和增强纤维间的界面能够有效地阻止疲劳裂纹的扩展。疲劳破坏在复合材料中总是从承载能力比较薄弱的纤维处开始的，然后逐渐扩展到结合面上，由于基体中密布着大量纤

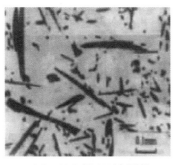
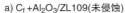

a) $C_f+Al_2O_3/ZL109$(未侵蚀)　　　　　　　b) SiC_p/Al

图 11-16　铝合金复合材料的组织

维，疲劳断裂时，裂纹的扩展生长要经历非常曲折和复杂的途径，所以复合材料的疲劳极限比较高。碳纤维增强树脂的疲劳强度为抗拉强度的 70% ~ 80%，而一般金属材料仅为 30% ~ 50%。

（3）减振能力强

构件的自振频率与结构有关，并且与材料的弹性模量与密度之比（即比模量）的平方根成正比。复合材料的比模量大，所以它的自振频率很高，在一般加载速度或频率的情况下，不容易发生共振而快速断裂。另外，复合材料是一种非均质多相体系，其中有大量（纤维与基体之间）的界面，界面对振动有反射和吸收作用；一般基体的阻尼也比较大，因此在复合材料中振动的衰减都很快。复合材料的减振能力比钢强得多。

（4）高温性能好

增强剂纤维大多有较高的弹性模量，因而常有较高的熔点和较高的高温强度。玻璃纤维增强树脂工作温度可以到 200 ~ 300℃。铝在 400 ~ 500℃ 以后完全丧失强度，但用连续的硼纤维或碳化硅纤维增强的铝基复合材料，在这样的温度下仍有较高的强度。用钨纤维增强钴、镍或是它们的合金时，可把这些金属的使用温度提高到 1000℃ 以上。此外，由于复合材料高温强度好，耐疲劳性好和纤维与基体相容性好，热稳定性也很高。

（5）减磨、耐磨、自润滑性能好

在热塑性塑料中加入少量短纤维，或者在金属中加入硬质陶瓷微颗粒可以大大提高它的耐磨性，如聚氯乙烯与碳纤维复合后耐磨性能增加 3.8 倍，还降低了摩擦因数。氧化铝短纤维与铝合金复合后，与轴承钢组成摩擦副做磨损实验时，磨损量仅为铝合金的 1/96。碳纤维增强塑料具有良好的自润滑性能，可用于制造无油润滑活塞环、轴承和齿轮。

（6）组成各种多功能材料

复合材料可以将完全不同性质的材料进行复合，构成特殊多功能的复合功能材料。例如，由黄铜片和铁金属片组成的双金属片复合材料，就具有可控式温度开关的功能。由两层塑料中间加一层铜片所构成的复合材料，能在同一时间里在不同方向上具有导电和隔热的双重作用。

（7）成形工艺简单灵活及材料、结构的可设计性高

复合材料可以通过纤维种类和不同排布的设计，把潜在的性能集中到必要的方向，使增强材料更有效地发挥作用。例如，用缠绕法制造容器或火箭的发动机外壳，使玻璃纤维的方向与主应力的方向一致时，可将这个方向上的强度提高到树脂的 20 倍以上，最大限度地发挥材料潜力，减轻构件的质量。

4. 复合材料的应用

复合材料可用于要求轻质高强和高刚度的零件，如飞机的桁条、蒙皮，火箭的壳体，卫星的

支架、天线；可用于耐磨件，如汽车火车的制动盘、发动机活塞等；可用于耐高温、抗烧蚀的零件，如导弹的头部防热层、航天飞机的防热前缘和火箭发动机的喷管等；可用于有光电性能及磁性能要求的信息传输技术领域，如光纤、光缆芯和管、磁盘片、屏蔽罩等。此外，功能复合材料还可以制造用于生物分离的各种膜材料。

碳纤维复合材料在飞机上的应用非常广泛，如图11-17所示。在汽车上的应用也日益广泛，如碳纤维复合材料可用作汽车传动轴、板簧、构架和制动片等制件，宝马汽车的BMW i3和i8采用了全碳纤维车身。图11-18a所示为我国研制的长碳纤维增强尼龙复合材料汽车轮毂，图11-18b所示为铝基复合材料汽车制动盘。

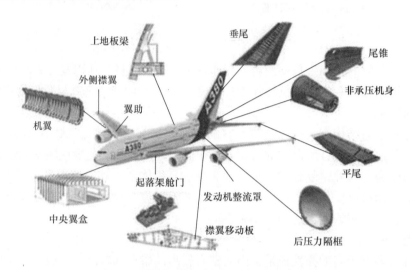

图11-17　碳纤维复合材料在A380飞机上的应用

5. 复合材料的制备

复合材料中以玻璃、碳、硼等纤维，碳化硅、氮化硅、氧化铝等颗粒作为增强相的材料最为常见；以树脂、金属为基体的应用较多，陶瓷基复合材料也有应用。复合材料中基体及增强剂的形状不同，其制备工艺也不同。

（1）树脂基复合材料的成形

树脂基复合材料是将增强相（玻璃纤维、碳纤维、硼纤维等）

a) 长碳纤维增强尼龙复合材料汽车轮毂

b) 铝基复合材料汽车制动盘

图11-18　复合材料制造的汽车零件

与树脂复合而成，主要有手糊成形法、缠绕成形法、喷射成形法和模压成形法等。

1）手糊成形法。以手工作业为主，把玻璃纤维织物和树脂交替层铺在模具上，然后固化成形为玻璃钢制品的工艺，如图11-19所示。手糊成形法的优点是操作灵活，制品尺寸和形状不受限制，模具简单，但生产效率低、劳动强度大。该法主要适用于多品种、小批量生产精度要求不高的制品。手糊成形制作的玻璃钢产品广泛用于建筑制品、造船业、汽车、火车、机械电气设备等，如生产波形瓦、浴盆、玻璃钢大棚、贮罐、风机叶片、汽车壳体、保险杠、各种油罐、配电箱、赛艇等。

2）缠绕成形法。是在控制纤维张力和预定线形的条件下，将连续的纤维粗纱或布带浸渍树脂胶液，连续地缠绕在与制品内腔尺寸相对应的芯模或内衬上，然后在室温或加热条件下使之固化成形为一定形状制品的方法，如图 11-20 所示。缠绕法获得的复合材料制品有以下特点：比强度高，缠绕成形玻璃钢的比强度三倍于钢，可使产品结构在不同方向的强度比最佳。缠绕成形多用于生产圆柱体、球体及某些正曲率回转体制品，对非回转体制品或负曲率回转体则较难缠绕。

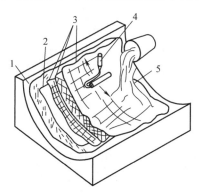

图 11-19　手糊成形法示意图

1—模具　2—胶层

3—纤维织物　4—压辊　5—树脂

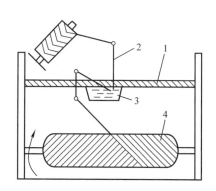

图 11-20　缠绕成形法示意图

1—平移机构　2—纤维

3—树脂槽　4—制品

3）喷射成形法。喷射法是利用喷枪将纤维切断、喷散、树脂雾化，并使两者在空间混合后，沉积到模具上，然后经压辊压实的一种成形方法，如图 11-21 所示。喷射成形法效率高，制品无接缝，适应性强。该方法用于制造汽车车身、船身、浴缸、异形板、机罩等。

4）模压成形法。模压法是将浸渍料或预混料先做成制品的形状，然后放入模具中加热、加压，使树脂塑化和流动熔融成形，经固化获得制品，如图 11-22 所示。模压成形法工艺简便、制品尺寸精确、表面光洁、力学性能高，广泛用于汽车车身、船体、罩壳等的成形。

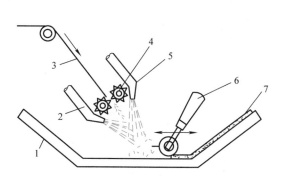

图 11-21　喷射成形法示意图

1—模具　2—树脂+引发剂　3—纤维　4—切割器

5—树脂+促进剂　6—压辊　7—制品

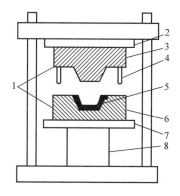

图 11-22　模压成形法示意图

1—加热或冷却　2—压板　3—阳模　4—定位销

5—模塑件　6—阴模　7—压板　8—液压机

（2）金属基复合材料的成形

金属基复合材料是将增强相（陶瓷颗粒或纤维、金属颗粒或纤维等）与金属基体复合而成，主要有粉末冶金法、液态金属浸渗法、挤压铸造法、共喷沉积法等。

1）粉末冶金法。粉末冶金法广泛用于各种颗粒、晶须及短纤维增强的金属基复合材料。其工艺与金属材料的粉末冶金工艺基本相同，首先将金属粉末和增强体均匀混合，在模具内加压烧结（热压）制成。也可将热压坯料通过挤压、轧制和锻造等二次加工制成型材或零件。此法是制备金属基复合材料，尤其是非连续纤维增强复合材料的主要工艺方法。

2）液态金属浸渗法。液态金属浸渗法是在一定条件下，将液态金属浸渗到增强材料多孔预制件的孔隙中，并凝固获得复合材料的方法。包括真空浸渗法、压力浸渗法、真空压力浸渗法等。真空浸渗法是通过真空将液态金属抽吸到预制件孔隙中，凝固后形成复合材料的方法。适于形状简单的板、管、棒等的制备。压力浸渗法是将液态金属在一定压力下浸渗到预制件孔隙中，在压力下凝固得到复合材料。真空压力浸渗法是在真空和高压惰性气体共同作用下，将液态金属压入预制件孔隙中的方法，图11-23所示为真空压力浸渗成形示意图。该法得到的材料组织致密、性能好，但设备复杂工艺周期长、效率较低、成本高。可用于多种金属基体和连续纤维、短纤维、晶须和颗粒等增强材料的复合，可用于形状复杂的零件成形。

3）挤压铸造法。挤压铸造法是对模具中的液态或半液态金属基复合材料施加一定的压力，使之在压力下凝固成形的工艺方法，图11-24所示为金属基复合材料挤压铸造成形示意图。该方法工艺简单，不用制备预制体，生产周期短，但增强体分布的均匀性不易保证。适于颗粒、晶须及短纤维增强的形状复杂的金属基复合材料零件的制备。

4）共喷沉积法。共喷沉积法是将液态金属基体通过特殊的喷嘴在惰性气流作用下雾化成细小液滴，同时将增强颗粒加入，共同喷在成形模具的衬底上，凝固成形为金属基复合材料，其成形示意图如图11-25所示。该法工艺简单、快速，一次复合成坯料，效率高，材料组织与快速凝固相近，组织细小、均匀，颗粒分布均匀。但气孔率较大（2%～5%），一般需经挤压致密化处理。可用于铝、铜、镍、钴、铁等各种金属基体，可加入各种陶瓷颗粒，可以生产圆棒、圆锭、板带、管材等。

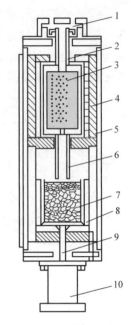

图11-23 真空压力浸渗成形示意图
（底部压入式）

1—上真空腔 2—上炉腔 3—预制件
4—上炉腔发热体 5—水冷炉套
6—下炉腔升液管 7—坩埚
8—下炉腔发热体 9—顶杆 10—气缸

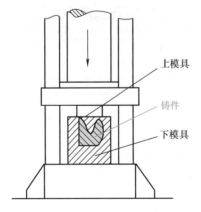

图11-24 金属基复合材料挤压铸造成形示意图

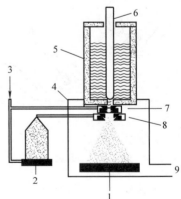

图11-25 金属基复合材料共喷沉积成形示意图

1—底板（管、坯、板等） 2—颗粒液化床
3—惰性气体 4—分解室 5—感应加热炉 6—挡杆
7—雾化器 8—颗粒喷射器 9—废气

除上述方法外，金属基复合材料也可以采用压力加工方法制备，如热轧法可以把增强纤维与金属箔材交替铺层，轧制成复合材料板材，也可以对颗粒增强复合材料锭坯进行轧制；热拔法可以制造金属丝增强金属复合材料；热挤压法可对颗粒、短纤维、晶须增强复合材料进行挤压等。

（3）陶瓷基复合材料的成形

对颗粒、晶须及短纤维增强的陶瓷基复合材料可以采用热压烧结成形和化学气相沉积成形等方法制造。对连续纤维增强的陶瓷基复合材料，可采用料浆浸渍热压成形方法。

1）热压烧结成形。热压烧结成形是将松散的或预成形的陶瓷基复合材料混合物在高温下通过外压使其致密化的成形方法。该方法只适用于制造形状简单的零件。

2）化学气相沉积（CVD）成形。化学气相沉积成形是将纤维做成所需形状的预成形体，在预成形体的骨架上开有气孔。在一定温度下，让气体通过并发生热分解或化学反应沉积出所需的陶瓷基质，直至预成形体中各孔穴被完全填满。该法生产的制品密度高，成分均匀，但沉积时间长，生产效率低，成本较高。可用于高致密度、高强度、高韧性的复杂形状复合材料制品的制造。

3）料浆浸渍热压成形。料浆浸渍热压成形是将纤维置于陶瓷粉浆料中，使纤维黏附一层浆料，然后将纤维布排成一定结构，经干燥、排胶和热压烧结成为制品。该方法的优点是不损伤增强纤维，不需成形模具，能制造大型零件，工艺较简单，因此广泛用于连续纤维增强陶瓷基复合材料的成形。

11.4.2 常用复合材料的代号、成分、性能及应用

1. 聚合物基复合材料

聚合物基复合材料在结构复合材料中应用最广，主要有玻璃纤维、碳纤维、芳纶纤维、硼纤维、碳化硅纤维等增强复合材料。为了获得更高比强度、比模量的复合材料，除主要用于玻璃钢的酚醛树脂、环氧树脂和聚酯外，还研究与开发了许多耐热性好的基体树脂，如聚酰亚胺（PI）、聚苯硫醚（PPS）、聚醚砜（PES）和聚醚醚酮（PEEK）等热塑性树脂。

（1）玻璃钢（玻璃纤维增强塑料，GFRP）

GFRP 是一种采用玻璃纤维增强塑料，以酚醛树脂、环氧树脂、聚酯树脂等热固性树脂以及聚酰胺、聚丙烯等热塑性树脂为基体的聚合物基复合材料。GFRP 是物美价廉的复合材料，其突出特点是密度低、比强度高。玻璃钢密度为 $1.6 \sim 2.0 \text{g/cm}^3$，比铝还低，GFRP 中环氧玻璃钢的比强度达 2800MPa，远高于钢及高强合金。三种 GFRP 与钢、铝、高强合金三种金属材料的性能对比见表 11-4。

表 11-4 GFRP 与金属材料的性能对比

性能	材料名称					
	聚酯玻璃钢	环氧玻璃钢	酚醛玻璃钢	钢	铝	高强合金
相对密度	1.7 ~ 1.9	1.8 ~ 2.0	1.6 ~ 1.85	7.8	2.7	8.0
抗拉强度/MPa	180 ~ 350	70.3 ~ 298.5	70 ~ 280	700 ~ 840	70 ~ 250	12.8
抗压强度/MPa	210 ~ 250	180 ~ 300	100 ~ 270	350 ~ 420	300 ~ 100	—
抗弯强度/MPa	210 ~ 350	70.3 ~ 470	1100	420 ~ 460	70 ~ 100	—
吸水率（%）	0.2 ~ 0.5	0.05 ~ 0.2	1.5 ~ 5	—	—	—
热导率/［W/（m·K）］	1.026	0.732 ~ 1.751	—	0.157 ~ 0.869	0.844 ~ 0.962	—
线胀系数/（$\times 10^{-4}$/℃）	—	1.1 ~ 3.5	0.35 ~ 1.07	0.012	0.023	—
比强度/MPa	1600	2800	1150	500	—	1600

玻璃钢在需要轻质高强材料的航空航天工业上得到了广泛应用，如飞机的雷达罩、机舱门、燃料箱、行李架和地板等。火箭结构材料不但要求具有高比强度和比模量，而且还要求材料的耐烧蚀性能，玻璃钢可满足这些性能，可用于航天工业中做火箭发动机壳体、喷管。

在现代汽车工业中为了减轻自重、降低油耗，玻璃钢也得到了大量应用，如汽车车身、保险杠、车门、挡泥板、灯罩以及内部装饰件等。除了比强度高外，玻璃钢还具有良好的耐腐蚀性能，在酸、碱、海水，甚至有机溶剂等介质中很稳定，耐腐蚀性超过了不锈钢，因此，在石油化工工业中玻璃钢得到了广泛应用，如用玻璃钢制成的贮罐、容器、管道、洗涤器、冷却塔等。玻璃钢也用于体育用品，如快艇、帆船、滑雪车、自行车赛车、滑雪板等。此外，玻璃钢具有透光、隔热、隔声和防腐蚀等性能，玻璃钢型材可作为轻质建筑材料。

（2）碳纤维增强聚合物基复合材料（CFRP）

在要求高模量的结构件中，往往采用高模量的纤维，如碳纤维、硼纤维或SiC纤维等增强复合材料。其中应用最广泛的是CFRP，其密度更低，具有比GFRP更高的比强度和比模量，比强度是高强度钢和钛合金的5~6倍，是玻璃钢的2倍，比模量是这些材料的3~4倍。

CFRP应用在航天工业中，如航天飞机有效载荷门、副翼、垂直尾翼、主起落架门、内部压力容器等，使航天飞机的自重大大降低。此外国际空间站的大型结构桁架及太阳能电池支架也采用了CFRP。由于碳纤维的价格高，CFRP主要应用于航空航天领域。但随着碳纤维研究开发工作的深入，碳纤维价格在不断降低，因此在应用玻璃钢的一些领域也开始采用更轻、更强和刚度更高的CFRP。近年来，随着汽车减重的发展趋势，CFRP在汽车上的应用也日益增多。碳纤维复合材料在汽车上的应用情况见表11-5。

表11-5 碳纤维复合材料在汽车上的应用情况

序号	车型	特　点	上市时间
1	BMW i3	碳纤维车身+铝合金底盘，纯电动，年产3万辆	2013年
2	BMW i8	碳纤维+铝合金，混合动力，年产7000辆	2013年
3	奥迪R8	碳纤维，减重50kg	2014年
4	奥迪TT	碳纤维，减重250kg	2015年
5	新BMW5	碳纤维，减重180kg	2016年
6	Ford Shelby GT350R	标配碳纤维轮毂	2017年
7	MINI	Carbon Edition	2015年
8	保时捷817	全碳纤维热塑	2017年

2. 金属基复合材料（MMC）

MMC与聚合物基复合材料相比耐高温性好，具有高的比强度和比模量。MMC的金属基体大多是属于密度低的轻金属，如铝、镁、钛等，只有作为发动机叶片材料才考虑密度较大的镍和钴基高温合金等。因此，MMC以基体来分类可分为：铝基、钛基、镁基和高温合金基复合材料。MMC还具有高韧性、耐热冲击性，具有好的导电和导热性，并可和金属材料一样进行热处理和其他加工来进一步提高性能。

MMC中应用最广的是铝基复合材料，它与铝合金相比，具有更高的比强度和比模量，可以进一步减轻结构件的质量。铝基复合材料已用于国际空间站结构材料，如主结构支架等，飞机结构件，如发动机风扇叶片、尾翼等。由于Al_2O_3颗粒或短纤维、SiC颗粒或晶须、B_4C颗粒增强的铝基MMC具有良好的高温力学性能、导热性和耐磨性，因此可制成汽车发动机的气缸套、活塞（活塞环）、连杆以及制动器的制动盘、制动衬片等。铝基复合材料也可用于体育用品，如自行车赛车车架、棒球击球杆等。

3. 陶瓷基复合材料（CMC）

陶瓷材料具有高强度、高模量、高硬度以及耐高温、耐腐蚀等许多优良的性能。但陶瓷材料特有的脆性、抗热震性能差以及对裂纹、空隙等缺陷很敏感，又限制了其在工程领域作为结构材料的广泛使用。因此需要采用纤维、晶须、颗粒等材料增强增韧提高陶瓷材料的韧性。

目前 CMC 的基体主要有玻璃陶瓷（如锂铝硅玻璃、硼硅玻璃）和氧化铝、碳化硅、氮化硅等，采用的增强材料有碳化硅纤维、碳纤维、碳化硅晶须、碳化硅颗粒、氧化铝颗粒等。典型的 CMC 有 SiC/SiC、C/SiC、SiC/Al$_2$O$_3$、SiC/Si$_3$N$_4$、ZrO$_2$/Al$_2$O$_3$ 等。从增韧效果来看，纤维增韧效果最佳，而晶须和颗粒增韧的 CMC 虽然不如纤维增韧，但与陶瓷基体相比仍有较大提高，同时强度和模量也有较大提高。陶瓷材料与陶瓷基复合材料的性能比较见表 11-6。

表 11-6　陶瓷材料与陶瓷基复合材料的性能比较

材料	抗弯强度/MPa	断裂韧度/(MPa·m$^{1/2}$)	材料	抗弯强度/MPa	断裂韧度/(MPa·m$^{1/2}$)
SiO$_2$	62	1.1	SiC（反应烧结）	530	4.3
SiC/SiO$_2$	825	17.6	SiC/SiC	750	25.0
Si$_3$N$_4$（反应烧结）	340	3.0	Al$_2$O$_3$	490	4.5
SiC/Si$_3$N$_4$	800	7.0	SiC/Al$_2$O$_3$	790	8.8

CMC 具有高硬度、耐蚀性和耐磨性，可用于现代高速数控机床中的高速切削刀具以及加工高硬度材料的切削刀具。CMC 的高温强度和模量高，可应用于航空航天领域，如发动机的高温叶片、燃烧室和导弹的鼻锥、火箭喷管等。此外，CMC 也可用于生物医学领域，如制作人工关节等。

4. 碳/碳复合材料（C/C）

碳/碳复合材料（C/C）是由碳纤维及其制品（碳毡、碳布等）增强的碳基复合材料。一般 C/C 是由碳纤维及其制品作为预制体，通过化学气相沉积法（CVD）或液态树脂、沥青浸渍碳化法来制备的。

C/C 的组成只有一个元素——碳，因此具有碳和石墨材料所特有的优点，如低密度、耐烧蚀性、抗热震性、高导热性和低膨胀系数等，同时还具有复合材料的高强度、高弹性模量等特点。C/C 还具有优异的摩擦磨损性，可作为飞机的制动盘材料。目前 60%～70% 的 C/C 主要用于摩擦材料。C/C 的还可用于生物医学领域，如人工心脏瓣膜、人工骨骼、人工牙根和人工髋关节等。C/C 具有高温性能和低密度特性，有可能成为工作温度达 1500～1700℃ 的航空发动机轻质材料，目前正在进行 C/C 航空发动机的燃烧室、整体涡轮盘及叶片的应用研究。

重 点 内 容

非金属材料的基本知识：了解塑料、橡胶、陶瓷、复合材料的成分特点、分类、性能、应用等。

思 考 题

1. 塑料通常是由哪些部分组成的？各组成物对塑料性能有何影响？
2. 工程塑料性能与金属比较有何特点？
3. 试分析热塑性和热固性塑料在性能和应用上的差异。
4. 简述常用工程塑料的性能特点及其主要应用实例。
5. 什么是陶瓷、普通陶瓷和特种陶瓷？

6. 陶瓷晶体有何特点? 它的显微结构存在哪几种相? 各相起何作用?

7. 简述陶瓷材料的优越性能及其原因。

8. 简述常用工程结构陶瓷的性能特点及其应用实例。

9. 何谓复合材料? 它比一般材料有何优越性?

10. 为何纤维与基体复合后能起增强的作用? 它的增强效果与哪些因素有关?

11. 试述纤维增强复合材料的性能特点。

12. 什么是玻璃钢? 热固性和热塑性玻璃钢在性能上有何不同?

第 12 章

机械零件的选材及热处理

机械零件选材及热处理是机械设计与制造的重要环节，许多机械装备的重大质量事故和安全事故都是因材料问题造成的。掌握各种工程材料的特性，对机械零件进行正确的选材及热处理、制订加工工艺路线非常关键。选材及热处理的基本要求是既要保证零件的使用性能，使其经久耐用，又要保证零件的加工工艺性，以提高生产率，还要保证零件制造的经济性，降低成本。零件选材及热处理的前提是要正确地进行零件的失效分析，正确掌握材料的选用原则。

12.1 机械零件的失效分析及选材

12.1.1 机械零件的失效分析

对机械零件进行失效分析，了解失效形式及原因，才能进行正确的选材及热处理。

1. 机械零件的失效形式

机械零件都具有一定的设计功能或寿命，如在载荷、温度、介质等作用下保持一定的几何形状和尺寸，实现规定的机械运动，传递力和能等。机械零件在使用过程中若失去原有的设计功能使其无法正常工作即为失效。失效零件有的是完全破坏不能使用，如螺栓、销钉的断裂，有的是虽然能工作但达不到设计的效果，如机床主轴、量具的磨损超差，有的是虽然能工作，但存在安全隐患，如轴、齿轮产生微裂纹。

机械零件的失效形式多种多样，根据零件的工作条件及失效特点将失效分为三大类：即过量变形失效、断裂失效、表面损伤失效，如图 12-1 所示。

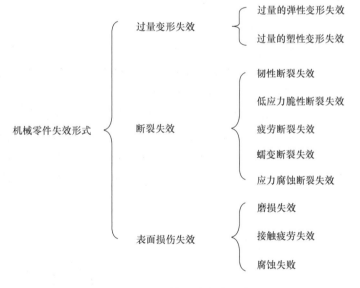

图 12-1 机械零件失效形式

（1）过量变形失效

过量变形失效是指零件在工作过程中产生超过允许值的变形量而导致整个机械设备无法正常工作，或者虽能正常工作但产品质量严重下降的现象，主要包括过量的弹性变形失效和过量的塑性变形失效两种。如车床主轴在工作过程中，发生过量的弹性弯曲变形，不仅振动加剧，使轴和轴承配合不良，而且会造成加工零件质量的严重下降。如高压容器的紧固螺栓发生过量塑性变形而伸长，从而导致容器渗漏。

（2）断裂失效

断裂失效是指零件在工作过程中完全断裂而导致整个机械设备无法工作的现象。断裂失效的主要形式有韧性断裂失效、低应力脆性断裂失效、疲劳断裂失效、蠕变断裂失效、应力腐蚀断裂失效等。

1）韧性断裂失效。是指零件在产生较大塑性变形后的断裂。这是一种有先兆的断裂，易防范，危险性较小。

2）低应力脆性断裂失效。是指在工作应力远低于屈服强度条件下，零件不产生明显的塑性变形而产生脆性断裂。脆性断裂常发生在有尖锐缺口或裂纹的高强度低韧性材料中，特别是在低温或冲击载荷下最容易发生。平面应变断裂韧度是衡量材料抵抗脆性断裂能力的力学性能指标。

3）疲劳断裂失效。是指在循环交变应力作用下零件产生的断裂，是断裂失效的主要形式。疲劳断裂主要发生在零件的应力集中区域，如刀痕、尖角、截面突变等处。采用表面强化处理（如喷丸等）在零件表面造成残留应力，可提高零件的抗疲劳能力。

4）蠕变断裂失效。是指在高温下长期负载工作的零件产生一定缓慢变形后的断裂。陶瓷材料、耐热铁基和镍基合金的蠕变抗力较高，塑料的蠕变抗力差，某些塑料甚至在室温下也会发生蠕变。

5）应力腐蚀断裂失效。是指零件在拉应力和特定的化学介质联合作用下所产生的低应力脆性断裂。应力腐蚀常发生在较小的拉应力和腐蚀性较弱的介质中，往往被人们所忽视而引起灾难性事故。

（3）表面损伤失效

表面损伤失效是指零件因表面损伤而造成机械设备无法正常工作或失去精度的现象，主要包括磨损失效、接触疲劳失效、腐蚀失效等。

此外，还有老化失效，是指高分子材料的零件在使用或存放过程中，由于受光、热、应力、氧、水、微生物等的作用，其性能逐渐恶化甚至丧失功能的现象。

图 12-2 所示为齿轮的主要失效形式，轮齿断裂、轮齿磨损、轮齿塑性变形等。轮齿断裂主要是由于齿顶所受载荷 F_n 过大，齿根处的应力集中过大造成；轮齿的齿面磨损主要是由于啮合齿面之间的滑动摩擦而产生的，造成齿形变瘦；轮齿塑性变形主要是由于轮齿硬度不够，齿轮在频繁起动或严重过载时，齿面在很大压力和摩擦力作用下使齿面金属表面局部产生塑性变形。

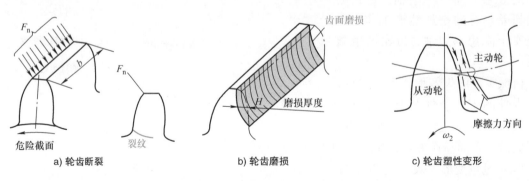

a) 轮齿断裂　　　　　　b) 轮齿磨损　　　　　　c) 轮齿塑性变形

图 12-2　齿轮的主要失效形式

2. 机械零件失效的原因

机械零件失效的原因很多，主要分为设计、选材、加工、使用四个方面。

1）设计。零件的结构形状和尺寸设计不合理容易引起失效。如存在尖角、尖锐缺口或过渡圆角太小等，造成较大的应力集中。另外，设计时对工作中可能的过载估计不足或低估了温度、介质的影响，即使选择的安全系数过大也会造成零件的失效。

2）选材。因选材造成的失效主要有两方面，一是在设计中对零件可能的失效形式判断有误，选材不当；二是选用的材料质量太差，存在气孔、疏松、夹杂等冶金缺陷。

3）加工。零件在加工和成形过程中，由于采用的工艺方法、工艺参数不正确，可能造成各种缺陷。如机加工中出现的表面粗糙度过大、刀痕较深、磨削裂纹等；热成形过程中产生的过热、过烧、内应力过大等；热处理工序中产生的氧化、脱碳、淬火变形与开裂等。这些缺陷是造成零件过早失效的原因。

4）使用。设备在安装过程中配合过紧或过松、对中不准、固定不紧、重心不稳、润滑条件不良、密封不好等都会引起机械零件的失效。

零件的失效情况很复杂，往往是多种原因共同作用的结果，因此必须全面考虑设计、选材、加工、使用等方面的问题，找到对零件失效起决定作用的主要原因。

12.1.2　机械零件选材的原则及方法

1. 机械零件选材的原则

（1）使用性能选材原则

使用性能是指零件在使用状态下材料应具备的力学性能、物理性能、化学性能等，是保证零件具备规定功能的必要条件，是选择材料时应首先考虑的因素。由于零件都要承受一定的载荷，因此力学性能是零件的主要使用性能。

根据零件的使用性能选材时，首先要分析零件的工作条件，包括零件的受力情况（如载荷类型、载荷形式、载荷分布及大小等）、零件的工作环境（如介质、工作温度等）、零件的特殊性能（如电性能、磁性能、热性能等）。然后进行失效分析，确定零件的主要失效形式，从而准确地确定零件的主要使用性能指标，如发动机曲轴的失效形式主要是疲劳断裂，其主要使用性能应是疲劳抗力，所以应以疲劳强度为主要失效抗力指标来设计、制造曲轴。

典型机械零件的工作条件及主要性能指标见表 12-1。

表 12-1　典型机械零件的工作条件及主要性能指标

零件名称	工作条件	主要失效形式	主要性能指标
传动齿轮	交变弯曲应力、交变接触压应力、冲击载荷、齿面受滚动摩擦	接触疲劳（麻点）、磨损、断齿	R_e, σ_N, HRC, a_K, 接触疲劳强度
曲轴、轴类	交变弯曲应力、扭应力、冲击载荷、颈部摩擦	疲劳断裂、过量变形、轴颈磨损	R_e, σ_N, HRC
弹簧	交变弯曲应力、扭应力、振动	疲劳断裂、弹性丧失	σ_e, R_e/R_m, σ_N
滚动轴承	点接触下的交变应力、滚动摩擦	磨损、疲劳断裂	R_m, σ_N, HRC

通常机械零件大多在弹性范围内工作，故常以强度作为主要性能指标，即以屈服强度 R_e（有时也用 R_m）为强度计算的原始数据；但仅根据材料的 R_e 来选择材料是不够的，还必须保证零件的工作应力 σ、材料的许用应力 $[\sigma]$ 和材料的屈服强度之间满足 $\sigma < [\sigma] = R_e/n$ 的关系。式中的 n 是保证零件安全工作而选取的安全系数，n 值的大小应综合考虑零件的工作状态、结构形状和表面状态后确定。

确定材料性能指标后，可在相关设计手册中查阅材料的性能数据，选择满足要求的材料。

（2）工艺性能选材原则

工艺性能表示零件材料加工的难易程度。所选材料具有好的工艺性能，可以方便、经济地得到合格的零件。零件材料的工艺性能主要包括铸造性能、锻造性能、焊接性能、热处理性能和切削加工性能等。

对铸造或焊接成形形状比较复杂、尺寸较大的零件，所选材料应具有良好的铸造性能或焊接性能，在结构上也要适应铸造或焊接的要求。

对冲压、挤压等冷变形成形零件，所选材料应具有较高的塑性，并要考虑变形对材料力学性能的影响。

对于切削加工的零件，应考虑材料的切削加工性能。

工艺性能有时会是零件选材的主要因素。例如汽车发动机箱体，对其力学性能要求不高，多数金属材料都能满足要求，但由于箱体内腔结构复杂，只能采用铸造成型。为了方便、经济地铸出箱体，应选用铸造性能较好的材料，如铸铁或铸造铝合金。在大批量生产时一般应要求材料具有良好的工艺性能。

（3）经济性能选材原则

在满足使用性能要求和保证加工质量的前提下，还需考虑机械零件选材的经济性。尽量选用价格低廉、货源充足、加工方便、总成本低的材料，而且尽量减少所选用材料的品种、规格，以简化供应、保管工作。部分机械工程材料的相对价格见表12-2，可见普通碳钢、合金钢的单位质量成本较低。有时在使用性能要求不高的情况下，考虑单位体积价格可能对选材更有利，某些高分子材料如聚乙烯、聚丙烯、聚苯乙烯、聚氯乙烯等的单位体积价格低于钢铁材料，属于便宜材料。

表12-2 部分机械工程材料的相对价格（单位质量）

材料	相对价格	材料	相对价格
普通碳钢热轧型材	1	聚氯乙烯	2.5
低合金钢	1.2~1.7	聚乙烯、聚丙烯	3.0
优质碳钢	1.4~1.5	泡沫塑料	2.5~3.5
合金结构钢	1.6~3.0	环氧树脂	4.5
合金工具钢	2.5~7.2	聚碳酸酯	10.0
高速工具钢	9.0~16.0	尼龙-66	12.0
不锈钢	6.0~14.0	聚酰亚胺	35.0
铝及铝合金	5.0~10.0	玻璃	4.0~4.5
铜及铜合金	8.0~16.0	Al_2O_3	35
镍	25	Co/WC 硬质合金	250
钛合金	40	胶合板	2.5
银	3000	玻璃纤维树脂复合材料	8.0~12.0
金	50000	碳纤维环氧树脂复合材料	500
工业金刚石	250000	硼纤维环氧树脂复合材料	1000

有时选用性能好的材料，虽然价格较贵，但可延长零件使用寿命，降低维修费用，反而是经济的。尤其是机器中的关键零件，其质量好坏直接影响整台机器的使用寿命，应该把材料的使用性能放在首要位置。

2. 机械零件选材及热处理的方法

机械零件选材的方法应视零件的品种和工作条件而定。如新设计的关键零件应先进行必要的力学性能试验，而常用零件（如轴类零件或齿轮等），可以参考同类型零件的有关资料和国内外失效分析报告等来进行选材。在按力学性能选材时，具体方法有以下三种：

（1）以综合力学性能为主进行选材及热处理

对气缸螺栓、锻锤杆、锻模、液压泵柱塞、连杆等截面上受均匀应力及冲击的机械零件，工作时承受变动载荷与冲击载荷时，其失效形式主要是过量变形与疲劳断裂，要求材料具有较高的强度、疲劳强度、塑性与韧性，既要求有较好的综合力学性能，还要求整个截面淬透，选材时应综合考虑淬透性与尺寸效应。一般应选用碳钢进行调质或正火，或选用合金钢进行调质或渗碳，也可选用球墨铸铁进行正火或等温淬火。

（2）以疲劳强度为主进行选材及热处理

对传动轴及齿轮等零件，虽然有综合力学性能的要求，但因其整个截面上受力不均匀（轴类零件表面承受弯曲、扭应力最大，而齿轮齿根处承受很大的弯曲应力），疲劳裂纹开始于受力最大的表层，因此主要要求强度，特别是弯曲疲劳强度。

为了提高疲劳强度，应选用抗拉强度较高的材料。在抗拉强度相同时，选用调质热处理也利于提高其疲劳强度，因为调质后的组织（回火索氏体）比退火、正火组织的塑性、韧性好，并对应力集中敏感性较小，因而具有较高的疲劳强度。

另外还可采用表面处理有效提高疲劳强度。如选用调质钢进行表面淬火，选用渗碳钢进行渗碳淬火，选用渗氮钢进行渗氮，以及对零件表面进行喷丸或滚压强化等。这些方法不仅可提高表面硬度，而且在零件表面造成残留压应力，部分抵消工作时产生的拉应力，从而提高疲劳强度。

（3）以耐磨性为主进行选材及热处理

受力较小、受摩擦较大的零件，其主要失效形式是磨损，故要求材料具有高的耐磨性，如各种量具、钻套、顶尖、刀具、冷冲模等，应选用过共析钢进行淬火及低温回火。以获得高硬度的回火马氏体和碳化物。在应力较低的情况下材料硬度越高，耐磨性越好；硬度相同时，弥散分布的碳化物相越多，耐磨性越好。

受摩擦与变动载荷、冲击载荷的零件，其失效形式主要是磨损、过量的变形与疲劳断裂。要求零件心部有一定的综合力学性能，且表面有高的耐磨性。如对传递功率大，耐磨性及精度要求高，冲击较小，接触应力较小的齿轮，可选用中碳合金钢渗氮处理。而对传递功率大、接触应力大、摩擦磨损大、冲击载荷较大的齿轮，应采用低碳合金钢渗碳处理。

对于在高应力和大冲击载荷作用下工作的零件（如铁路道岔、坦克履带等），不但要求材料具有高的耐磨性，还要求有很好的韧性，此时可选用高锰钢并进行水韧处理。

12.2　典型机械零件的选材及热处理

12.2.1　轴类零件

轴类零件，如机床主轴、内燃机曲轴、汽轮机转子轴、汽车半轴等，是各种机械中的关键零件，其主要作用是支承传动零件并传递运动和动力，带动回转零件如齿轮、带轮、螺旋桨等旋转，因此轴的质量直接影响机器的运转精度和工作寿命。

1. 轴类零件的失效分析及性能要求

（1）工作条件

轴类零件在机器中传递运动和转矩。转轴在工作时承受弯曲和扭应力的复合作用，心轴只承受弯曲应力，传动轴主要承受扭应力。除固定心轴外，所有做回转运动的轴所受应力都是对称循环变化的，即在交变应力下工作。

轴在花键、轴颈等部位和与其配合零件（如轮上的内花键或滑动孔、滑动轴承）之间有摩擦磨损。此外，轴还会受到一定程度的过载和冲击。

（2）主要失效形式

由于轴的受力复杂，而且其尺寸、结构和载荷差别很大，因此轴的失效形式很多，主要有疲劳断裂、过度磨损、过量变形、腐蚀等。如图12-3所示为轴类零件的主要失效形式断裂和磨损的照片。

图 12-3 轴类零件的主要失效形式断裂和磨损的照片

（3）主要性能要求

具有高的强度，足够的刚度及良好的韧性，以防止断裂及过量变形；具有高的疲劳强度，防止疲劳断裂；在相对运动的摩擦部位，如轴颈、花键等处，应具有较高的硬度和耐磨性。

在特殊条件下工作的轴应有特殊的性能要求。如在高温下工作的轴，要求有高的蠕变抗力，在腐蚀环境下工作的轴，要求有较高的耐腐蚀能力。

2. 轴类零件的选材及热处理

应根据轴类零件的形状、尺寸及受力情况进行选材及热处理。有机高分子材料由于弹性模量小，不适合作为轴的材料，陶瓷材料因为韧性差也不合适，轴的材料主要使用碳素结构钢和合金结构钢，一般是以锻件或轧制型材为毛坯，有时可选用球墨铸铁等。

轻载、低速、不重要的轴，主要考虑刚度，可选用 Q235、Q275 等碳素结构钢，这类钢通常不进行热处理。

受中等载荷而且精度要求一般的轴类零件主要考虑强度和耐磨性，常用优质碳素结构钢，如35、40、45、50 钢，其中 45 钢应用最多，一般要进行正火或调质处理。要求轴颈等处耐磨时，还要进行表面淬火和低温回火。

受较大载荷或要求精度高的轴以及受强烈摩擦或在高、低温等恶劣条件下工作的轴，应选用合金钢。常用的有 20Cr、40MnB、40Cr、40CrNi、20CrMnTi、12CrNi3、9Mn2V 和 GCr15 等钢。根据合金钢的种类及轴的性能，应采用调质、表面淬火、渗碳、氮化、淬火、低温回火等热处理。

对形状复杂、不便加工且综合力学性能要求中等的曲轴，可选用球墨铸铁，其热处理方法主要是退火、正火、调质及表面淬火等。对要求耐蚀性、耐磨性的化工设备或食品、医疗设备的轴可选用铜合金或不锈钢。

轴类零件的选材及热处理见表12-3。

表 12-3 轴类零件的选材及热处理

轴的工作条件	实例	选材	热处理及性能
承受较大载荷及摩擦的小轴	机床变速箱小轴	20、20Cr	渗碳，淬火，低温回火，58～62HRC
中速、中载、中等冲击的轴，承受交变弯曲及扭应力，主轴大端圆锥部位及花键部位摩擦较大	普通车床主轴	45、40Cr	调质，200～230HBW，表面淬火后锥处 45～50HRC，花键处 48～53HRC
较高转速，中载或重载，精度要求高，冲击较大，疲劳负荷较大的轴	磨床砂轮主轴	45Cr、42CrMo	调质，248～286HBW，轴颈表面淬火，≥45HRC
高速，中载，心部强度要求不高，精度要求不太高，冲击不大，但疲劳应力较大的轴	磨床、齿轮铣床等主轴	20Cr	渗碳，淬火，低温回火，58～62HRC

（续）

轴的工作条件	实例	选材	热处理及性能
重载，高速，冲击和疲劳应力都很高的轴	重型齿轮铣床、镗床等主轴	20CrMnTi、20MnVB、20CrMnMo	渗碳，淬火，低温回火，≥59HRC
重载，高速，精度要求很高，承受很高疲劳应力的轴	高精度磨床镗床主轴	38CrMoAl	调质 248～286HBW，轴颈渗碳，≥900HV
高载荷的外花键，要求高强度和耐磨，变形小	大型立式车床主轴	45	高频加热表面淬火，低温回火，52～58HRC
轻或中等载荷的外花键，低速，精度要求不高，稍有冲击	一般简易机床的轴	45	调质，225～255HBW
主要受扭应力的轴	电动机轴	35、45	正火，187～217HBW
要求足够抗扭强度和防腐性	水泵轴	330Cr13、440Cr13	油淬，42～48HRC
承受冲击，反复弯曲疲劳，瞬时超载而扭断，要求有足够的抗弯、抗扭、疲劳强度和较好的韧性	汽车半轴	40Cr、35CrMo、42CrMo、40CrMnMo	调质后中频表面淬火，表面硬度≥52HRC

3. 典型轴类零件的选材及热处理

（1）机床主轴

机床主轴通常承受中等载荷作用，中等转速并承受一定冲击，要求具有一定的综合力学性能。一般选用 45 钢制造，经调质处理后，对轴颈及锥孔处再进行表面淬火低温回火。机床主轴当所受载荷较大时，可选用 40Cr 钢制造。

图 12-4 所示为车床主轴简图，受交变弯曲及扭应力作用，但载荷、转速、冲击均不大，具有一般的综合力学性能即可，但大端的轴颈及锥孔经常与卡盘、顶尖摩擦，这些部分要有较高的硬度与耐磨性。因此选用 45 钢，调质处理后硬度为 220～250HBW，轴颈和锥孔表面淬火低温回火后硬度为 52HRC。其工艺路线为：下料→锻造→正火→粗加工→调质→精加工→局部表面淬火、低温回火→精磨。

正火可细化晶粒，调整硬度，改善切削加工性能；调质可得到高的综合力学性能和疲劳强度；局部表面淬火和低温回火可获得局部的高硬度和耐磨性。

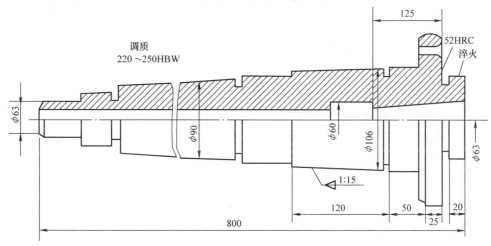

图 12-4　车床主轴简图

（2）内燃机曲轴

曲轴是内燃机中形状复杂而又非常重要的零件之一，它在工作时受气缸中周期性变化的气体压力、曲轴连杆机构的惯性力、扭转和弯曲应力及扭转振动和冲击力的作用，此外曲轴颈与轴承间有较大的滑动摩擦作用。曲轴的失效形式主要是疲劳断裂和轴颈严重磨损。通常根据内燃机转速不同选用不同的材料：低速内燃机曲轴用正火的 45 钢或球墨铸铁制造；中速内燃机曲轴选用调质 45 钢或球墨铸铁、调质中碳低合金钢，如 40Cr、45Mn2 等钢制造；高速内燃机曲轴选用高强度合金钢 35CrMo、42CrMo 钢制造。

图 12-5 所示为 175A 型柴油机曲轴简图，其柴油机功率不大，曲轴所受的弯曲、扭转、冲击均不大，要求整体有一定的综合力学性能，轴颈处有较高的硬度及耐磨性。可以选用 45 钢模锻、调质、切削加工、表面淬火低温回火的工艺。但考虑到其形状复杂，用 45 钢加工工序较多，可选用 QT700 - 2，其加工工艺路线为：铸造→高温正火→去应力退火→切削加工→轴颈气体渗氮。

高温正火（950℃）是为获得细珠光体组织，提高强度。去应力退火（560℃）是为消除正火的内应力。渗氮是为提高轴颈的硬度及耐磨性。

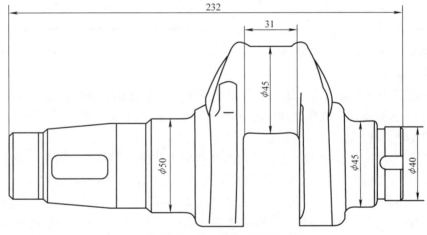

图 12-5　175A 型柴油机曲轴简图

12.2.2　齿轮类零件

齿轮是各类机械、仪表中应用最广的传动零件，其作用是传递动力、改变运动速度和运动方向。少数齿轮受力不大，仅起分度定位作用。齿轮的转速及直径大小、齿形差别较大，工作条件比较复杂，其材料及热处理方法也多种多样。

1. 齿轮类零件的失效分析及性能要求

（1）工作条件

齿轮工作的关键部位是齿根与齿面。齿根承受最大的交变弯曲应力，并有应力集中存在，在启动、换档或啮合不均匀时还承受冲击和过载；齿面承受循环接触压应力和滚动、滑动摩擦。此外，一些齿轮还受润滑油的腐蚀及外部硬质磨粒的摩擦等。

（2）主要失效形式

齿轮失效形式主要有轮齿折断（一般为疲劳断裂，主要因轮齿根部弯曲应力过大）、表面疲劳剥落（齿面受大的循环接触压应力造成表面疲劳）、齿面磨损、齿面塑性变形。图 12-6 所示为齿轮类零件主要失效形式。

（3）主要性能要求

高的接触疲劳强度和高的弯曲疲劳强度，齿面有高的表面硬度和耐磨性，轮齿的心部有足够

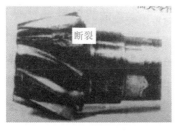

图 12-6　齿轮类零件主要失效形式

的强度和韧性。

另外，在齿轮副中，两齿轮齿面硬度应有一定差值（软齿面为 30 ~ 50HBW，硬齿面为 55HRC 左右）。一般小齿轮应比大齿轮硬度高些。

2. 齿轮类零件的选材及热处理

应根据齿轮的载荷大小、冲击大小、传动速度和精度要求等工作条件选用材料及热处理方法。另外，还要考虑传动方式（开式或闭式）、齿轮尺寸大小（淬透性）、齿轮副的硬度匹配等问题。陶瓷材料因为脆性大，不能承受冲击，不适合做齿轮。工程塑料材料（如尼龙、聚碳酸酯等）因强度低，只适合做受力不大或无润滑条件下工作的齿轮。铸铁材料（如 HT250、HT300、HT350、QT600 - 3、QT700 - 2 等）可用于某些开式传动的低中速齿轮或低应力、低冲击条件下工作的齿轮。一般多数情况下齿轮选用钢（锻钢或铸钢）。

轻载、低速或中速、冲击载荷小、精度较低的一般齿轮，如减速箱齿轮、机床等机械设备中不重要的齿轮，可选用 Q275、40、45、50、50Mn 等中碳钢材料，进行正火或调质等热处理，正火硬度为 160 ~ 200HBW；调质硬度一般为 200 ~ 280HBW，齿面硬度不高，易于磨合。

中载、中速、承受一定冲击载荷的齿轮，如机床中的大多数齿轮，可选用中碳钢或合金调质钢，如 45、50Mn、40Cr、42SiMn 等钢。经调质（或正火）及高频（或中频）表面淬火和低温回火，齿面硬度为 50 ~ 55HRC，具有表硬心韧的特点。

重载、高速或中速，且受较大冲击载荷的齿轮，如汽车、拖拉机的变速箱和后桥的齿轮，可选用低碳合金渗碳钢，如 20Cr、20CrMnTi、20CrNi3、18Cr2Ni4WA 等钢。进行渗碳、淬火、低温回火，齿面硬度为 58 ~ 63HRC，具有表面高硬心韧的特点。

载荷较小且平稳的精密齿轮或磨齿困难的内齿轮，如精密机床、数控机床的传动齿轮，可选用 35CrMo、38CrMoAlA 等氮化钢，进行调质及氮化处理，齿面硬度高达 65 ~ 70HRC，热稳定性好，并有一定的耐蚀性。

尺寸较大、形状复杂并受一定冲击的齿轮，不便锻造成形，应选用 ZG270 - 500、ZG310 - 570、ZG340 - 640、ZG40Cr1、ZG35Cr1Mo、ZG42Cr1Mo 等铸钢。一般要求不高、转速较慢的铸钢齿轮可在退火或正火处理后使用，如果耐磨性要求较高可进行表面淬火低温回火。也可选用 QT600 - 3、QT450 - 10、QT400 - 15 等球墨铸铁，进行正火或调质或等温淬火等热处理。

一些轻载、低速、不受冲击且精度要求低的开式传动齿轮，可选用 HT200、HT250、HT300 等灰铸铁。进行去应力退火或正火处理，硬度为 170 ~ 269HBW，为提高耐磨性还可进行表面淬火。灰铸铁组织中的石墨能起润滑作用，减摩性较好，不易胶合，而且切削加工性能好，成本低。

仪表中的轻载齿轮或接触腐蚀介质的齿轮，可选用一些抗蚀、耐磨的黄铜、铝青铜、硅青铜、锡青铜、硬铝和超硬铝等材料。

在仪表、医疗、食品、办公等小型机械中的轻载、无润滑条件下工作的小齿轮，可以选用工程塑料制造，常用的有尼龙、聚碳酸酯、夹布层压热固性树脂等。

齿轮类零件的选材、热处理及性能见表12-4。

表12-4　齿轮类零件的选材、热处理及性能

齿轮的工作条件	实例	选材	热处理及性能
低速轻载又不受冲击	—	HT200、HT250、HT300	去应力退火
低速轻载	车床滑板齿轮	45	调质，200~250HBW
低速中载又不受冲击	标准系列减速器齿轮	45、40Cr、40MnB、50、40MnVB	调质，220~250HBW
中速重载或中速中载无猛烈冲击	机床主轴箱齿轮、车床变速箱的次要齿轮	40Cr、40MnB、40MnVB、42CrMo、40CrMnMo、40CrNiMo	淬火中温回火，40~45HRC 调质或正火及表面淬火低温回火，50~55HRC
高速轻载或高速中载，有冲击的小齿轮	—	15、20、20Cr、20MnVB	渗碳，淬火低温回火，56~62HRC
高速中载，无猛烈冲击	机床主轴箱齿轮	40Cr、40MnB	高频淬火，50~55HRC
高速中载或高速重载，有冲击，外形复杂的重要齿轮	汽车变速箱齿轮、立车重要螺旋锥齿轮、高速柴油机及重型载重汽车和航空发动机等设备上的齿轮	20Cr、20CrMnTi、20Cr2Ni4A、20CrMnMo	渗碳，淬火低温回火或渗碳后高频淬火，齿面硬度56~62HRC，心部硬度25~35HRC
载荷不大的大齿轮	大型龙门刨齿轮	50Mn2、50、65Mn	淬火，空冷，≤241HBW
低速，载荷不大，精密传动齿轮	—	35CrMo	淬火，低温回火，45~50HRC
精密传动，有一定耐磨性的大齿轮	—	35CrMo	调质，255~302HBW
要求抗腐蚀性的	计量泵齿轮	9CrWMn	淬火、低温回火
要求高耐磨性的	鼓风机齿轮	45	调质

3. 典型齿轮的选材及热处理

（1）机床齿轮

机床齿轮工作平稳，无强烈冲击，中等转速，受载荷不太大，对齿轮心部强度和韧性的要求不太高，一般选用40或45钢制造。经正火或调质后进行表面淬火及低温回火，齿面硬度为52HRC，齿心硬度为220~250HBW。对性能要求较高的机床齿轮，可选用40Cr、40MnB等钢，齿面硬度达58HRC，心部强度和韧性也有所提高。

图12-7所示为C6132车床传动齿轮简图，工作时受力不大，转速不太高，所受冲击不大，选用45钢制造即可，其加工工艺路线为：下料→锻造→正火→粗加工→调质→半精加工→高频感应淬火、低温回火→精磨。

正火处理可使组织均匀化，消除锻造应力，调整硬度，改善切削加工性能；调质处理可使齿轮具有良好的综合力学性能，提高齿轮心部的强度和韧性，使齿轮能承受较大的弯曲应力和冲击载荷，并减小淬火变形；高频感应淬火可提高齿

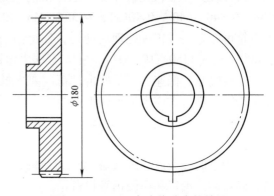

图12-7　C6132车床传动齿轮简图

轮的表面硬度和耐磨性，提高齿面接触疲劳强度；低温回火可消除淬火应力，防止产生磨削裂纹和提高齿轮抗冲击的能力。

（2）汽车、拖拉机齿轮

这类齿轮受力较大，超载与起动、制动和变速时受冲击频繁，对耐磨性、弯曲疲劳强度、接触疲劳强度、心部强度和韧性等性能要求都较高，应选用 20CrMnTi、20CrMnMo、20MnVB 等合金渗碳钢。经正火处理后再渗碳淬火低温回火，表面硬度可达 58 ~ 62HRC，心部硬度 35 ~ 45HRC。

图 12-8 所示为 JN－150 载重汽车变速齿轮简图，它的工作条件比机床齿轮差，所受载荷、冲击、磨损较大，表面要求有较高的硬度及耐磨性，心部要求有较高的强度和韧性。因此选用 20CrMnTi，渗碳淬火后齿面硬度可达到 58 ~ 62HRC，心部硬度 33 ~ 48HRC，心部强度可达 1100MPa。其加工工艺路线为：下料→锻造→正火→机加工→渗碳→淬火、低温回火→喷丸→精磨。

正火可使组织均匀，调整硬度，改善切削加工性能；渗碳可提高齿面的含碳量；淬火可提高齿面硬度并获得一定的淬硬层深度，提高齿面耐磨性和接触

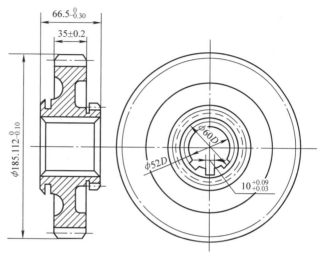

图 12-8　JN－150 载重汽车变速齿轮简图

疲劳强度；低温回火可消除淬火应力，防止磨削裂纹，提高冲击抗力；喷丸处理可提高齿面硬度，增加表面残留压应力，从而提高接触疲劳强度。

12.2.3　箱体壳体类零件

这类零件包括箱体类零件（如发动机缸体、缸盖，机床主轴箱、进给箱、变速箱等）、壳体类零件（如阀体、泵体、风机壳、电动机壳、压缩机壳等）以及机床床身等，它们都具有复杂的外形及内部空腔，大多需用铸造方法成形，有时可用焊接方法成形。

1. 箱体壳体类零件的失效分析及性能要求

（1）工作条件

箱体壳体是机械装备的基础零件，用来支承和安放其他零件如轴和齿轮等，以保证其他零件的相互位置并保持协调地运动。箱体要支承其他零件的质量，因此主要受压应力，有时会受一定的弯曲应力。另外，箱体还受到其所支承的其他零件工作时的动载荷作用力，以及箱体被固定在基础或支架上而受到的紧固力。

（2）主要失效形式

箱体壳体类零件的失效形式主要有变形（一般是由于箱体在铸造和焊接过程中产生的内应力过大造成）、断裂（因所支承的其他零件压力的振动冲击造成）、局部表面磨损等。

（3）主要性能要求

有足够的强度和刚度，较好的减振性，以及较高的尺寸稳定性。箱体壳体类零件是中空薄壁件，一般形状复杂，体积较大，要求具有良好的铸造或焊接加工成形性能。

2. 箱体壳体类零件的选材及热处理

箱体壳体类零件在选材时要根据其尺寸的大小和形状复杂程度、受力的大小及生产的批量等

合理地选用材料及热处理方法。碳钢、合金钢、铸铁、铝合金、铜合金等金属材料以及工程塑料均可用来铸造和焊接箱体类零件，陶瓷材料因为脆性大，不能承受冲击，一般不适合作箱体零件。

受力较大或在高温高压下工作，要求具有较高强度和冲击韧性的箱体，如大型破碎机的破碎腔箱体、轧钢机的箱形机架等，可选用 ZG200-400、ZG40Mn 等铸钢材料，进行退火或正火等热处理。

受力较大，形状简单或单件的箱体，如机器的工作台面、简单机床床身等，可选用 Q235、25 钢等型钢焊接。

受静压力且受力不大，不受冲击的箱体，如机床减速箱、阀体、泵体、电动机壳、风机等，可选用 HT150、H200 等灰铸铁，进行退火处理。

受力不大，要求质量轻且导热性较好的小型箱体，如摩托车发动机缸体、压缩机外壳等，可选用 ZL102、ZL201 等铝合金铸造。

受力较小，要求质量轻且耐蚀性较好的轻型箱体，如化工设备的泵壳、阀体等，可选用 ABS、聚碳酸酯、聚四氟乙烯等工程塑料注射成型。

常用箱体壳体类零件的选材及热处理工艺见表 12-5。

表 12-5 常用箱体壳体类零件的选材及热处理工艺

箱体工作条件	实例	选材	热处理工艺
受力较大、冲击较大，要求较高的强度，较高的韧性	小型冲压机、破碎机、磨粉机机架等	铸钢 ZG200-400	完全退火或正火
受力较大、冲击大，要求高强度和高韧性	重型水压机横梁、大型轧钢机机架等	铸钢 ZG340-640	完全退火或正火
受力较大、高温环境下（600℃以下）要求较高强度、较高耐热性	高温阀体、蒸气阀体、高温泵壳、高温风机壳等	耐热钢 42Cr9Si2	淬火+回火
受力较大、形状简单	磨床床身等	焊接型钢 Q235	去应力退火或正火
受力较小、形状简单	食品机械、包装机械等的机架	焊接型钢 Q235	时效
受力较小，要求有一定耐磨性	阀体、泵体、电动机壳、风机壳等	灰铸铁 HT150	时效
受力较小、承受一定振动，要求有较好的刚度和减振性	机床床身、工作台、齿轮箱等	灰铸铁 HT200	去应力退火、局部表面淬火
受力较小，受热循环作用，要求有较高的抗热疲劳性	发动机气缸盖、压缩机壳体、钢锭模等	灰铸铁 HT250、蠕墨铸铁 RuT300	退火或正火
受力较小，要求质量轻、导热性好	航空发动机箱体、摩托车发动机箱体、仪表罩壳	铸造铝合金 ZL105、ZL108	退火或淬火时效
受力较小，要求较高耐蚀性	化工泵、阀门等	工程塑料 PA66、PTFE	—

3. 典型箱体的选材及热处理

（1）阀体

阀门的阀体，其内壁直接受内部介质的压力，当介质压力较大时，要求阀体具有较高强度，可选用铸钢 ZG200-400、ZG230-450、ZG340~640，当介质压力较大且具有腐蚀性时，可选用铸钢 ZG06Cr18Ni11Ti、ZG06Cr18Ni12，当介质压力较大且温度较高时可选用铸钢 ZG12Cr5Mo、ZG20CrMoV，当介质压力较低时，可选用普通灰铸铁 HT200、HT250 或球墨铸铁 QT400-15、QT450-10 等。高压阀门铸造成形后正火+去应力退火，或完全退火+去应力退火，普通阀门铸造后进行去应力退火即可。

图 12-9 所示为某型号高温高压阀体简图，工作压力 5MPa、温度 300℃，由于压力和温度较高，选用铸钢 ZG230－450，铸造成型后采用正火及去应力退火。其加工工艺路线为：铸造→正火（910℃）→去应力退火（650℃）→粗加工→精加工。铸造后正火是为了细化钢的组织，提高高压阀体的强度，去应力退火是消除正火造成的阀体内部热应力，防止阀体在切削加工过程中产生变形或在以后的使用过程中因应力过大而开裂。

（2）减速器箱盖

减速器箱盖是减速器的主要零件，起支承和固定内部传动轴及齿轮的作用，要求具有较高的刚度。机床的减速箱一般运转平稳，箱盖所受载荷不大，要求强度不太高，一般选用 HT150、HT200 等。铸造成形后为保证加工精度要进行去应力退火。

图 12-10 所示为某机器一级齿轮减速器箱盖简图，受力和冲击不大，选用灰铸铁 HT200，铸造成形，采用去应力退火。其加工工艺路线为：铸造 → 去应力退火（550℃）→粗加工→精加工。由于减速箱盖所受应力较小，铸造后可不用退火或正火热处理，只需去应力退火，消除铸造应力，防止切削加工后箱盖变形。

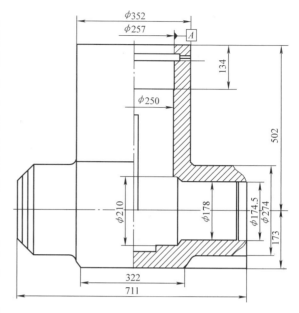

图 12-9　高温高压阀体简图

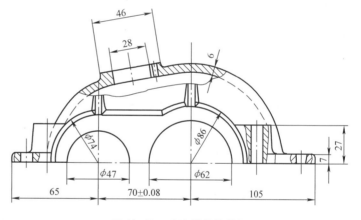

图 12-10　减速器箱盖简图

12. 2. 4　弹簧类零件

弹簧是机器上的重要零部件，其主要作用是储存能量和减小振动，弹簧可分为螺旋弹簧和板弹簧两种，螺旋弹簧又分为压力弹簧、拉力弹簧、扭力弹簧三种。图 12-11 所示为火车螺旋弹簧。

1. 弹簧类零件的失效分析及性能要求

（1）工作条件

板弹簧的受力以反复弯曲应力为主，同时还承受冲击载荷和振动，其棱角和中心孔处应力集中明显。螺旋弹簧不论受压还是受拉，其承受的应力主要是扭转应力，最大应力在螺旋弹簧的内表面。

（2）主要失效形式

弹簧承受的载荷多为交变载荷及冲击载荷，其失效形式主要是疲劳断裂。

图 12-11　火车螺旋弹簧

（3）主要性能要求

弹簧要求有足够的屈服强度，较好的疲劳强度，一定的塑性和韧性，有时要求有较高的耐蚀性。还要求一定的淬透性、不易脱碳等良好的加工性能。

2. 弹簧类零件的选材及热处理

弹簧类零件在选材时要根据其尺寸的大小和形状等合理地选用材料及热处理方法。小型弹簧可选用65、70、75钢，中型弹簧可选用65Mn，大型弹簧可选用50CrVA、60Si2MnA、60Si2CrA等。小型弹簧用冷轧钢带、冷拉钢丝等冷态加工成形后，低温回火处理后可经喷丸处理，中型弹簧在冷态加工成形，再淬火+回火，大型弹簧在热状态加工随即淬火+回火。

弹簧零件的选材及热处理见表12-6。

表12-6 弹簧零件的选材及热处理

工作条件	实例	选材	热处理及性能
形状简单、受力不大，小型弹簧	—	65、75	780~800℃油淬或水淬，400~420℃回火，42~48HRC
中等负荷，大型弹簧	农机座位弹簧	60Si2MnA、65Mn	870℃油淬，460℃回火，40~45HRC
重负荷、高弹性、高疲劳极限，大型板簧和螺旋弹簧	汽车、机车、煤水车板簧	50CrVA、60Si2MnA	860℃油淬，475℃回火，40~45HRC
在多次交变负荷下工作的直径8~10mm的弹簧	—	55CrMnA	860~870℃油淬，480℃回火40~45HRC
较大负荷，较大疲劳极限	车辆及缓冲器螺旋弹簧，汽车张紧弹簧	60Si2Mn、60Si2CrA	870℃油淬，450~480℃回火，40~47HRC
中型、重型弹簧	柴油泵柱塞弹簧，喷油嘴弹簧，农用柴油机气阀弹簧，汽车的气门弹簧	50CrVA	860℃油淬，475℃回火，40~45HRC
在高温蒸汽下工作的卷簧和扁簧，直径为10~25mm	自来水管道弹簧和耐海水侵蚀的弹簧	30Cr13 40Cr13	39~46HRC 48~50HRC
受力较小，在酸碱介质下工作的弹簧	—	17Cr18Ni9	1100~1150℃水淬，卷后消除应力，400℃回火，160~200HBW
中等负荷，小型弹簧	弹性挡圈 δ4mm，φ85mm	60Si2	400℃预热，860℃油淬，430℃回火空冷，40~45HRC

3. 典型弹簧的选材及热处理

图12-12所示为汽车板簧，其主要作用是缓冲和吸振，承受极大的交变应力和冲击载荷作用，需要有高的屈服强度和疲劳强度。对轻型汽车选用65Mn、60Si2Mn钢，对中型汽车选用50CrMn、55SiMnVB钢，对重型载重汽车，选用55SiMoV、55SiMnMoVNb钢。其加工工艺路线为：热轧钢带冲裁下料→压力成形→淬火+中温回火→喷丸强化。喷丸强化可进一步提高弹簧的疲劳强度。

图12-12 汽车板簧

12.3　刀具的选材及热处理

刀具是用来切削各种金属和非金属的工具，其种类很多，常用的有车刀、铣刀、刨刀、镗刀、滚刀、铰刀、钻头、丝锥、板牙等。刀具材料有碳素工具钢、合金工具钢、高速钢、硬质合金、陶瓷、超硬材料等。

12.3.1　刀具的失效分析及性能要求

刀具在切削过程中直接与工件和切屑接触，承受很大的切削压力和冲击，受到工件和切屑的剧烈摩擦，从而产生很高的温度。

在高温、高压、剧烈摩擦、冲击振动的作用下，刀具易发生磨损、崩刃断裂和热裂等失效形式。

刀具要求有较高的硬度和耐磨性，高的热硬性，足够的强度和韧性。刀具工作条件不同，性能要求有所不同，有的刀具如钻头对强韧性要求较高。

刀具在选材时要根据其加工对象的硬度及切削速度的大小等合理地选用材料，刀具零件的主要热处理为成形之前的球化退火及成形后的淬火＋低温回火。

12.3.2　低速刀具的选材及热处理

常用的低速刀具有锉刀、手工锯条、丝锥、板牙及铰刀等，它们的切削速度低，受力较小，摩擦和冲击也较小。常用的材料有 T7、T8、T10、T11、T10A、T13 等碳素工具钢和 9SiCr、CrWMn、Cr12MoV 等合金工具钢。T7、T8 适于制造承受冲击、有一定韧性要求的刀具，如木工用斧头、钳工用凿子等；T11、T12 用于制造冲击小，要求高硬度、高耐磨的手工锯条、丝锥等；T13 硬度和耐磨性较高，韧性差，用于制造不受冲击的锉刀、刮刀等；9SiCr、CrWMn 等合金工具钢比碳素工具钢具有更高的热硬性和耐磨性，且淬透性好，热处理变形小，用于各种手工刀具和低速机用刀具，如丝锥、板牙、拉刀等。其加工工艺路线为：毛坯锻造→球化退火→切削加工→淬火→低温回火。球化退火的目的是改善组织、软化材料、方便后续切削，淬火→低温回火是为了得到回火马氏体组织，提高硬度。低速刀具的选材及热处理见表 12-7。

表 12-7　低速刀具的选材及热处理

工作条件	实例	选材	热处理及性能
加工木材	锯条、刨刀、锯片	T8、T10	淬火回火，42~54HRC
手用钳工工具	丝锥、板牙、锉刀、锯条	T10A、T12A	淬火回火，60~65HRC
手用或机用，要求变形小	钻头、丝锥、板牙	9SiCr	淬火回火，60~65HRC
低速，不剧烈发热，要求变形较小	拉刀、丝锥、铰刀	CrWMn	淬火回火，60~65HRC
低速，要求变形很小	专业细长拉刀	Cr12、Cr12MoV	淬火回火，60~65HRC

12.3.3　高速刀具的选材及热处理

常用的高速刀具有车刀、铣刀、刨刀、镗刀、滚刀、铰刀、钻头、插刀等，其切削速度较高，受力较大，摩擦较大，刀具温度高且冲击大。高速刀具材料有高速钢、硬质合金、陶瓷、超硬材料等。常用的高速钢有 W18Cr4V、W6Mo5Cr4V2、W9Mo3Cr4V、W6Mo5Cr4V2Al 等，钨系高速钢 W18Cr4V 广泛用于各种高速切削刀具，钨钼系高速钢 W6Mo5Cr4V2、W9Mo3Cr4V 适于制造热轧刀具，如麻花钻等，含铝超硬高速钢 W6Mo5Cr4V2Al 适于制造高硬度难加工材料加工的高速齿轮滚刀、高速插齿刀等。高速钢主要热处理为锻造后球化退火，切削加工成形后淬火回火。

硬质合金材料刀具有钨钴类 M30、M40、钨钛钴类 P30、P20、钨钛钽类 K10、K20，硬质合金刀具的耐磨性、耐热性高，使用温度高达 1000℃，其切削速度和寿命比高速钢高几倍，用于加工合金钢、工具钢、淬硬钢等高硬度材料。但硬质合金的加工工艺性差，一般制成形状简单的刀头，钎焊在钢制刀杆上。

陶瓷刀具有热压氮化硅、氧化铝等，其硬度、耐磨性、热硬性极高，工作温度可达 1400～1500℃，用于淬火钢、冷硬铸铁等高硬度材料的切削。常热压成正方形、等边三角形的形状，装夹在夹具中使用。

超硬材料刀具金刚石、立方氮化硼等，金刚石刀具用于加工耐磨非金属材料，如玻璃钢、尼龙、陶瓷、石墨、过共晶铝合金、轴承合金等，立方氮化硼刀具用于加工淬火钢、冷硬铸铁、耐热合金、钛合金等加工。

高速刀具的选材及热处理见表12-8。

表12-8 高速刀具的选材及热处理

工作条件	实例	选材	热处理及性能
较大冲击，外形复杂。结构钢、铸铁、轻合金加工	车刀、铣刀、刨刀、镗刀、滚刀、铰刀、钻头、插刀、拉刀等	W6Mo5Cr4V2、W9Mo3Cr4V	淬火回火，63～66HRC
较大冲击，外形复杂。不锈钢、耐热钢、高强钢等加工	车刀、铣刀、刨刀、镗刀、滚刀、铰刀、钻头、插刀、拉刀等	W18Cr4V	淬火回火，65～67HRC
较大冲击，外形复杂。高温合金、马氏体不锈钢、超高强度钢、钛合金等加工	车刀、铣刀、刨刀、镗刀、滚刀、铰刀、钻头、插刀、拉刀等	W6Mo5Cr4V2Al	淬火回火，66～70HRC
重载切削（粗加工）。铸铁、有色金属、高温合金、钛合金、超高强度钢、非金属等加工	车刀、刨刀、镗刀、滚刀等的刀头	M30、M40、M20、M10	72～80HRC
重载切削（粗加工）。钢、淬火钢等加工	车刀、刨刀、镗刀、滚刀等的刀头	P30、P20、P10、P01	75～81.5HRC
精加工。钢、合金钢、工具钢、淬火钢等加工	车刀、刨刀、镗刀、滚刀等的刀头	K10、K20、K01	78～80.5HRC
淬火钢、冷硬铸铁等高硬度材料加工	车刀、刨刀、镗刀、滚刀等的刀片	Si_3N_4、Al_2O_3	1370～1780HV
玻璃钢、尼龙、陶瓷、石墨、过共晶铝合金、轴承合金等	车刀、刨刀、镗刀、滚刀等的刀片	CBN（立方氮化硼）	7300～9000HV
淬火钢、冷硬铸铁、耐热合金、钛合金等	车刀、刨刀、镗刀、滚刀等的刀片	PCD（聚晶金刚石）	10000HV

注：表中所选材料 M10、M20、M30、M40 为以 WC＋Co 为主要成分的硬质合金，P30、P20、P10、P01 为以 WC＋Co＋TiC 为主要成分的硬质合金，K10、K20、K01 为以 WC＋Co＋TiC＋TaC 为主要成分的硬质合金（GB/T 18376.1—2008）。

12.3.4 刀具的选材及热处理实例

齿轮滚刀是用于加工外啮合的直齿和斜齿圆柱齿轮的常用刀具，其形状复杂，精度要求高，如图12-13所示。选用高速工具钢 W18Cr4V。其加工工艺路线为：热轧棒材下料→锻造→球化退火→粗加工→淬火＋回火→精加工→表面处理。锻造可细化高速工具钢中的碳化物，降低材料脆性，球化退火可软化材料，提高切削加工性能，淬火＋回火提高热硬性和耐磨性，表面处理可以是离子氮碳共渗、表面涂覆 TiN、TiC 等，提高使用寿命。

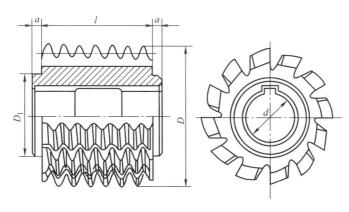

图 12-13　齿轮滚刀简图

重 点 内 容

1. 机械零件选材及热处理原则

1）选材：零件失效形式主要为断裂和磨损，选材时主要考虑力学性能及耐磨性，同时还要考虑工件形状、生产批量、加工性能、成本等。

2）选热处理：主要考虑力学性能及材料成分。

3）制订工艺路线：力学性能要求较高的零件，一般选用型材锻造后切削加工，形状复杂或尺寸较大的零件一般选用铸造或焊接后切削加工，工艺过程中穿插合适的热处理。

2. 轴轮等零件的选材及热处理、工艺路线

1）选材及热处理：轴、齿轮、凸轮、连杆等零件要求较高的强硬度及塑韧性等综合力学性能，一般选用中碳钢或中碳合金钢（45、40Cr）锻造成形。这类零件的主要热处理为强化，要求不高时采用正火处理，要求较高时采用调质处理。切削加工前可以正火细化组织，轴颈和轮齿等表面部分可以采用局部表面淬火及低温回火提高表面耐磨性。受冲击较大的轴轮等可选用低碳钢或合金渗碳钢（20、20Cr、20CrMnTi），要求耐蚀耐磨时，可选用不锈钢、铜合金、工程塑料等。

2）中碳钢 45、40Cr 轴轮工艺路线：下料→锻造→正火→粗加工→调质（淬火＋高温回火）→局部表面淬火＋低温回火→精磨→成品。

3）低碳钢 20、20Cr 轴轮工艺路线：下料→锻造→正火→粗加工→精切削加工→渗碳＋淬火＋低温回火→喷丸→精磨→成品。

3. 箱体壳体类零件的选材及热处理、工艺路线

1）选材及热处理：阀体、风机、缸体、电动机壳、机床减速箱等零件形状较复杂，一般选用灰铸铁（HT150、HT200 等）铸造成形，要求热疲劳性的压缩机壳体、发动机气缸盖等可选用蠕墨铸铁（RuT300、RuT350 等），要求强度较高的高压阀体、破碎机壳等可选用铸钢（ZG200 ~ 400、ZG40Mn 等），要求重量轻的航空发动机箱体、仪表罩壳等可选用铸造铝合金（ZL105、ZL108 等），要求耐蚀耐磨的化工泵、阀体等可选用工程塑料（PA66、PTFE）。灰铸铁、铸钢、铸造铝合金等材质零件的热处理主要是采用退火、正火以提高切削加工性能，去应力退火以消除应力，表面淬火以提高局部耐磨性。

2）铸铁箱壳工艺路线：铸造→去应力退火→切削加工。

3）铸钢阀体工艺路线：铸造→正火（910℃）→去应力退火（650℃）→切削加工。

思 考 题

1. 零件常见的失效形式有哪些？传动轴与齿轮常见的失效形式有哪些？

2. 零件选材的一般原则是什么？

3. 下列齿轮选用何种材料制造较为合适？

（1）直径较大、齿坯形状复杂的低速中载齿轮。

（2）重载条件下工作、整体要求强韧而齿面要求耐磨的齿轮。

（3）能在缺乏润滑油的条件下工作的低速无冲击齿轮。

（4）受力很小，要求具有一定抗腐蚀性的轻载齿轮。

4. 为什么汽车、拖拉机变速箱齿轮多采用渗碳钢制造，而机床变速箱齿轮多采用中碳钢制造？

第 13 章

特定行业机械零件的选材及热处理

国民经济的各行业广泛应用着各种机械设备，不同行业设备的工作条件不同，其设备的主要零件处于高温、高温高压、腐蚀环境或经受强烈摩擦等，这些特种行业的设备主要零部件除了力学性能要求之外还要求一些特殊性能，如耐热性、抗氧化性、抗热疲劳性、耐磨性、耐蚀性等。特定行业设备主要零件的选材及热处理至关重要，它关系到设备质量及设备安全。本章主要介绍汽车、模具、热能动力、石油化工、航空航天、矿山工程等行业机械零件的选材及热处理。

13.1 汽车零件的选材及热处理

汽车的主要结构为发动机、底盘、车身、电气设备等部件，一辆汽车由上万个零件组成，其中钢铁材料约占 72% ~ 85%，有色金属约占 1% ~ 6%，非金属材料约占 14% ~ 18%，各种材料所占比例随汽车类型（轿车、客车、货车、跑车等）而在一定范围内变化。这里简要介绍汽车的主要零件：发动机零件和底盘零件。

13.1.1 发动机零件

汽车发动机是汽车的动力装置，图 13-1 所示为汽车发动机整体结构，其主要机械结构有如

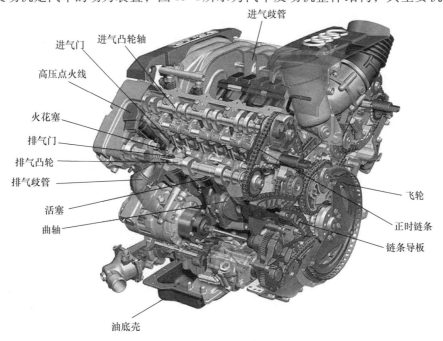

图 13-1　汽车发动机整体结构

图 13-2a所示的曲柄连杆机构、图 13-2b 所示的配气机构。发动机主要零件有缸体、缸盖、缸套、活塞、连杆、曲轴、气门、油底壳、飞轮等。发动机零件一般受较大的工作应力或较大摩擦，而且工作温度较高，要求有较高的强度或硬度、较高的高温强度和导热性，为提高发动机效率，有的零件还需要降低自重。

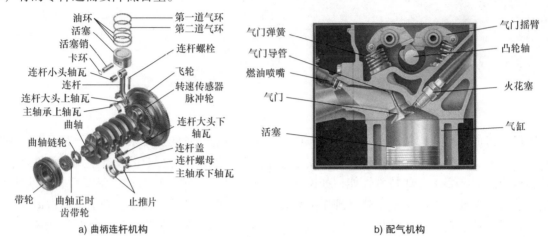

a) 曲柄连杆机构　　　　　　　　　　　　　　b) 配气机构

图 13-2　汽车发动机主要机械结构

气缸体的材料一般采用灰铸铁、球墨铸铁、合金铸铁、铝合金；气缸套使用耐磨性较好的合金铸铁或合金钢制造；气缸盖材料一般采用灰铸铁或合金铸铁，也可用铝合金；油底壳受力很小，一般采用薄钢板冲压而成。活塞广泛采用铝合金，质量小（为铸铁活塞的 50% ~70%），导热性好（约为铸铁 3 倍），热膨胀系数大；活塞销为中空的圆柱体，一般采用低碳钢、低碳合金钢渗碳淬火或用 45 钢高频感应淬火；连杆一般由中碳钢或合金钢锻压而成；曲轴大多采用优质中碳钢或中碳合金钢，有的采用球墨铸铁；飞轮采用铸铁。

进气门一般采用铬钢或铬镍钢，排气门一般采用硅铬钢；气门导管主要由灰铸铁、球墨铸铁或铁基粉末冶金制造；气门的凸轮轴一般用优质钢模锻而成，并对凸轮和轴颈工作表面进行高频感应淬火（中碳钢）或渗碳淬火（低碳钢）处理；气门铤柱一般用耐磨性好的合金钢和合金铸铁等材料；气门推杆的主要材料是硬铝或钢；摇臂的主要材料是锻钢、可锻铸铁、球墨铸铁、铝合金等。

汽车发动机主要零件的选材及热处理见表 13-1。

表 13-1　汽车发动机主要零件的选材及热处理

零件名称	选用材料	性能要求	主要失效形式	热处理
缸体、缸盖、飞轮、正时齿轮	灰铸铁 HT200	刚度、强度、尺寸稳定	产生裂纹、孔壁磨损、翘曲变形	不处理或去应力退火。也可用 ZL104 铝合金作缸体缸盖、淬火后时效
缸套、排气门座等	合金铸铁	耐磨、耐热	过量磨损	铸造状态
曲轴等	球墨铸铁 QT600-3	刚度、强度、耐磨、疲劳强度	过量磨损、断裂	表面淬火，圆角滚压、氮化，也可以用锻钢件
活塞销等	渗碳钢 20、20Cr、20CrMnTi、12Cr2Ni4	强度、冲击、耐磨	磨损、变形、断裂	渗碳、淬火、回火
连杆、连杆螺栓、曲轴等	调质钢 45、40Cr、40MnB	强度、疲劳强度、冲击韧性	过量变形、断裂	调质
各种轴承、轴瓦	轴承钢和轴承合金	耐磨、疲劳强度	磨损、剥落、烧蚀破裂	淬火、回火（轴承合金不处理）
排气门	耐热气阀钢 42Cr9Si2、6Mn20Al5MoVNb	耐热、耐磨	起槽、变宽、氧化烧蚀	淬火、回火

（续）

零件名称	选用材料	性能要求	主要失效形式	热处理
气门弹簧	弹簧钢 65Mn、50CrVA	疲劳强度	变形、断裂	淬火、中温回火
活塞	有色金属高硅铝合金 ZL108、ZL110	耐热强度	烧蚀、变形、断裂	淬火及时效
支架、盖、罩、挡板、油底壳等	钢板 Q235、08、20、15Mn	刚度、强度	变形	不处理或退火

13.1.2　底盘零件

底盘的作用是支承、安装汽车发动机及其各部件、总成，形成汽车的整体造形，并接受发动机的动力，使汽车产生运动，保证正常行驶。汽车底盘由传动系统、行驶系统、转向系统和制动系统四部分组成，图 13-3 所示为某型汽车底盘结构。

汽车底盘的主要零部件有离合器、变速器、传动轴、驱动桥、差速器和半轴、制动装置、车架、车桥、车轮和悬架等，其主要零件选材及热处理见表 13-2。

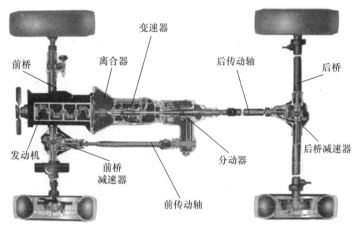

图 13-3　汽车底盘结构

传动轴、半轴采用合金钢 42CrMo、40MnB 并经调质处理；变速箱及差速器中载荷小、冲击小的齿轮采用 45、40Cr、40CrNi；高速重载，冲击较大的齿轮采用 20Cr、20CrMnTi、40MnB、20CrMnMo 等；离合器壳、变速器壳、后桥壳等壳体可采用铸造铝合金；制动片、离合器摩擦片多采用纤维增强树脂多元复合材料；车架的纵梁、横梁一般由 Q345 合金钢板冲压而成；制动盘主要受力件采用热轧钢板；悬架系统的弹簧一般为板弹簧，由合金弹簧钢 60Si2Mn 制成；横向稳定杆是汽车悬架中的辅助弹性元件，为弹簧钢；车轮通常由轮毂、轮辋、轮辐组成，可采用钢或铝合金。

表 13-2　汽车底盘主要零件选材及热处理

零件名称	选用材料	性能要求	主要失效形式	热处理
纵梁、横梁、传动轴、保险杠、钢圈	25、Q345D 钢板等	强度、刚度、韧性	弯曲、扭斜变形、铆钉松动、断裂	不处理或冲压后退火或正火
前桥（前轴）转向节臂（羊角）、半轴	调质钢 45、40Cr、40MnB	强度、韧性、疲劳强度	弯曲变形、扭转变形、断裂	调质处理
变速箱齿轮、后桥齿轮	渗碳钢 20CrMnTi、30CrMnTi、20MnTiB、18Cr-2Ni4WA 等	强度、耐磨性、接触疲劳强度及断裂韧度	麻点、剥落、齿面过量磨损、变形、断齿	渗碳（渗碳层深 0.8mm 以上）淬火、回火，表面硬度 58~62HRC
变速器壳体、离合器壳体	灰铸铁 HT200	刚度、尺寸稳定性、强度	产生裂纹、轴承孔磨损	去应力退火
后桥壳体	可锻铸铁 KT350-10、球墨铸铁 QT400-15	刚度、尺寸稳定性、强度	弯曲、断裂	退火或正火，后桥还可用优质钢板冲压后焊成或用铸钢制造
钢板弹簧	弹簧钢 65Mn、60Si2Mn、50CrVA、55SiMnVB	耐疲劳、冲击和腐蚀	折断、弹性减退、弯度减小	淬火、中温回火、喷丸强化

13.1.3　车身零件

车身安装在底盘上，用以驾驶员、旅客乘坐或装载货物。非承载式车身有一个刚性车架，又称底盘大梁，发动机、传动系统、车身等总成部件都固定在车架上，车架通过前后悬架装置与车轮连接。承载式车身没有刚性车架，只是加强了车头侧围、车尾、底板等部位，发动机、前后悬架、传动系统的一部分总成部件都是装配在车身上，车身负载通过悬架装置传给车轮。轿车一般采用承载式车身，车身主要由大梁和支柱等框架及外板组成，车身的不同部位采用的材料不同，汽车车身及选材如图 13-4 所示。

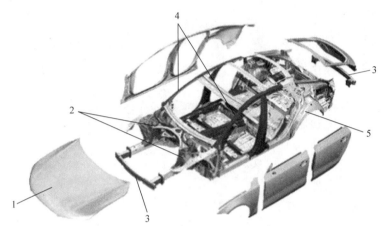

图 13-4　汽车车身及选材

1—铝板　2—铸铝　3—铝型材　4—热成型钢　5—冷成型钢

驾驶室的框架（如横梁、纵梁、ABC 柱等）、车门防撞梁等必须采用高强度的材料 Q420、Q460、30CrMn、7A04、7A06 等，车前和尾部的材料（如引擎盖板、翼子板等），为了能够吸收撞击力，可以使用强度相对较低的材料 08、20 钢等。汽车的前后盖板和左右车身侧板采用铝合金 2A01、6016 等。

13.2　模具零件的选材及热处理

模具是模锻、冷冲压、冷挤压、压铸、注射等成形方式的重要工具，是现代制造业中无切削或少切削生产的重要手段，广泛用于各种机械零件的制造。按工作条件不同模具主要分为冷作模具、热作模具、塑料模具三大类。

13.2.1　冷作模具

冷作模具用作金属低温成形，如冷冲模、冷挤压模、冷拉模等。图 13-5 所示为变压器硅钢片冷冲压模具。模具工作时受到低温下硬度很高的坯料的强烈挤压、摩擦和冲击作用，要求模具材料有良好的耐磨性和冲击韧性，还要求有良好的切削加工性能及热处理性能。模具的失效形式为脆断、磨损等。常用冷冲压模具的工作零件及一般零件的选材及热处理见表 13-3、表 13-4。

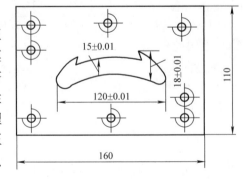

图 13-5　变压器硅钢片冷冲压模具

表 13-3 常用冷冲压模具工作零件的选材及热处理

模具类别	适用范围		选用材料	热处理	硬度 HRC	
					凸模	凹模
冲裁模	形状简单冲件,料厚 $\delta < 3mm$、形状简单的镶块		T7A、T8、T10A	淬火	58~62HRC	60~64HRC
	各种易损小冲头形状复杂冲件,料厚 $\delta > 3mm$、复杂形状的镶块		9CrSi、CrWMn、Cr12MoV	淬火	58~62HRC	60~64HRC
	要求耐磨、寿命高的模具		Cr12MoV	淬火	60~62HRC	62~64HRC
			GGr15(凸模)	淬火	60~62HRC	—
			P40(凹模)	—	—	—
	冲薄材料 $\delta < 0.2mm$		T8A	淬火 调质	56~60HRC —	— 28~32HRC
	形状复杂或不宜进行一般热处理		7CrSiMnMoV	表面淬火	56~60HRC	56~60HRC
弯曲模	一般弯曲		T8A、T10A	淬火	56~60HRC	56~60HRC
	形状复杂,要求高耐磨、高寿命、大批量的弯曲		CrWMn、Cr12、Cr12MoV	淬火	60~64HRC	60~64HRC
	材料加深弯曲		5CrNiMo、5CrNiTi	淬火	52~56HRC	52~56HRC
拉深模	一般拉深		T8A、T10A	淬火	58~62HRC	60~64HRC
	复杂、连续拉深、大批量生产条件		CrWMn、Cr12、Cr12MoV	淬火	58~62HRC	60~64HRC
	要求高耐磨、高寿命的凹模		Cr12、Cr12MoV	淬火	—	62~64HRC
			P40、P30	—	—	—
	拉深不锈钢材料		W18Cr4V(凸模)	淬火	62~64HRC	—
			P40、P30(凹模)	—	—	—
	材料加热拉深		5CrNiMo、5CrNiTi	淬火	52~56HRC	52~56HRC
	大型覆盖件拉深		HT250、HT300	—	—	—
	小批量生产用简易模具		低熔点合金、锌基合金	—	—	—
成形模	弯曲、翻边模	轻型、简单、易裂、大量生产应用、高强度钢板及奥氏体钢板	T10A	淬火	57~60HRC	57~60HRC
			T7A	淬火	54~56HRC	54~56HRC
			MnCrWV	淬火	57~60HRC	57~60HRC
			Cr12MoV	淬火	57~60HRC	57~60HRC
			Cr12MoV	氮化	65~67HRC	65~67HRC

表 13-4 常用冷冲压模具一般零件的选材及热处理

模具零件名称	选用材料	热处理	硬度 HRC
上、下模座	HT200、HT250,Q235、Q275	—	—
模柄	Q275	—	—
导柱	20、T10A	20 钢渗碳深 0.5~0.8mm 淬火,回火	60~62HRC
导套	20、T10A		57~60HRC
凸、凹模固定板	Q235、45	—	—
承料板	Q235	淬火,回火	—
卸料板、导料板	Q275、45	淬火,回火	43~48HRC

（续）

模具零件名称	选用材料	热处理	硬度 HRC
挡料销	45、T7A	淬火，回火	43~48HRC（45 钢） 52~56HRC（T7A）
导正销、定位销	T7、T8	淬火，回火	52~56HRC
垫板	45、T8A	淬火，回火	43~48HRC（45 钢） 54~58HRC（T8A）
螺钉 销钉	45、T7	淬火，回火	43~48HRC（45 钢） 52~56HRC（T7）
推杆、顶杆	45	—	43~48HRC
顶板	45、Q235	淬火，回火	—
拉深模压料圈	T8A	—	54~58HRC
螺母、垫圈、堵头	Q235	—	—
定距侧刃、废料切刀	T8A	淬火，回火	58~62HRC
侧刃挡板	T8A	淬火，回火	54~58HRC
定位板	45、T8A		43~48HRC（45 钢） 52~56HRC（T8A）
楔块与滑块	T8A、T10A	—	60~62HRC

13.2.2　热作模具

热作模具用作金属在高温下成形，如热锻模、热挤压模、压铸模等，图13-6 所示为某汽车转向节锻模简图。由于热作模具工作温度较高（有时高达1100~1200℃），模具内腔金属受热严重，易产生热疲劳，易高温回火使硬度下降，而且还受到金属坯料的强烈挤压和摩擦，因此要求模具材料具有较高的高温强度、高温硬度和耐磨性、较高的冲击韧性和抗回火稳定性，较高的导热性和抗疲劳性。热作模具的主要失效形式是变形、磨损、开裂和热疲劳。常用压铸模具主要零件的选材及热处理见表13-5。

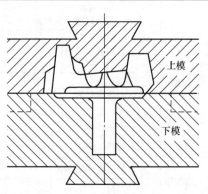

图 13-6　某汽车转向节锻模简图

表 13-5　常用压铸模具主要零件的选材及热处理

模具零件名称或应用范围		选用材料			热处理及要求	
		压铸锌合金	压铸铝合金、镁合金	压铸铜合金	压铸锌合金、铝合金、镁合金	压铸铜合金
与金属液接触的零件	型腔镶块，型心，滑块中成形部位等成形零件	4Cr5MoSiV、3Cr2W8V、5CrNiMo、4CrW2Si	3Cr2W8V	3Cr2W8V、3Cr3Mo3W2V、4Cr3Mo3SiV、4Cr5MoSiV	44~48HRC	38~42HRC
	浇道镶块，浇口套、分流锥等浇注系统	4Cr5MoSiV、3Cr2W8V（3Cr2W8）				

（续）

模具零件名称或应用范围		选用材料			热处理及要求	
		压铸锌合金	压铸铝合金、镁合金	压铸铜合金	压铸锌合金、铝合金、镁合金	压铸铜合金
滑动配合零件	导柱、导套（斜导柱、弯销等）	T8A（T10A）			50～55HRC	
	推杆	4Cr5MoSiV、3Cr2W8V			45～50HRC	
		T8A（T10A）			50～55HRC	
	复位杆	T8A（T10A）			50～55HRC	
模架结构零件	动模套板、定模套板、支承板、垫块、动模底板、推板、推杆固定板	45			调质，220～250HBW	

13.2.3　塑料模具

塑料模具用于塑料（热塑性塑料和热固性塑料）零件的成型，图13-7所示为带活动镶块的注射模具简图。其工作温度一般是150～250℃，成型压力一般为40～200MPa。由于塑料模具所加工的塑料坯料硬度不高，且工作温度和压力不高，对模具的强度和韧性要求不高，但对模具材料的加工工艺性要求较高，如材料变形小，易切削，易研磨抛光，还要求较好的焊接性能和热处理性能。常用塑料注射成型模具的材料选用及热处理见表13-6。

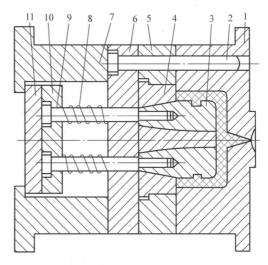

图 13-7　带活动镶块的注射模具简图

1—定模板　2—导柱　3—活动镶块　4—型芯座
5—动模板　6—支承板　7—支架　8—弹簧　9—推杆
10—推杆固定板　11—推板

表 13-6　常用塑料注射成型模具的选用材料及热处理

零件名称	性能要求	选用材料	热处理及要求
型腔板、主型芯、斜滑块、哈夫块及推板等	必须具有一定的强度，表面需要耐磨，淬火变形要小，有的需要耐腐蚀	45、45Mn、45MnB、45MnVB	调质，28～33HRC
		T8A、T10A	淬火＋低温回火，50～55HRC
		3Cr2W8V	淬火＋中温回火，45～50HRC
		9CrSi2、CrWMn、9Mn2V、Cr12	淬火＋低温回火（冷挤压工艺），55～60HRC
		10、15、20、铸造铝合金、锻造铝合金、球墨铸铁	正火或退火≥180HBW
定动模固定板、底板、顶板、导滑条及模脚等	需要一定的强度	40、45Mn、45MnB、40MnVB	调质，25～30HRC
		20、12、球墨铸铁、HT200	正火，25～30HRC（仅用于模脚）

（续）

零件名称	性能要求	选用材料	热处理及要求
浇口套	表面需要耐磨，冲击强度要高，有时需要热硬性和耐腐蚀	T8A、T10A、9CrSi2、9Mn2V、CrWMn、Cr12	淬火 + 低温回火，55 ~ 60HRC
斜导柱、导柱及导套	—	20、20MnVB、T8A、T10A	渗碳表面淬火，50 ~ 60HRC
顶出杆和拉料杆	需要一定的强度和耐磨性	T8A、T10A、45	端部淬火 + 低温回火，55 ~ 60HRC
螺钉等	—	25、35、45	淬火 + 中温回火，40HRC 左右

13.3　热能动力设备零件的选材及热处理

热能动力设备是指将热能转变为电能的设备，主要为火力发电设备，是将燃料（煤、石油、天然气等）通过锅炉（化学能转化为热能）→汽轮机（热能转化为机械能）→发电机（机械能转化为电能），最后转化为电能。热能动力设备主要零件为锅炉零件及汽轮机零件。

13.3.1　锅炉零件

锅炉的主要作用是把水变成高温高压蒸汽，按蒸汽出口压力分为低压锅炉（<2.5MPa）、中压锅炉（3.9MPa）、高压锅炉（10MPa）、超高压锅炉（14MPa）、亚临界压力锅炉（15.7 ~ 19.6MPa）、超临界压力锅炉（>22.1MPa）。其中低压锅炉为工业锅炉，其余为电站锅炉。蒸汽锅炉主要零件有锅筒、过热器、省煤器、空气预热器、炉膛等组成，其结构简图如图 13-8 所示。锅炉零件大多在高温高压下工作，对材料的强度和耐热性能、耐蚀性能等要求较高。锅炉零件的主要失效形式为爆管（蠕变、持久断裂、过度塑性变形）、热腐蚀疲劳，锅炉零件的选材及热处理等非常重要。锅炉主要零件的选材及热处理见表 13-7。

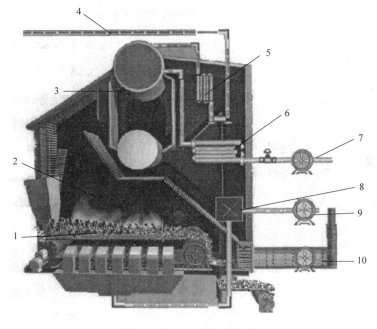

图 13-8　蒸汽锅炉结构简图

1—炉排　2—炉膛　3—锅筒　4—主蒸汽　5—过热器　6—省煤器　7—给水泵　8—空气预热器　9—鼓风机　10—引风机

表 13-7　锅炉主要零件的选材及热处理

零件名称	工作温度	选材	热处理
水冷壁管或省煤气管	<450℃	20A	退火
过热器管	<550℃ >580℃	15CrMo、 12Cr1MoV	正火
蒸汽导管	<510℃ >540℃	15CrMo、 12Cr1MoV	正火
锅筒	<380℃	20G、16MnG	正火
吹灰器	短时达 800~1000℃	12Cr13、 12Cr18Ni9Ti	淬火 固溶处理
固定、支撑零件（吊架、定位板等）	长时达 700~1000℃	16Cr20Ni14Si2、20Cr25Ni12	固溶处理

13.3.2　汽轮机零件

汽轮机的主要作用是将热能转变为机械能。锅炉产生的蒸汽通过蒸汽管道输送到汽轮机做功，可以将蒸汽的热能转化为机械能。图 13-9 所示为多级汽轮机纵剖面结构简图，它的主要零件有叶片（动叶片和静叶片）、转子（主轴和叶轮）、气缸、蒸汽室、隔板、阀门等。汽轮机主要零件工作温度一般较高，受到高温蒸汽的腐蚀或燃气中杂质的磨损作用，特别是叶片和转子还受较大的蒸汽弯矩作用及离心力作用。汽轮机零件要求有较高的室温

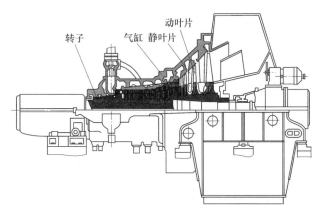

图 13-9　多级汽轮机纵剖面结构简图

强度及高温强度、塑性及韧性，还要求较高的耐蚀性、耐磨性、导热性及减振性等。汽轮机关键零件的主要失效形式为疲劳断裂、应力腐蚀开裂、高温蠕变等。汽轮机主要零件的材料选用及热处理见表 13-8。

表 13-8　汽轮机主要零件的材料选用及热处理

零件名称	工作温度	选材	热处理
汽轮机叶片	<480℃ 的后级叶片 <540℃ <580℃前级叶片	12Cr13、20Cr13 14Cr11MoV 15Cr12WMoV	退火、调质 正火、调质
转子	<480℃ <520℃ <400℃	17CrMo1V（焊接转子） 27Cr2MoV（整体转子） 34CrNi3Mo、33Cr3MoWV （大型整体转子）	退火、调质、氮化
紧固零件（螺栓、螺母等）	<400℃ <430℃ <480℃ <510℃	45 35SiMn 35CrMo 25Cr2MoV	调质

13.4 石油化工设备零件的选材及热处理

石油化工设备主要由压力容器、塔器、反应器、热交换器、管道配件和法兰连接件等组成，这些零件多数在腐蚀介质甚至是强腐蚀或易燃、易爆、剧毒等介质中，并在高温或低温、高压或高真空等条件下工作，对零件的材料要求较高。有的要求有良好的力学性能和加工性能，有的要求有良好的耐高温或耐低温性能，有的要求有较高的耐腐蚀性能，必须根据工作条件对零件进行合理选材。

13.4.1 压力容器

压力容器是石油化工设备的重要构件，其最高工作压力大于或等于 0.1MPa，内径大于或等于 0.5m，容积大于或等于 0.25m^3，工作温度从 -200～500℃，内部介质为气体、液体、液化气体或最高工作温度大于或等于标准沸点的液体等。高压容器为各种贮存器，如低、高压乙烯气体贮槽，压缩空气贮罐，液化气体贮罐等，图 13-10 所示为压力容器结构简图。压力容器要求有较高的强度和高温蠕变强度，良好的塑性和韧性，良好的抗腐蚀性能，良好的焊接、冲压、热处理等加工性能。压力容器的主要失效形式有脆性断裂、腐蚀断裂、疲劳断裂、蠕变变形断裂等，这些断裂往往发生在工作应力远低于屈服强度的情况下，而且往往造成突发事故，危险性极大。石油化工领域中一些压力容器的选材及热处理见表 13-9。

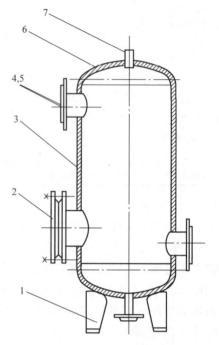

图 13-10　压力容器结构简图
1—支座　2—人孔　3—筒体　4—法兰
5—连接管　6—封头　7—凸缘

表 13-9　石油化工领域中压力容器的选材及热处理

零件名称或应用范围	选用材料	热处理
工作温度≤500℃、工作压力≤5.9MPa 的压力容器及管道	低合金结构钢：Q345R、Q390R、Q420R、18MnMoNbR	退火或正火
工作温度 >500℃的压力容器及管道、炼油厂高压加氢装置管道、甲醛合成塔、合成氨的合成塔及进、出塔管道	合金结构钢：15CrMo、12Cr1MoV、12Cr2MoWSiVTiB、12Cr3MoVSiTiB	退火或正火
-70～-40℃低温压力容器及管道	低温钢：16MnDR、09Mn2VDR、06MnNbDR	退火
-196～-70℃低温压力容器及管道	低碳镍钢（w_{Ni}为 2.25%、3.5%、9.0%）	退火
-269～-196℃低温压力容器、氨合成塔塔体及塔内构件和管道	奥氏体不锈钢：06Cr19Ni10、12Cr18Ni9、07Cr18Ni11Nb、06Cr18Ni11Ti、022Cr17Ni12Mo2	固溶处理
高压加氢反应器	铁素体耐热钢：06Cr13Al、10Cr17、06Cr13Al、16Cr25N	退火
耐蚀、耐低温高压压力容器	钛合金：α 钛合金 TA7、（α+β）钛合金 TC4	退火 退火，淬火+时效

13.4.2 塔器、热交换器及管道配件

石油化工设备中除高压容器之外还广泛应用着各种塔器、热交换器、管道配件等，如塔器中的合成塔、反应塔、蒸馏塔、裂解塔、吸收塔等，热交换器中的加热器、冷却器、蒸发器等，管道配件有管接头、法兰盘、阀门、泵、各种管组等。图 13-11 所示为某化工反应塔结构简图。塔器和热交换器及各种管道配件一般在腐蚀性介质中工作，而且多数工作温度较高，要求较高的抗氧化性、耐热性、耐蚀性、热强性等，其失效形式主要为腐蚀破坏、腐蚀断裂等。石油化工领域中一些塔器、热交换器、管道配件等的选材及热处理见表 13-10。

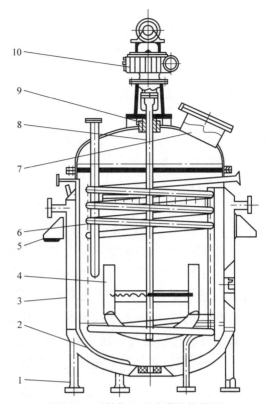

图 13-11 某化工反应塔结构简图

1—电热棒插管 2—罐体 3—夹套 4—搅拌器 5—支座
6—盘管 7—入口 8—搅拌轴 9—轴封 10—传动装置

表 13-10 石油化工塔器、热交换器、管道配件等的选材及热处理

零件名称或应用范围	选材	热处理
受力不大、弱腐蚀介质中的阀件、螺栓、小轴	马氏体不锈钢：12Cr13、20Cr13	淬火 + 回火
	聚四氟乙烯、酚醛树脂	—
硝酸生产装置中的吸收塔、热交换器、贮槽、管道、醋酸和合成纤维生产设备零件	铁素体不锈钢：10Cr17、1Cr28、008Cr27Mo	固溶处理
	聚氯乙烯、聚四氟乙烯	—
苛性碱蒸发器、有机合成反应器	耐蚀合金：NS3102、NS3105	固溶处理
	聚四氟乙烯	—
石油裂解管、紧固件、加热炉管、热交换器、反应塔塔体及塔内构件	铁素体耐热钢：06Cr13Al、10Cr17	固溶处理
	奥氏体不锈钢：06Cr19Ni10、12Cr18Ni9、07Cr18Ni11Nb、06Cr18Ni11Ti、022Cr17Ni12Mo2	固溶处理
石油、化工、化肥厂热交换器、热裂解管、高温加热炉管	奥氏体耐热钢：0Cr15Ni25Ti2MoAlVB、06Cr23Ni13、16Cr25Ni20Si2、16Cr20Ni14Si2	固溶处理
有机合成、有机酸生产装置中的蒸发器、蛇管	工业纯铜：T1、T2	退火
深冷设备的筒体、管件、法兰、螺母	黄铜：H62、H68、H80、H85	退火
硫酸、有机酸、碱溶液中工作的泵外壳、阀门、齿轮、轴瓦、蜗轮	青铜：ZCuSn10P1、ZCuSn10Pb5	退火
	聚四氟乙烯	—
硝酸、石油精炼、橡胶硫化、含硫药剂生产设备中的反应器、热交换器、槽车和管件	工业纯铝：1070A、1060	退火
	变形铝合金：3A21、5A05、5B05	退火
	聚氯乙烯、聚丙烯、聚四氟乙烯	—
强酸、强碱及食盐等生产装置中的反应塔、反应器、热交换器	工业纯钛：TA1、TA2、TA3	退火

13.5　航空航天器零件的选材及热处理

航空航天器包括航空器（在大气层飞行）和航天器（在大气层外的宇宙中飞行），有航空飞机、火箭、导弹、宇宙飞船、人造地球卫星、航天飞机等。各种航空航天器都是由结构系统（机体、机翼、起落架等）、动力系统（发动机）、控制系统（雷达、操纵机构、机械传动机构、电器电子设备、数据管理系统）组成。这里主要介绍航空航天器的机翼机架等结构零件和发动机零件的选材及热处理。

13.5.1　机翼机架零件

航空飞机机翼和机架由大梁、桁架、加强筋、隔框、蒙皮等组成，图 13-12 所示为航空飞机机翼机架结构简图。机翼和机架承受人员和货物等有效载荷及起飞降落时与地面的作用力，受空气或空间环境的作用，要求材料有足够的强度、刚度和比强度、比刚度，要求耐大气环境腐蚀，航天器还要求耐高温和耐低温。机翼机架用材料有铝合金、镁合金、钛合金、塑料基复合材料等。飞机机架各主要零件的材料选用及热处理见表 13-11。

图 13-12　航空飞机机翼机架结构简图

表 13-11　飞机机架各主要零件的材料选用及热处理

零件名称	工作条件	选材	热处理
骨架、螺旋桨叶片、螺栓	中等强度要求	2A11、2A12	固溶 + 自然时效，100 ~ 135HBW
飞机大梁、起落架	高载荷零件，较高强度要求	7A04、7A09	固溶 + 人工时效，150 ~ 190HBW
拉杆、桁架	较大受力件，形状较复杂	2A50、2A70	固溶 + 人工时效，105 ~ 120HBW
机匣、仪表壳	受力较小，形状复杂	ZAlSi7Mg(ZL101)、ZAlZn11Si7(ZL401)	人工时效或自然时效
蒙皮、壁板	受力小	MB8	退火
机匣、机壳	受力小，形状复杂	ZM1	时效
机舱门、行李架	受力较小	玻璃纤维增强树脂	—

13.5.2　发动机零件

航空飞机的发动机为燃气涡轮发动机，由燃烧室、导向器、涡轮叶片、转子、油箱、压气机、壳体等组成，图 13-13 所示为航空发动机结构简图。发动机燃气温度高达 1500 ~ 2000℃，室壁温度达 800 ~ 1000℃，因此发动机零件的工作温度很高，而且受燃气的腐蚀作用，叶片等还受较大应力。发动机零件要求有较高的高温强度、抗热疲劳性能、抗高温氧化性能，要求有较好的组织稳定性及加工性能。飞机发动机零件的材料选用及热处理见表 13-12。

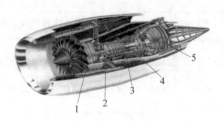

图 13-13　航空发动机结构简图
1—低压压气机　2—高压压气机
3—燃烧室　4—高压涡轮　5—低压涡轮

表 13-12　飞机发动机零件的材料选用及热处理

零件名称	工作条件	选材	热处理
密封片、高温弹簧	<600℃	GH4145、GH3170	固溶
燃烧室	<800℃	GH3030	固溶
火焰筒及燃烧室	<850℃	GH3039	固溶
火焰筒	<900℃	GH3044	固溶
燃烧室	<950℃	GH3128	固溶
导向叶片和工作叶片外壳	<750℃	GH4141	时效
涡轮叶片、涡轮盘	700~750℃	GH4033、GH4133	时效
涡轮叶片	800~850℃	GH4037、GH4145	时效
	<950℃	GH4049、GH4220	时效
	<1000℃	K419	时效
涡轮导向叶片	<900℃	K417G	时效
	<950℃	K409	时效
	<1000℃	DZ405	固溶

13.6　工程矿山机械零件的选材及热处理

13.6.1　工程机械零件

工程机械是指用于工程建设的施工机械，广泛用于建筑、水利、电力、道路、矿山、港口和国防等工程领域。工程机械种类繁多，如推土机、挖掘机、起重机、压路机、凿岩机等。如图 13-14 所示为履带式推土机。工程机械主要零件的工作条件一般是受较大载荷、较大冲击、较大摩擦等，要求材料有较高的强度、硬度、塑性和韧性等。常用工程机械主要零件的选材及热处理见表 13-13。

图 13-14　履带式推土机

表 13-13　常用工程机械零件的选材及热处理

零件名称	工作条件	选材	热处理及性能
推土机用销套	承受重载，较大冲击和磨损	20Mn、25MnTiBRE	渗碳，淬火 + 低温回火，59HRC，渗碳层深 2.6~3.6mm
推土机履带板	承受重载，较大冲击和磨损	40Mn2Si	调质，履带齿中频淬火或整体淬火，中频回火，距齿顶淬硬层深度 30mm
推土机链轨节	承受重载，较大冲击和严重磨损	50Mn、40MnVB	调质，工作面中频淬火，回火，淬硬层深度 6~10.4mm
推土机支承轮	—	55SiMnVB、45MnB	滚动面中频淬火，回火，淬硬层深度 6.2~9.1mm
推土机驱动轮	—	45SiMn	轮齿中频淬火，淬硬层深 7.5mm
活塞销	受冲击性的交变弯曲剪切应力，磨损大。主要失效形式是磨损、断裂	20Cr	渗碳，淬火，低温回火，59HRC（双面）
气门弹簧	转子发动机用，要求在高温下保持弹性和抗疲劳性能	GH4169	1050℃ 固溶处理，冷变形，690℃ 真空时效，8h
连杆螺栓	要求有足够的强度、冲击韧性和抗疲劳能力	40Cr	调质，31HRC，局部允许有块状铁素体

13.6.2 矿山机械零件

矿山机械有很多种，如破碎机、磨粉机、给料机、输送机、装载机、挖掘机、钻机等。矿山机械的主要零件有锤头、钻头、破碎机衬板、磨粉机衬板、截齿、料斗等。图13-15所示为煤矿运输机的牵引链机构。矿山机械主要零件的工作条件一般是受较大摩擦、较大载荷、较大冲击等，要求材料有较高的强度、硬度、塑性和韧性等。矿山机械主要零件的选材及热处理见表13-14。

图13-15 煤矿运输机的牵引链机构

表13-14 矿山机械主要零件的选材及热处理

零件名称	工作条件	选材	热处理及性能
牙轮钻头	强烈摩擦，冲击较大	20CrMo	渗碳，淬火 + 低温回火，61HRC
输煤机溜槽	摩擦较大	Q345	钢板中频淬火
铁锹	摩擦较大	20SiMn2MoVA	淬火 + 低温回火
石油钻井提升系统用吊环、吊卡	摩擦较大，一定冲击	20SiMn2MoVA	淬火 + 低温回火
石油射孔炮	承受火药爆炸大能量高温瞬时冲击，易塑性变形、开裂	20MnV、20CrMnTi	正火，880℃淬火 + 250℃回火
煤矿用圆形牵引链	受力较大，受力变化，摩擦较大，工作时变形较大易开裂	20Cr2Ni4、20SiMnMoV	渗碳淬火 + 回火，260 ~ 280℃等温淬火，螺纹部分滚压强化。56HRC
凿岩机钎尾	受高频冲击与矿石摩擦严重，易疲劳折断和磨损	18Cr2Ni4W	渗碳2h，油淬 + 回火。59HRC
电耙耙斗，电铲铲斗的齿部	冲击大，摩擦严重	ZGMn13	水韧处理，180 ~ 220HBW（工作时在冲击和压力下 450 ~ 550HBW）

重 点 内 容

特定行业机械零件的选材及热处理：了解汽车、模具、热能动力、石油化工、航空航天、工程矿山等行业所用零件的工作条件、性能要求，根据前面章节理论知识进行合理选材及热处理的选择。

思 考 题

1. 汽车为减轻自重，减少油耗，其材料选用的发展趋势如何？
2. 汽车发动机缸体可选用哪些材料制造？试对比各种材料缸体的优缺点。
3. 试述冷冲压模具的性能要求、选材举例、制造工艺路线。
4. 锻造模具的工作性能要求有哪些？常用材料有哪些？
5. 简述飞机壁板材料的应用现状及发展方向。
6. 试选择一种特殊设备的主要零件，说明其选材方案及热处理方案。

附　录

附表 1　钢铁材料硬度对照及碳钢合金钢（不含低碳钢）硬度与强度换算表

洛氏硬度		布氏硬度	维氏硬度	近似强度值	洛氏硬度		布氏硬度	维氏硬度	近似强度值
HRC	HRA	HB30D²	HV	R_m/MPa	HRC	HRA	HB30D²	HV	R_m/MPa
70	(86.6)	(1037)			43	72.1	401	411	1389
69	(86.1)	997			42	71.6	391	399	1347
68	(85.5)	959			41	71.1	380	388	1307
67	85.0	923			40	70.5	370	377	1268
66	84.4	889			39	70.0	360	367	1232
65	83.9	856			38		350	357	1197
64	83.3	825			37		341	347	1163
63	82.8	795			36		332	338	1131
62	82.2	766			35		323	329	1100
61	81.7	739			34		314	320	1070
60	81.2	713	2607		33		306	312	1042
59	80.6	688	2496		32		298	304	1015
58	80.1	664	2391		31		291	296	989
57	79.5	642	2293		30		283	289	964
56	79.0	620	2201		29		276	281	940
55	78.5	599	2115		28		269	274	917
54	77.9	579	2034		27		263	268	895
53	77.4	561	1957		26		257	261	874
52	76.9	543	1885		25		251	255	854
51	76.3	(501)	525	1817	24		245	249	835
50	75.8	(488)	509	1753	23		240	243	816
49	75.3	(474)	493	1692	22		234	237	799
48	74.7	(461)	478	1635	21		229	231	782
47	74.2	449	463	1581	20		225	226	767
46	73.7	436	449	1529	19		220	221	752
45	73.2	424	436	1480	18		216	216	737
44	72.6	413	423	1434	17		211	211	724

注：表中括号内的硬度数值，分别超出它们的实验方法所规定的范围，仅供参考使用。

附表 2 钢铁材料硬度对照及低碳钢硬度与强度换算表

洛氏硬度 HRB	布氏硬度 HB10D²	维氏硬度 HV	近似强度值 R_m/MPa	洛氏硬度 HRB	布氏硬度 HB10D²	维氏硬度 HV	近似强度值 R_m/MPa
100		233	803	79	130	143	498
99		227	783	78	128	140	489
98		222	763	77	126	138	480
97		216	744	76	124	135	472
96		211	726	75	122	132	464
95		206	708	74	120	130	456
94		201	691	73	118	128	449
93		196	675	72	116	125	442
92		191	659	71	115	123	435
91		187	644	70	113	121	429
90		183	629	69	112	119	423
89		178	614	68	110	117	418
88		174	601	67	109	115	412
87		170	587	66	108	114	407
86		166	575	65	107	112	403
85		163	562	64	106	110	398
84		159	550	63	105	109	394
83		156	539	62	104	108	390
82	138	152	528	61	103	106	386
81	136	149	518	60	102	105	
80	133	146	508				

注：表中所给出的强度值，是指当换算精度要求不高时，适用于一般钢种。对于铸铁不适用。

附表 3 常用结构钢退火及正火工艺规范

牌号	临界温度 t/℃			退火			正火	
	Ac_1	Ac_3	Ar_1	加热温度 t/℃	冷却	HBW	加热温度 t/℃	HBW
35	724	802	680	850~880	炉冷	≤187	860~890	≤191
45	724	780	682	800~840	炉冷	≤197	840~870	≤226
45Mn2	715	770	640	810~840	炉冷	≤217	820~860	187~241
40Cr	743	782	693	830~850	炉冷	≤207	850~870	≤250
35CrMo	755	800	695	830~850	炉冷	≤229	850~870	≤241
40MnB	730	780	650	820~860	炉冷	≤207	850~900	≤197~207
40CrNi	731	769	660	820~850	炉冷<600℃	—	870~900	≤250
40CrNiMoA	732	774	—	840~880	炉冷	≤229	890~920	—
65Mn	726	765	689	780~840	炉冷	≤229	820~860	≤269
60Si2Mn	755	810	700	—	—	—	830~860	≤245
50CrVA	752	788	688	—	—	—	850~880	≤288
20	735	855	680	—	—	—	890~920	≤156
20Cr	766	838	702	860~890	炉冷	≤179	870~900	≤270
20CrMnTi	740	825	650	—	—	—	950~970	≤156~207
20CrMnMo	710	830	620	850~870	炉冷	≤217	870~900	—
38CrMoAlA	800	940	730	840~870	炉冷	≤229	930~970	—

附表 4　常用工具钢退火与正火工艺规范

牌号	临界温度 t/℃			退　火			正　火	
	Ac_1	Ac_{cm}	Ar_1	加热温度 t/℃	等温温度 t/℃	HBW	加热温度 t/℃	HBW
T8A	730	—	700	740~760	650~680	≤187	760~780	241~302
T10A	730	800	700	750~770	680~700	≤197	800~850	255~321
T12A	730	820	700	750~770	680~700	≤207	850~870	269~341
9Mn2V	736	765	652	760~780	670~690	≤229	870~880	—
9SiCr	770	870	730	790~810	700~720	197~241	—	—
CrWMn	750	940	710	770~790	680~700	207~255	—	—
GCr15	745	900	700	790~810	710~720	207~229	900~950	270~390
Cr12MoV	810	—	760	850~870	720~750	207~255	—	—
W18Cr4V	820	—	760	850~880	730~750	207~255	—	—
W6Mo5Cr4V2	845	880	820	850~870	740~750	≤255	—	—
5CrMnMo	710	760	650	850~870	≈680	197~241	—	—
5CrNiMo	710	770	680	850~870	≈680	197~241	—	—
3Cr2W8V	820	1100	790	850~860	720~740	—	—	—

附表 5　常用金属材料化学浸蚀剂

编号	名　称	成　分	适 用 范 围
1	硝酸酒精溶液	HNO_3 5mL，酒精 100mL。含一定量甘油可延缓侵蚀作用。HNO_3 含量增加侵蚀加剧，但选择性腐蚀减少	碳钢及低合金钢： ① 珠光体变黑增加珠光体区域的衬度 ② 显示低碳钢中铁素体晶界 ③ 能识别马氏体和铁素体 ④ 显示铬钢的组织
2	苦味酸酒精溶液	苦味酸 4g，酒精 100mL	碳钢及低合金钢： ① 能清晰显示珠光体、马氏体、回火马氏体、贝氏体 ② 显示淬火钢的碳化物，能识别珠光体与贝氏体
3	盐酸苦味酸酒精溶液	HCl 5mL，苦味酸 1g，酒精 100mL（显示回火组织需要 15min 左右）	① 能显示淬火回火后的原奥氏体晶粒 ② 显示回火马氏体组织
4	氯化铁盐酸水溶液	Fe_3Cl_3 5g，HCl 50mL，H_2O 100mL	显示奥氏体不锈钢组织
5	硝酸酒精溶液	HNO_3 5~10mL，酒精 95~90mL	显示高速钢组织
6	过硫酸铵溶液	$(NH_4)_2S_2O_3$ 10g，H_2O 9mL	纯铜、黄铜、青铜、铝青铜、Ag–Ni 合金
7	氯化铁盐酸水溶液	$FeCl_3$ 5g，HCl 10mL，H_2O 100mL	同上（黄铜中 β 相变黑）
8	氢氧化钠水溶液	NaOH 1g，H_2O 100mL	铝及铝合金
9	苦味酸水溶液	苦味酸 100g，H_2O 150mL，适量洗净剂	碳钢、合金钢的原奥氏体晶界
10	碱性苦味酸钠水溶液	苦味酸 2g，NaOH 25g，H_2O 100mL	煮沸 15min，渗碳体变黑色，铁素体不变色
11	氢氧化钠饱和水溶液	NaOH 饱和水溶液	显示铅基、锡基合金，20~120s

参 考 文 献

[1] 戴枝荣，张远明．工程材料［M］.3 版．北京：高等教育出版社，2014.

[2] 沈莲．机械工程材料［M］.4 版．北京：机械工业出版社，2018.

[3] 郑章耕．工程材料及热加工工艺基础［M］．重庆：重庆大学出版社，1997.

[4]《实用机械设计手册》编写组．实用机械设计手册［M］．北京：机械工业出版社，1994.

[5] 罗中平．机械工程材料［M］．北京：化学工业出版社，2012.

[6] 张俊，雷伟斌．机械工程材料与热处理［M］．北京：北京理工大学出版社，2010.

[7] 朱张校．工程材料［M］.4 版．北京：清华大学出版社，2009.

[8] 王俊勃，屈银虎，贺辛亥．工程材料及应用［M］.2 版．北京：电子工业出版社，2015.

[9] 王群骄．有色金属热处理技术［M］．北京：化学工业出版社，2008.

[10] 周凤云．工程材料及应用［M］．武汉：华中科技大学出版社，2002.

[11] 潘复生，张津，张喜燕，等．轻合金材料新技术［M］．北京：化学工业出版社，2008.

[12] 杨瑞成，丁旭，胡勇，等．机械工程材料［M］.4 版．重庆：重庆大学出版社，2012.

[13] 邢玉清．简明塑料大全［M］．哈尔滨：哈尔滨工业大学出版社，2002.

[14] 胡传炘．表面处理手册［M］．北京：北京工业大学出版社，2004.

[15] 舟久保，熙康．形状记忆合金［M］．千东范，译．北京：机械工业出版社，1992.

[16] 陈贻瑞，王建．基础材料与新材料［M］．天津：天津大学出版社，1994.

[17] 杨世英，陈栋传．工程塑料手册［M］．北京：中国纺织出版社，1994.

[18] 文九巴．金属材料学［M］．北京：机械工业出版社，2019.

[19] 戴维 W·里彻辛．现代陶瓷工程［M］．徐秀芳，宪文，译．北京：中国建筑工业出版社，1992.